高职高专印刷与包装类专业规划教材
国家职业教育包装技术与设计专业教学资源库课程配套教材

纸包装印后加工技术（第二版）

主　　编 | 柴三中　王丹丹
副 主 编 | 解　润　孙文顺
参　　编 | 赵永光　尹　兴
主　　审 | 张选生

ZHIBAOZHUANG YIN HOU
JIAGONG JISHU

文化发展出版社
Cultural Development Press
·北京·

内容提要

本书是在我社2012年第一版教材的基础上，根据高职高专人才培养目标和“教、学、做”一体化教学模式的要求，结合近年来包装印刷行业新技术、新工艺的发展，遵循理论适度、注重实践、突出岗位能力培养的原则，修订再版而成。同时，将工匠精神、绿色环保、团队协作等思想融入新版教材。

全书以岗位工作流程为主线，以工作任务为导向，通过6个项目，24个工作任务，对纸包装印后加工所涉及的裁切、覆膜、上光、烫印、模切压痕、糊盒等工艺技术的相关理论知识与实践操作方法进行了穿插讲解，内容重点突出，深浅适中，理论联系实际，图文并茂，体现“教、学、做”一体化。

本书既可作为高职高专院校包装印刷类专业的教材，也适合作为包装印刷企业员工培训的参考书。

图书在版编目（CIP）数据

纸包装印后加工技术 / 柴三中，王丹丹主编；解润，孙文顺编著. — 2版. — 北京：文化发展出版社，2023.9
ISBN 978-7-5142-4060-3

Ⅰ. ①纸… Ⅱ. ①柴… ②王… ③解… ④孙… Ⅲ. ①包装纸－纸加工 Ⅳ. ① TS761.7

中国国家版本馆 CIP 数据核字 (2023) 第 160093 号

纸包装印后加工技术（第二版）

主　　编：柴三中　王丹丹
副 主 编：解　润　孙文顺
参　　编：赵永光　尹　兴
主　　审：张选生

出 版 人：宋　娜
责任编辑：魏　欣　　　　责任校对：岳智勇
责任印制：邓辉明　　　　封面设计：韦思卓
出版发行：文化发展出版社（北京市翠微路2号 邮编：100036）
发行电话：010-88275993 010-88275710
网　　址：www.wenhuafazhan.com
经　　销：全国新华书店
印　　刷：北京捷迅佳彩印刷有限公司

开　　本：787mm × 1092mm 1/16
字　　数：325千字
印　　张：15.25
版　　次：2023年9月第2版
印　　次：2023年9月第1次印刷

定　　价：59.00元
I S B N：978-7-5142-4060-3

FOREWORD 前言

本书第一版自 2012 年作为国家示范性高等职业院校建设计划重点建设专业——包装技术与设计专业的核心课程教材以来，受到相关院校师生的欢迎和好评，使用效果良好。

随着数字化、智能化技术的发展，现代印后加工技术也在不断革新，包装印刷企业对员工也提出了更高的要求：不仅要具有扎实的专业技术基础，能解决实际生产中遇到的问题，同时还要求员工具有创新意识、团队协作能力、自我学习能力等。党的二十大报告指出，“要坚持教育优先发展、科技自强自立、人才引领驱动，加快建设教育强国、科技强国、人才强国”，“推进教育数字化”。

教育是国之大计，在新形势和新任务下，本书编者在第一版教材“教、学、做”一体化教学模式基础上，将工匠精神、绿色环保、团队协作等基本思想融入新版教材。同时，为适应包装印刷企业对高素质技术技能人才的需求，编者携手天津长荣印刷设备股份有限公司、天津海顺印业有限公司等企业一同对教材部分内容进行了更新。

编者根据高职高专人才培养目标，充分考虑高职高专学生的特点，遵循理论够用、注重实践、突出能力培养的原则，对教学内容进行了整合。全书以岗位工作流程为主线，以工作任务为导向，设计了切纸技术、覆膜技术、上光技术、烫印技术、模切压痕技术、糊盒技术 6 个项目、24 个工作任务，教学任务划分细致、重点突出、通用易懂，体现“教、学、做”一体化。本教材具有以下几方面主要特点。

1. 以培养学生的实际能力为主，强调内容的应用性和实用性。降低理论分析的难度和深度，以“必须”和“够用”为尺度，体现以“能力为本位”的编写指导思想。教材在编写时注重突出实用性，在保持基本理论的基础上，削减部分扩展理论，重点突出纸包装印后加工实际操作技术。教材中项目设计基础知识与实践操作相辅相成，适合在实训车间进行“教、学、做”一体教学。

2. 以项目安排内容结构，用工作任务的模式进行教学，打破了以知识体系为主线的编写模式，使学生在学习过程中循序渐进地进行技能训练，在技能训练中将分散的知识进行系统化学习。

3. 注重将理论讲授与实践相结合，理论讲授贯穿其应用性之中，实践中有理论、有方法，以基本技能和应用为主，使学生易学易懂易上手。

4. 在内容安排上，注重吸收新技术、新工艺、新内容。

本书由天津职业大学柴三中和王丹丹老师主编，由北京印刷学院张选生教授主审。本书在编写过程中，还邀请了多位从事包装印刷高职高专教育多年的教师及有着丰富实践经验的企业工程师参与编写，吸收了编者在教育教学改革、教材建设和专业技能等方面的经验，力求全面体现高职高专教育的特点，满足当前教学的需要。本书的项目一、项目二及项目三由王丹丹编写，项目四、项目五及项目六主要由柴三中编写，项目五中的数字模切技术、项目六中的任务五由解润编写。天津职业大学孙文顺、赵永光、尹兴老师和天津长荣科技集团股份有限公司曹磊在本教材的编写过程中也做了很多工作，在此感谢天津长荣科技集团股份有限公司的支持和帮助。

本教材适合包装印刷类专业高职学生学习参考，也适合包装印刷企业员工培训使用。为了更好地帮助学员进行学习，本教材对教学资源进行了整合，配套线上资源可以通过智慧职教平台——职业教育专业教学资源库进行学习。

本书在编写过程中参考了许多文献资料，在此对书中所引用文献资料的生产厂家及相关作者表示衷心的感谢！

由于编者水平所限，书中难免存在疏漏和错误之处，恳请读者批评指正。

编　者

2023 年 6 月

CONTENTS

目　录

项目一　切纸技术

项目二　覆膜技术

项目三　上光技术

项目四 烫印技术

项目五 模切压痕技术

项目六　糊盒技术

项目一
切纸技术

- 任务一　认识切纸加工工艺
- 任务二　切纸机的操作与调试
- 任务三　切纸机常见故障分析与排除
- 任务四　切纸机的维护与保养

项目描述

切纸是印刷工艺流程中重要的生产环节，直接影响印刷产品的质量。书刊装订生产从开料到装订，从毛本到成品都需要进行裁切。正确认识和掌握切纸的技术要领，科学合理使用切纸机，不仅可减少或避免各种故障，增强机器的使用寿命，而且可以提高生产效率和产品质量。通过本项目的学习，学生可了解切纸加工工艺，掌握切纸技术要领，能够根据工单要求完成切纸作业等。

知识目标

1. 了解切纸加工工艺，掌握切纸机主要组成部分的工作原理。
2. 掌握切纸机常见故障原因及排除方法。
3. 掌握切纸机的维护和保养方法。

技能目标

1. 能够规范操作及调试切纸机各工作部分。
2. 能够处理切纸机的常见故障。
3. 能够对切纸机进行正确保养和维护。

素质目标

1. 培养学生动手操作的能力。
2. 培养学生安全、规范操作的意识。
3. 培养学生认真、仔细的工作态度。

任务一　认识切纸加工工艺

任务描述

书刊装订生产从开料到各种装订材料的裁切，以及装订后毛本的裁切，都需要裁切机械。常用的裁切机械包括平张切纸机和三面切纸机。通过本任务的学习，学生可以了解裁切过程及其工作原理，了解切纸机的分类及组成。

知识目标

1．了解切纸加工工艺。

2．了解切纸机的分类和组成。

3．掌握切纸机主要组成部分的工作原理。

技能目标

1．能够识别不同类型的切纸机。

2．能够掌握切纸机的各部分组成。

书刊装订生产从开料到各种装订材料的裁切，以及装订后毛本的裁切，都需要裁切机械，所以裁切机械是印后加工的重要设备。

裁切机械包括平张切纸机和三面切纸机两种。前者适用范围广泛，从单张纸的裁切到皮革、塑料、纸板等的切断；后者则主要用于裁切书刊。二者结构相似，而且工作原理相同。

切纸机是一种纸张加工设备，主要用于造纸厂单张型纸的加工和印刷企业印刷品的成型加工。蜂窝包装纸板生产以后，也要用到切纸机切制纸蜂窝芯。近年来，制卡业发展强劲，切纸机在这个领域有广阔的市场。

一、裁切过程及其工作原理

1．切纸机的组成

切纸机主要由推纸器、压纸器、裁刀、刀条、侧挡板、工作台等组成。

推纸器用于推送纸张定位并做后规矩；压纸器则将定位好的纸张压紧，保证在裁切过程中不破坏原定位置精度；裁刀和刀条用来裁切纸张；侧挡板做侧挡规；工作台起支撑作用。

2．裁切过程

（1）根据被裁切纸张尺寸，移动推纸器大约调好推纸器的前后位置。

（2）使已闯齐的纸张紧靠推纸器前表面和侧挡板，进行纸张初定位。

（3）用推纸器按尺寸要求将纸叠推送到裁切线上，完成纸张的定位。

（4）压纸器先下降压紧纸张，而后裁刀再下落裁切纸张。

（5）裁切完毕，裁刀先离开纸叠返回，而后压纸器再上升复位。

3．纸张的裁切机理

纸张主要由植物纤维和填充料组成。科学实验表明，纤维是裁切分离纸张的主要障碍。在刀刃切入纸张开始阶段，纤维丝被拉长，此时纤维以弹性变形为主，随着刀刃继续下降，由于刀刃的揳入作用，纤维丝被层层拉断，纸张分离，如果一直这样裁切下去，可以持续将一堆纸一次裁切完毕。当裁切条件（如裁刀下落方式、刀刃角度、纸张宽度等条件）相同时，植物纤维的机械强度、弹塑性和摩擦系数对裁切抗力影响较大。纸张的机械强度包括抗张强度、耐折强度、撕裂强度、表面强度等，其中抗张强度影响最大。因此，要设法合理地选择裁切的运动方式、裁切的运动速度以及刀刃的角度，以减小纤维抗切力及其影响力，对保证纸张的裁切质量有很大益处。

二、切纸机主要部件

1．裁刀

裁刀是切纸机和三面切纸机的主要部件之一。裁刀下落的运动方式、裁刀刀刃的角度，对裁切抗力大小，对机器结构及裁切质量如何都有很大影响。

裁刀是由刀架和刀片组成，刀架结构复杂，由铸铁铸造后加工而成；刀片由基体和刀刃两部分组成，刀片基体材料为易于加工、变形后易矫正且价格低廉的低碳素钢，而刀刃则采用硬度高、耐磨性好的特种钢或特种合成钢。

刀刃的角度应根据被裁切物抗力大小来确定。一般来说，刀刃角度越小，刀越锋利，裁切的纸张对刀的抗切力越小，机器磨损和功耗也小，裁切出的纸整齐，边缘亦光洁。但刀刃角度越小，刀片耐磨性和强度就越差，刀片易磨损并易出现缺口，尤其是在裁切坚硬和厚实的纸张时，因为纸张的抗切力大，刀片过薄易弯曲，裁出纸易出条子，刀架有跳动，裁切质量和裁切速度反而降低。因此，刀刃的角度选取应是在刀片材料强度和耐磨性允许的情况下尽量小些，一般在 16° ～ 24° 为宜。

裁刀下落有四种运动形式。

（1）垂直下落运动

刀刃在上下极限位置及运动中心始终与工作台平行，裁切运动垂直于工作台，即裁切角度 $\theta = 90°$，如图 1-1-1（a）所示。

这种下落方式使刀刃同时与纸叠接触，因而对纸叠冲击大，纸张对刀的抗切力也就大，裁刀易将表层纸拉出，导致裁切质量降低。它只适用于小型、简易的切纸机上对特硬或特别有弹性的裁切物的裁切。现在已很少使用。

（2）倾斜直线下落运动

刀刃在上下极限位置及运动中心始终与工作台平行，但裁刀下落方向与工作台成 θ 角（$\theta < 90°$），如图 1-1-1（b）所示。刀刃运动可以分解为垂直方向运动与水平方向运动，因而减少了对纸叠的冲击，提高了裁切质量。但是，刚开始接触纸时纸张对刀刃损伤大，常见刀痕，影响裁切质量。

（3）曲线平行运动

刀刃与工作台始终平行，裁刀下落方向与工作台所成角度是变化的，如图 1-1-1(c) 所示。使用条件比刀按倾斜直线下落还要差些，现在已极少使用。

（4）复合下落运动

复合下落运动又称复杂的缓平曲线运动或“马刀”运动，如图 1-1-1（d）所示，裁刀下落做既有移动又有微小转动的复合运动。刀刃在上极限位置时与工作台成 θ 角（$\theta = 0.5° \sim 2°$），随着裁切的进行，θ 角度越来越小，当裁切到最下面纸张时，$\theta = 0°$，即刀刃与工作台平行。由于裁切开始时，刀刃不与纸叠在全长接触，因此，切入纸叠平稳，裁切抗力小，对刀刃撞击小，表层纸不易拉出，裁切质量好。目前国内外绝大多数切纸机和三面切书机普遍采用这种下落方式的裁切结构。

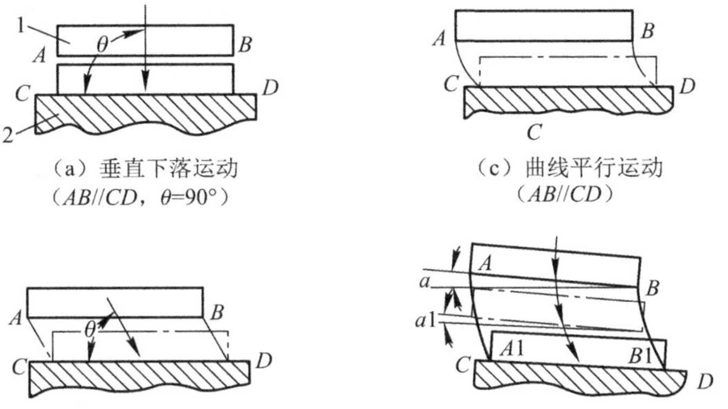

（a）垂直下落运动
（$AB//CD$，$\theta=90°$）

（c）曲线平行运动
（$AB//CD$）

（b）倾斜直线下落运动
（$AB//CD$，$\theta<90°$）

（d）复合下落运动
（$AB//A1B1$，$A1B1//CD$，$\theta<90°$）

1—裁刀；2—工作台

图 1-1-1　裁刀下落运动形式

2．压纸器

压纸器用来压紧定好位的纸张，使其在裁切过程中不移动，定位不被破坏，确保裁切质量。对于压纸器的要求，首先是压纸器运动和裁刀运动要协调，即符合运动循环。另外，压纸器压力大小要适宜。压力是压纸器的重要性能参数，压力过小，不能确保纸张定位在裁切过程中不被破坏；压力过大，机器结构尺寸变大，功耗也大。因此，压力要适当，即以能满足裁切精度要求的最小压力为宜。影响压力大小的因素很多，主要有被裁切物性质、被裁切物的高度、被裁切物抗力大小、裁刀下落运动方式、裁切精度及压纸器结构形式等。

裁切过程中压力不变或基本不变的压纸器称为弹性压纸器，这种压纸器有弹簧结构压纸器和液压压纸器。

（1）弹簧结构压纸器

图 1-1-2 所示为弹簧结构压纸器工作原理。压纸器 1 是靠强力弹簧 7 的作用来进行工作的。凸轮 6 转动，当凸轮大面作用于小滚子时，摆杆 8 顺时针摆动，强力弹簧 7 使拉杆 5 把压纸器 1 拉下来压住纸叠 2。压纸力大小可根据被裁切物调整。在裁切过程中压力基本不变，但实际上是略有下降。螺母 4 是用来调整压纸器 1 与工作台 3 的平行度。这种压纸器压力调整范围不大。

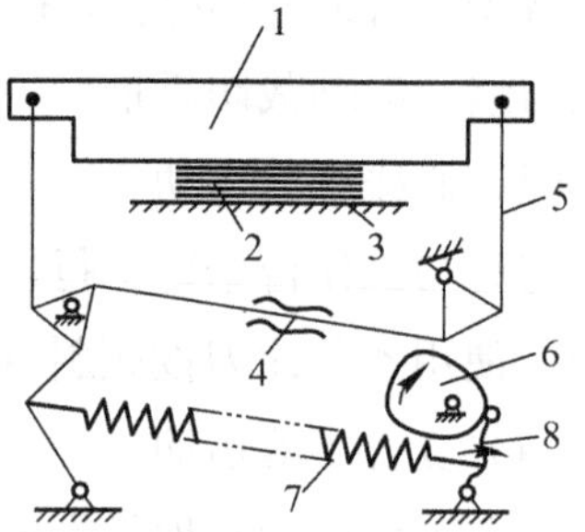

1—压纸器；2—纸叠；3—工作台；4—螺母；5—拉杆；6—凸轮；7—强力弹簧；8—摆杆

图 1-1-2　弹簧结构压纸器工作原理

（2）液压压纸器

液压压纸器是以加压后的液体作用于压纸器将纸叠压住的，图 1-1-3 所示为液压压纸器工作原理。当换向阀（二位三通阀）7 在图示位置时，电机启动，油泵 6 使压力油经节流阀、换向阀 7 流入油缸 2 的底部，推动活塞 3 上升，从而使压纸器下降。根据被裁切物的状况，压力大小可以通过调节溢流阀 5 的预调压力来得到；压纸器下压的速度可以通过调节节流阀的通流截面积改变进入油缸的流量来得到。在裁切过程中，纸叠受到刀的冲力而压缩，压纸器也随之自动下降，使压纸器的压力始终保持恒定。当裁切结束，扳动换向阀 7 的手柄，使油缸 2 接通油箱，在弹簧 4 的作用下，压纸器 8 上升复位。

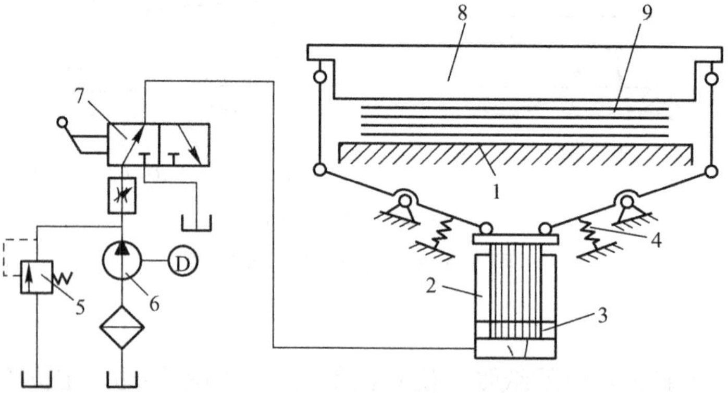

1—工作台；2—油缸；3—活塞；4—弹簧；5—溢流阀；6—油泵；7—换向阀；8—压纸器；9—纸叠

图 1-1-3　液压压纸器工作原理

液压压纸器压力大而恒定，压力调节范围宽，控制和操纵容易。目前，国内外大型切纸机广泛采用这种先进的压纸器。

三、常见切纸机的种类

1．根据推纸机构的驱动方式分类

平张切纸机根据推纸机构的驱动方式不同，分为电动切纸机（只能用手动方式按按钮或操作相应的机构，通过对电机或机械传动机构的控制来实现推纸器的定位）、程控切纸机（见图 1-1-4）（通过程序控制系统实现推纸器的自动定位，亦可执行电动切纸机的定位方式）和数显切纸机（见图 1-1-5）（通过控制系统自动大致定位，然后通过手动微调实现准确定位）。

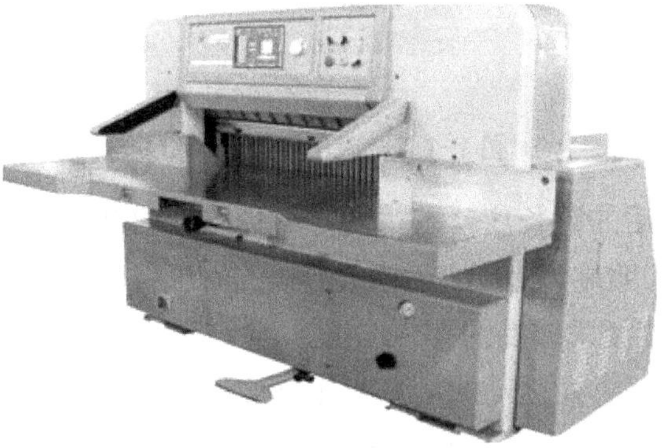

图 1-1-4 程控切纸机

图 1-1-5 数显切纸机

（1）程控切纸机根据对推纸器移动的控制方式不同，又分为步进电机控制、变频调速控制、交流伺服控制三种方式。步进电机控制和变频调速控制方式在对切纸机推纸器的定位精度上均可以达到 ±0.1mm，速度达 8 ～ 14m/min，但步进电机控制方式启动时噪声较刺耳。交流伺服控制方式对切纸机推纸器的定位精度和速度上比变频调速控制具有质和量的极大突破，定位精度最高可以达到 ±0.015mm，推纸速度可达 16 ～ 20m/min。

（2）根据程控切纸机的操作界面（操作方式）不同，又分为按键式、触摸屏、按键和触摸屏双模式三种。

按键方式操作的程控切纸机最早出现，比数显切纸机的效率成倍提高，但在新技术出来后这种方式在操作的直观和简便上无法与触摸屏操作方式媲美。触摸屏操作方式可以很轻松地实现等分、等距、循环尺寸、计算器的使用及计算结果输入程序等功能，操作简便直观（按键式操作方式在执行某些功能时需要几个键的组合操作才能实现，很多客户因为操作人员更换又找不到说明书后向制造商咨询使用方法）；屏幕上有对机器上各个运行环节检测开关状态的直观显示，对于常见故障的排除提供了极大的方便，为切纸机的使用客户和制造商节约了时间和成本。

按键和触摸屏双模式，可以组合使用，能满足部分操作人员的既有习惯，同时多提供了一种输入方式，在耐用性上有相对提高，但在触摸屏操作方式切纸机制造商设计的界面和操作菜单合理且选用的屏幕质量稳定可靠的状况下，其意义不是很大。

2．根据压纸机构的驱动方式分类

根据压纸机构的驱动方式不同，又分为机械压纸式切纸机（见图 1-1-6）和液压压纸式切纸机（见图 1-1-7）。

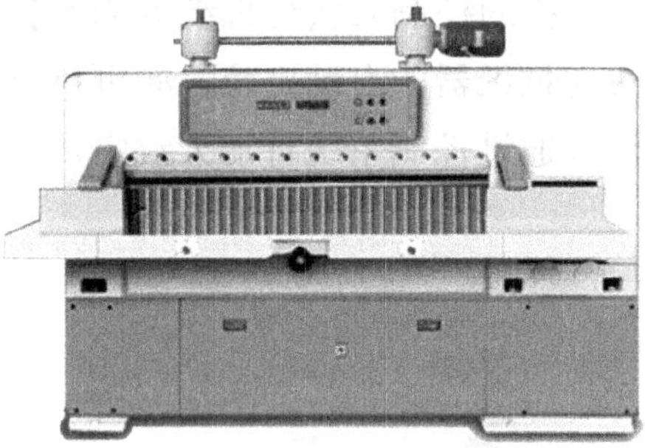

图 1-1-6　机械压纸式切纸机

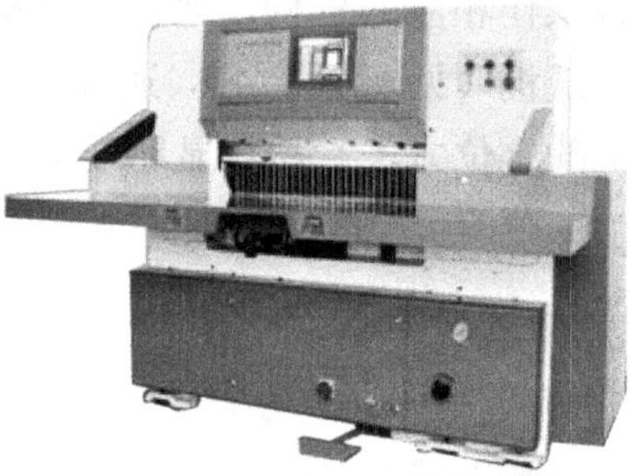

图 1-1-7　液压压纸式切纸机

液压压纸方式更能精确保证裁切物裁切后的等长度公差精度（俗称上下刀精度），尤其是裁切密度较大的裁切物时，其差别尤为明显。随着液压压纸方式的切纸机的出现，机械压纸方式的切纸机已经不再被对裁切精度要求较高的客户选用。

压纸机构和裁切机构的离合器均采用液压方式驱动的，又叫作全液压或双液压切纸机。全液压或双液压切纸机具有更大的裁切力，在裁切密度较高的裁切物时具有明显优势，离合器不易打滑，且不用频繁调整。

3．根据尺寸显示方式和对推纸器移动定位分类

根据尺寸显示方式和对推纸器移动定位不同，又分为液压数显切纸机（见图 1-1-8）和程控切纸机（见图 1-1-9）。纯机械结构切纸机一般台面上嵌有钢尺，对推纸器的控制和数显切纸机一样。

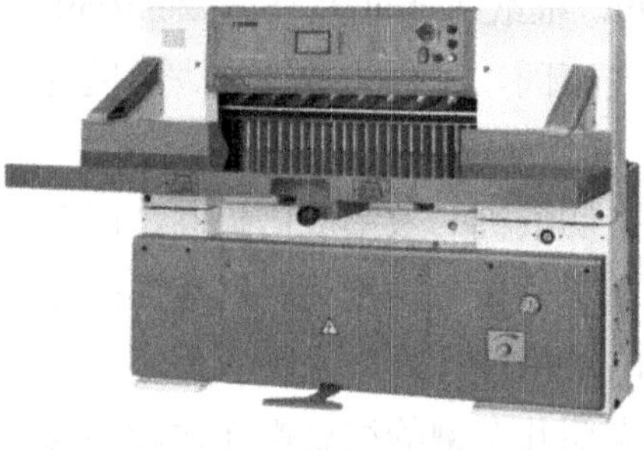

图 1-1-8　液压数显切纸机

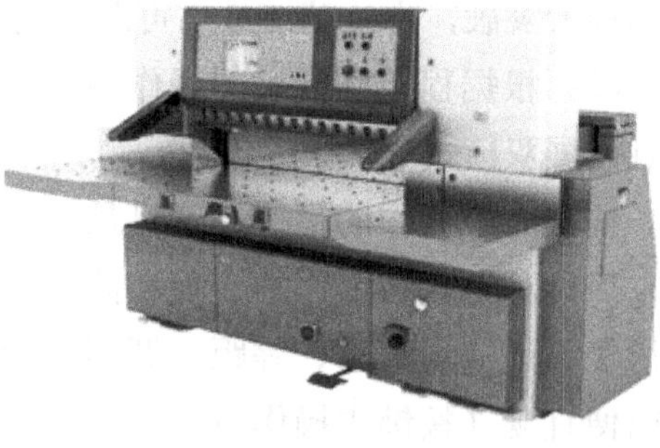

图 1-1-9　程控切纸机

数显切纸机和程控切纸机主要差别在于对推纸机构的控制上。使用程控切纸机不仅可极大提高裁切效率，还能有效减轻操作人员的劳动强度。

4．根据平张切纸机的门幅宽度分类

根据平张切纸机的门幅宽度（最大裁切宽度）不同，又分为对开切纸机（也有叫半开切纸机）和全开切纸机（全张切纸机）。

四、切纸技术的发展趋势

对裁切机械而言，主要是切纸机的发展较快。在国外，切纸机是印后加工机械中发展最快，自动化水平最高的典型代表。现在，原来被认为已经很先进的磁带或磁鼓电子式编程的切纸机，已被更先进的计算机及屏幕直接显示的程控切纸机所取代。它适宜存储极简单到极复杂的裁切程序，具有广泛的编程可能性和功能广泛层次多的人机对话系统，并可配备完善的附加设备，极大地减轻了操作人员的劳动强度。随着科技水平的提高，切纸机的自动化水平快速提高，液压、程控、计算机控制的切纸机已占市场主流。

1．国内切纸机的发展状况

国内切纸机需求量较大，生产厂家超过 30 家，例如上海申威达公司、长春印机公司和四川德阳利通公司，基本可以满足各行业、各层次的需求。

上海申威达公司飞达牌系列切纸机和四川德阳利通公司利通牌系列切纸机，代表了国产切纸机的发展水平。这两家企业以液压切纸机、程控切纸机和微机程控切纸机作为现阶段主流产品。

（1）上海申威达公司飞达牌系列切纸机

申威达公司飞达牌系列切纸机通过计算机处理及位置检测装置进行程序控制，是集机、电、光、液、气与数字技术为一体的机电一体化产品。其主要特点包括：采用模块化设计，零部件标准化、设计通用化；压纸器采用液压驱动实现无级调压，压力大且恒定；采用 Internet 网络技术、中英文选择的人机对话界面，实现远程故障监控和诊断；采用 PLC 进行控制，RS485 接口进行通信；当系统出现故障报警时，系统自动弹出故障名和建议处理方式；利用先进的滚珠丝杆和线性导轨结构使推纸器运行平稳、轻快，定位准确，噪声低，提高了裁切精度；工作台全部镀铬并附带气垫，使工作台耐磨，不生锈，推纸轻快；在安全防护方面，有双手连动保护按钮，红外线光电保护及电子锁等安全防护装置，从而保障了操作人员和设备的安全；可循环单次裁切，裁切时具有过载保护功能，换刀快捷方便。

该公司的 SQZK 程控切纸机是国内切纸机最高水平的典型代表。该机的控制系统采用 10.4 英寸彩色显示屏，软盘驱动，存储的裁切容量巨大。可以进行裁切数据的传递或软件升级；提供裁切尺寸的工作表并具有裁切线的可视化功能；采用纸叠高度监测装置及辨刀感应装置，减少了切纸空行程时间；推纸器与丝杆螺母座采用国际上成熟的刚性连接技术，在推纸调节时，二者之间不产生相对位移；单球面支撑代替双球面支撑的推纸器与丝杆螺母座连接的新方案增加了推纸器抗冲撞力的支撑面积，提高了抗冲击能力和稳定性，从而能长期保持裁切精度；配置了压纸自动阀，使压纸力可减小到最小而不影响裁切，不会在柔软裁切物上留下压痕，还可选配电磁阀，与 KM 大屏幕控制系统配合，实现压纸力控制程序化；在 1150mm 以上尺寸机型上可选配废边清除装置，当压纸器压紧纸后，前平板前移，使裁切时废边掉入废纸箱，然后，前平板与后平板再合拢，使裁切现场清洁而有条理；采用裁切监控装置，PLC 可编程序控制器、无触点感应开关、压纸制动器等多种技术措施，以及按要求自由选用的符合 CE 标准的红外线光电装置、电气元件及移动部件和危险区域的罩壳等，保证了安全防护并通过了欧洲 CE 认证。

飞达牌切纸机还在国产切纸机中率先配备了一系列配套辅机，如升降机、闯纸机气垫工作台、卸纸机等。以规格在 1150mm 以上的程控机为核心可组成裁切生产线，从而自动完成纸张的装卸、整理、搬运、堆垛等工作，单机也可任意组合。

（2）四川德阳利通公司利通牌系列切纸机

四川德阳利通公司的利通牌系列切纸机也有多项改进。双导轨整体无槽工作台利用台下两侧面的两根导轨进行导向，提高了工作台的刚性，使推纸器冲撞后的位移量＜ 0.05mm，精度远高于行业标准；使切纸机推纸器的抗冲撞能力和稳定性得到很大提高；平衡式压纸机构采用了配重式平衡结构新技术，压纸器在全行程内压力均衡稳定，运行平稳，性能可靠，并率先在国内达到了欧洲标准要求的压纸器压纸压力不得超过 300N 的技术指标；无间隙电磁离合制动器具有强大而恒定的吸合力、制动力和恒定的输出推力，能保证离合机构始终工作在最佳工作状态，减少了磨损和维护，功耗低，裁切力大，响应速度快，制动迅速，达到了国际标准。

2．国外切纸机发展状况

在国际上众多先进的切纸机中，最著名的当数 Polar 切纸机，它代表了切纸机的发展方向。而包括德国的沃伦贝格（WOHLENBERG）、施耐德（SCHNEIDER），英国的凯琳琪（CHELLENGE），日本的伊藤（ITON）等其他品牌切纸机制造商，则紧追不舍。

目前，国外切纸机以程序控制液压切纸机为主，且达到了相当高的水平。这些切纸机普遍利用人体工程的仿生学原理进行模块化设计，在裁切尺寸显示、裁切误差自动补偿、安全防护方面都有很大发展，稳定性、可靠性等已相当完善。

从 1997 年开始，德国 Polar 公司在国际性展览会上，几乎每次都有新机型参展。从基本的 Polar E 型可编程序式切纸机，很快推出了第一台带计算机控制的 EM 切纸机，进而又有 Polar ED 型最先进切纸机问世。同时还针对蓬勃发展的短版快印市场的需求，推出了全液压数字式 Polar 切纸机。从 Drupa 2000 展览会起，为适应不同的生产需要，除了研发计算机程控切纸机，Polar 公司还发展了各种规格的裁切生产线。提出并且研发了以 Polar ED 切纸机为中心的 7 种裁切方案（裁切系统）供用户选择，如海德堡的 Polar 裁切生产线就有 L-137-L、L-RL-137-T、T-155-T、L-R-P-137-T 等不同规格。这种由高速切纸机和辅助设备相互组合而成的高效网络化的裁切系统已逐步取代裁切单机而成为发达国家切纸设备的主流发展方向。到 2004 年，在高速切纸机和切纸机系统的外部联网管理上成功应用 PCM（Polar 控制管理系统）的基础上，Polar 公司在 80% 大型高速切纸机上均已配备了该系统。PCM 具有诸多优点，如可自动生成裁切程序；摄像机控制切纸机后工作台使材料对齐；拥有用户与代理商、生产商在服务中心开办视频会议的电子诊断界面；可利用互联网下载切纸机升级软件；还可利用印前处理信息和数据控制系统通过集成化的 COMPUCUT 软件实现切纸机的内部网络化等。

Polar 公司开发的 COMPUCUT 软件系统，可以自动优化切纸程序，还可将印前阶段已定好的版面包括切纸和折页的规格、数据传送至计算机。该系统由模块化组成，运行于 Windows 环境下，方便用户在计算机上工作。Polar 新一代切纸机都采用液晶显示和计算机控制，能自动编程控制生产工艺的操作和速度。其最新型的切纸机与 E 代和 ED 代产品相比，结构更合理，78mm 和 92mm 规格的切纸机有更深的前台。它有一个最新的被称为 OPTIKNIE 的切刀更换和调整系统，允许操作者在较低的裁切位置对刀片进行调整，使刀片的更换更为简单，而且可以将刀的寿命延长一倍。此外，智能技术较高的 P-NET 技术能提供全面的以太网联络性能。这意味着可以将它作为一个中央服务器，自动地对闯纸机等外围设备进行设置。

Polar ED 切纸机是根据人体工程学原理设计的，所有机型均为模块化设计，具有高分辨率的彩色显示屏可提供 29 种文字的操作信息；有自我诊断、裁切尺寸补偿修正等功能；采用变频电机、滚珠轴承主轴和无间隙的线性导轨，既保证了推纸器的高速运行（可达 30m/min），又保证了很高的定位精度（可达 0.01mm）。其多种安全装置符合欧洲 CE 安全标准，通过了德国 GS 安全认证并获美国、加拿大 ETL 安全证书。

Polar ED 切纸机不仅标准设置的功能十分卓越，而且还可选配众多设备以扩充其功能：自动切边机可自动清除废料，能节约 30% 左右的生产时间；旋转 / 倾斜式推纸器使印品与裁切线平行，并进行补偿；PMS 卡用于相互兼容的波拉切纸机之间进行数据交换从而缩短准备时间。此外，还有叼牙上纸系统、可伸缩侧挡规、后工作台保护装置、压纸夹紧装置等。

沃伦贝格切纸机具备交互式功能，可将裁切数据从切纸机控制系统直接传送到管理信息系统中或将裁切数据导入 CIP3 网络之中。曼罗兰公司也将 Baumann 自动裁切系统和沃伦贝格的程控切纸机集成在一起推出，以满足高难度的裁切需要。

3. 技术差距与市场需求

综上所述，目前国产高档切纸机与国际知名切纸机的质量水平已相当接近，但也不可否认，仍存在一定差距，主要表现在机器的性能，即稳定性、可靠性和成套性方面。

我国的经济发展已经融入全球经济一体化之中，为此，不断推出与国际市场接轨的先进切纸机以满足国内外用户多方面的需求就显得十分必要。首先，要重视产品创新设计，重视品牌效应，争创世界一流品牌；其次，不仅要重视切纸机内在质量和外观质量的提高，重视加工质量和装配质量，还要重视配套件的生产和选购。

进口配套件成本的降低将增强国产高档切纸机在国际市场的竞争力，从而进一步拓展国产切纸机的国际市场。但我们也应看到国外切纸机减税后在价格及质量上的优势会对国产高档切纸机产生的负面影响。从长远来说，提高国产配套电气、液压、气动及机械元件的质量是不容忽视的，不断提高配套件的国产化水平应该是我们努力的方向。另外，还要重视切纸机配套辅机的生产，提高其质量。

发展以高档切纸机为中心的裁切生产线已是著名切纸机生产厂商的共识。国产高档切纸机要打入国际市场，进而挤占市场份额，仅靠价格优势是不够的，还必须在扩大切纸机功能、提高稳定性和可靠性、提高售后服务上下功夫，特别要注意向裁切生产线方向发展，开发出高质量的配套辅机。

由于国情所致，国内市场上短期内不可能在裁切控制系统上有很大需求，但并不等于我们可以无所作为。此外，还可以像国外知名切纸机那样，在标准配置之外，多设计生产一些高质量辅助装置，以扩展切纸机的功能，促进切纸机进一步安全、高速、高质量地完成裁切加工，满足短版快印市场的需要。

目前，在国内市场上，程控切纸机的市场份额正逐步提升，但一般切纸机的总量远远超过程控切纸机，占据了较大的市场空间，尤其是机械式切纸机还有一定的出口空间（因发达国家几乎已不生产此类切纸机）。因此，进一步提高此类产品的性能、质量、稳定性及售后服务，同样不可忽视。

任务二　切纸机的操作与调试

任务描述

切纸机的型号和种类很多，正确认识和掌握切纸的技术要领，科学合理使用切纸机，不仅可减少或避免切纸故障的发生，同时能够提高切纸机的使用寿命。通过本任务的学习，学生能够完成切纸机的操作与安装调试，同时掌握切纸机的安全操作要领。

知识目标

1. 掌握切纸机的组成。
2. 掌握切纸机的安全操作规程。

技能目标

1. 能够完成切纸机的安装与调试。
2. 能够根据安全操作规程熟练使用切纸机。

切纸机的型号和种类很多，本节以长春印刷机械有限公司生产的高品质、高性能、高安全性的新型切纸机 QZKC920A 型切纸机为例，讲述切纸机的操作与调试技术。

QZKC920A 型切纸机具有以下技术性能参数。

裁切宽度为 920mm；最大裁切长度为 920mm；最小裁切长度为 25mm。

裁切高度为 120mm；刀前工作台长度为 650mm；工作台距地高度为 870mm。

压纸最大压力为 30kN；压纸最小压力为 2kN。

裁切速度为 42 次 / 分；推纸器速度为 0 ～ 20m/min。

电压 / 频率为（380±19）V/50Hz；电源线最小截面积为 $2.5mm^2$；电源线接法为三相五线制。

主电机功率为 3kW（380V，1440 转 / 分）；风泵电机功率为 0.55kW；平台推纸器电机功率为 1.0kW；控制系统功率为 0.55kW。

推纸器重复定位精度≤ 0.02mm；裁切数据分辨精度≤ 0.01mm。

机器的宽度为 2160mm；机器的长度为 2165mm；机器的高度为 1460mm；机器净重为 2220kg。

刀片厚度为 12.7mm；刀片长度为 1115mm；刀片可磨宽度为 40mm。

一、安装精度的调节

机器安装完毕，电源接通，处于裁切状态后，可以进行精度调整。

1．工作台上表面与裁刀垂直度调整

先把裁刀通过盘车到达最低位置，此时裁刀与工作台上平面形成直角关系，如图 1-2-1 所示，使用直角尺和塞尺测量是否垂直，如不垂直，可左右旋转支撑轴使工作台后部微量上升或下降，直至工作台上平面与切刀的背面垂直（垂直度≤ 0.01/1000mm）。调整完毕，锁紧工作台支撑轴上的锁紧螺母。

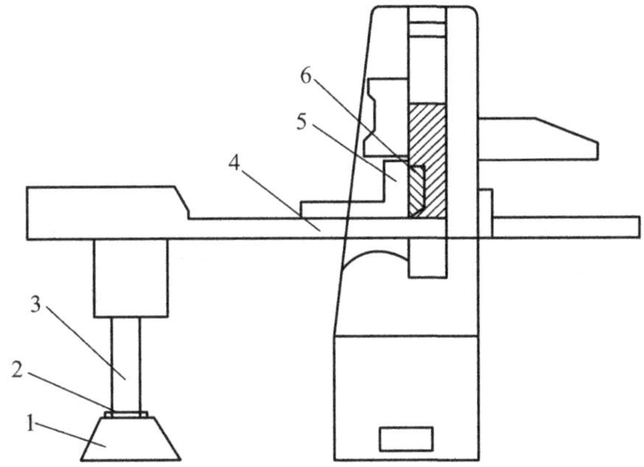

1—工作台支座；2—锁紧螺母；3—支撑轴；4—工作台；5—直角尺；6—裁刀

图 1-2-1　工作台上表面与裁刀垂直度调整

2．工作台两侧规纸板与裁刀垂直度调整

如图 1-2-2 所示，直角尺的测量位置，如垂直度不在公差范围内（≤ 0.01/1000mm），可调整工作台下面机架右侧上的调整螺栓（见图 1-2-3）。调整时，先将前后两锁紧螺母和调整螺栓同时松开，轻微旋转两调整螺栓使工作台以工作台下面左侧的定位轴为旋转

中心轻微转动，直到工作台两侧规纸板面与切刀背面垂直为止。调整完成后，将调整螺栓上的锁紧螺母锁紧，再将后机架与工作台紧固螺栓紧固，防止机器振动，工作台移动。

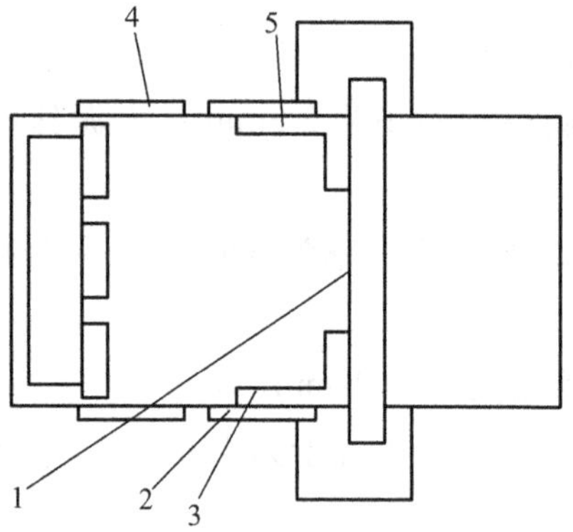

1—裁刀；2、4—规纸板；3、5—直角尺

图 1-2-2　工作台两侧规纸板与裁刀垂直度调整

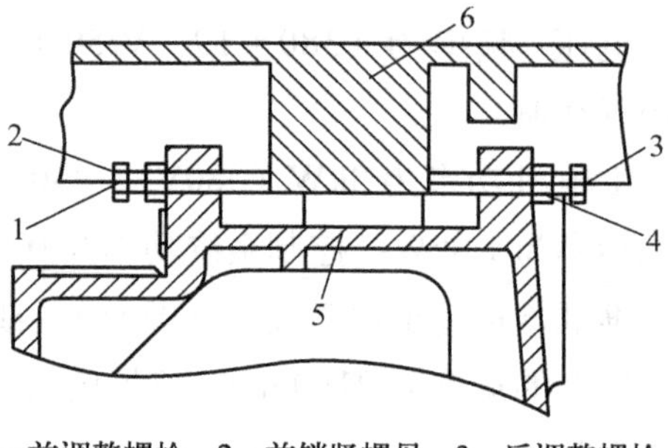

1—前调整螺栓；2—前锁紧螺母；3—后调整螺栓；4—后锁紧螺母；5—机架；6—工作台

图 1-2-3　两侧规纸板与裁刀垂直度调整

3. 推纸器的调节

（1）推纸器工作面与工作台上表面的垂直度调整

如图 1-2-4 所示，用直角尺、塞尺检查推纸器工作面与工作台上表面的垂直度，应在 0.10/1000mm 以内，如果超差，就应加以调整。卸下防护罩，如图 1-2-5 所示，先轻微松动左右横向轴锁紧螺母 6、3，旋松前后锁紧螺母 2、5、8、10，然后开始以下调整。

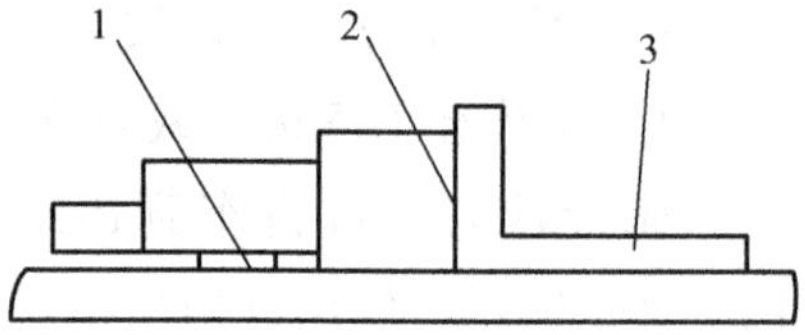

1—工作台上表面；2—推纸器前表面；3—直角尺

图 1-2-4　推纸器工作面与工作台上表面的垂直度检查

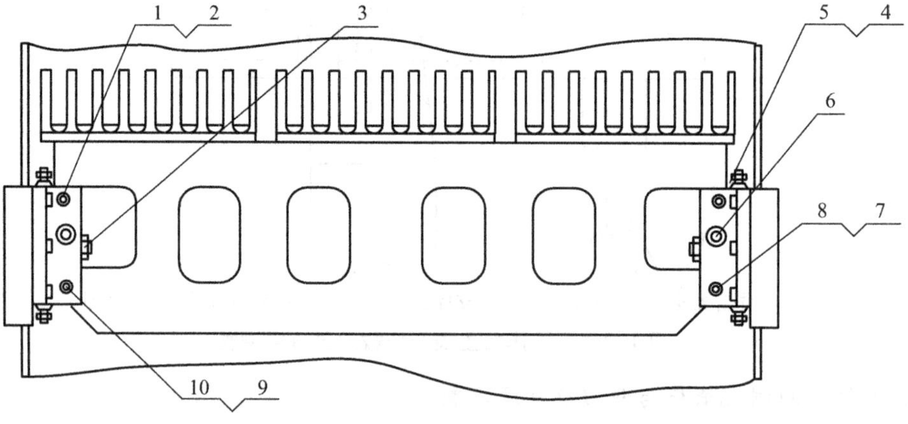

1—右前紧定螺钉；2—右前锁紧螺母；3—右横向轴锁紧螺母；4—左前紧定螺钉；5—左前锁紧螺母；6—左横向轴锁紧螺母；7—左后紧定螺钉；8—左后锁紧螺母；9—右后紧定螺钉；10—右后锁紧螺母

图 1-2-5　推纸器工作面与工作台垂直度调节

① 如推纸器前平面与工作台面小于90°，可旋松左、右前紧定螺钉4、1，拧紧左、右后紧定螺钉7、9，使推纸器前方上扬，调至合适的角度。

② 如推纸器前平面与工作台面大于90°，可旋松左、右后紧定螺钉7、9，拧紧左、右前紧定螺钉1、4，使推纸器前方下压，调至合适的角度。调好后锁紧各螺母，装上防护罩。

（2）推纸器工作面与规纸板里面垂直度调整

如图1-2-6所示，用直角尺、塞尺检查推纸器工作面与规纸板内表面的垂直度，如超过0.10/1000mm，就应加以调整。卸下防护罩后，先轻微松动纵向轴锁紧螺母6，旋松前后锁紧螺母2、5，然后开始以下调整。

① 松前紧定螺钉1，拧紧后紧定螺钉，可使推纸器右侧向前移动。

② 松后紧定螺钉4，拧紧前紧定螺钉，可使推纸器右侧向后移动。

调整至能切出理想的裁切物即可，锁紧各处螺栓、螺母，装上防护罩。

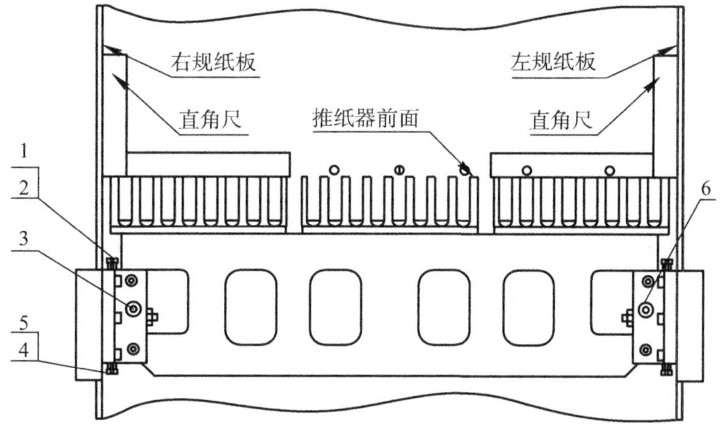

1—前紧定螺钉；2、5—锁紧螺母；3—锁紧螺钉；4—后紧定螺钉；6—纵向轴锁紧螺母

图1-2-6 推纸器工作面与规纸板里面垂直度调节

4. *裁刀的调节*

（1）裁刀刀刃高度调整

将裁刀盘到最低位，观察刀刃切入刀条的深度（正常为0.3～0.6mm），如果切入深度太浅或太深，则需要调整裁刀高度，如图1-2-7所示，松开左右锁紧螺母1、3，顺时针旋转调整螺母2可缩短刀床拉杆，使刀床下降。逆时针旋转调整螺母2可伸长刀床拉杆，使刀床上升。调整到裁刀刀刃在整个裁切线上可以切透一张纸为止。调整完毕，锁紧左右锁紧螺母1、3，取下盘车扳手放回原处，将手盘车转换开关恢复到非制动状态。

（2）裁刀与工作台平行度调节

将裁刀刃盘到底位，如图1-2-8所示，松开锁紧螺母3，转动扳手4，偏心轴2随之转动，仔细观察，调整到刀刃与工作台上表面平行为止，调整后要锁紧螺母3，取下盘车扳手放回原处，手盘车转换开关恢复原状。

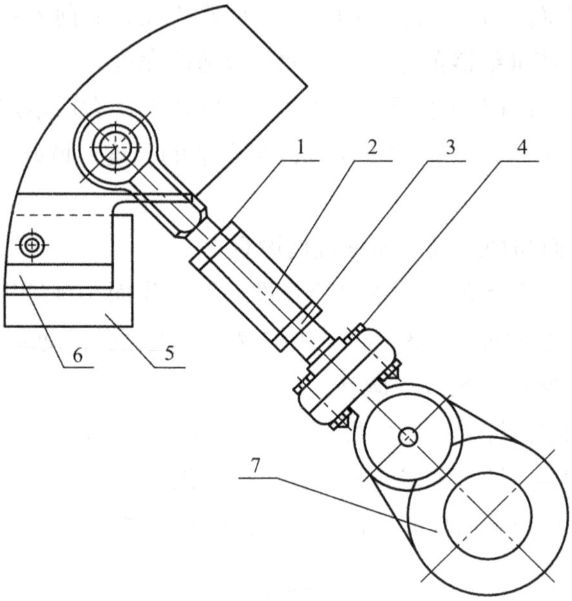

1—左锁紧螺母；2—调整螺母；3—右锁紧螺母；4—安全螺栓；5—刀片；6—刀床；7—曲柄

图 1-2-7　裁刀刀刃高度调整

5．压纸器与工作台平行度调节

首先检查压纸器纸面与工作台面是否平行，先踩脚踏板使压纸器下降到压纸器压纸面与平台上表面接触，并在两平面两边缘各放一张纸，在压纸器压实后，抽动两张纸，如果都抽不动，则认为平行，否则不平行，应该调整。如图 1-2-9 所示，松开两侧锁紧螺母 1、3，使用大扳手转动调节螺母 2，使连杆加长或缩短，可以调整压纸器压纸面两端升降台与工作台面平行，直到两端压的纸完全抽不动为止。调整完毕要锁紧 1、3 两个锁紧螺母。

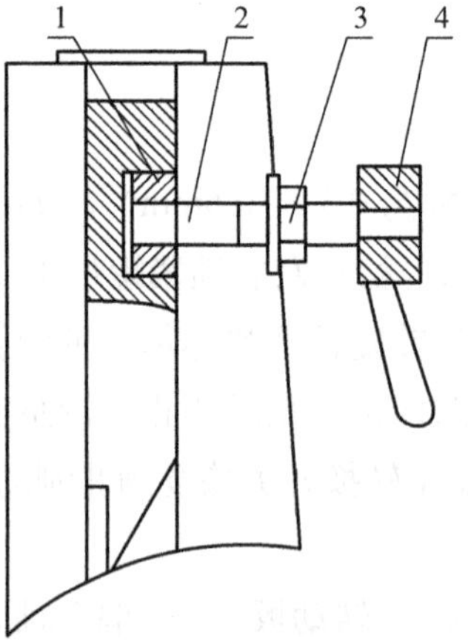

1—刀床；2—偏心轴；3—锁紧螺母；4—扳手

图 1-2-8　裁刀与工作台平行度调节

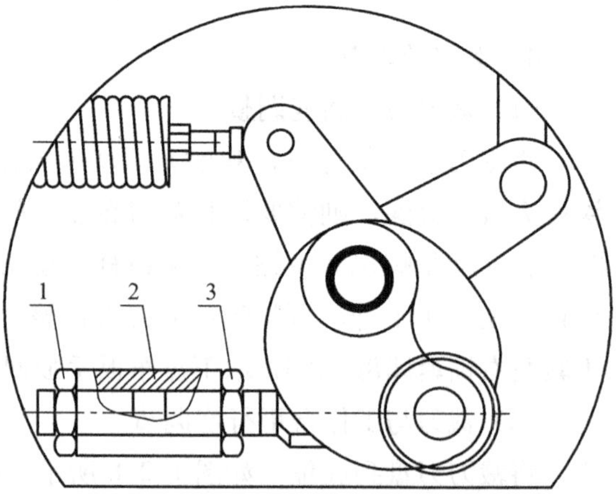

1—左锁紧螺母；2—调节螺母；3—右锁紧螺母

图 1-2-9　压纸器与工作台平行度调节

6．蜗轮箱凸轮开关的调整

三凸轮正确位置如图 1-2-10 所示，其凸轮开关位置在机器出厂之前已经调整好。如果在使用过程中出现变化，可按以下步骤进行调整。

首先将安全锁装置上的支板向上拉至完全离开工作位置并锁住，防止在调整过程中，将安全螺钉拉断。松开凸轮的坚固螺栓，可进行调整。

（1）回刀凸轮：回刀凸轮一共有两个。当裁切刀停止位置不正确时，可通过调整回刀凸轮进行控制。在调节回刀凸轮过程中，两个回刀凸轮开关为压合状态。在裁切刀到达最高点时，两个回刀凸轮开关释放。

若裁切刀提前停止（没升到最高点就停止），回刀凸轮按逆时针方向旋转，使开关延后释放，达到正确停止位置。

若裁切刀滞后停止（过最高点才停止），回刀凸轮按顺时针方向旋转，使开关提前释放，达到正确停止位置。

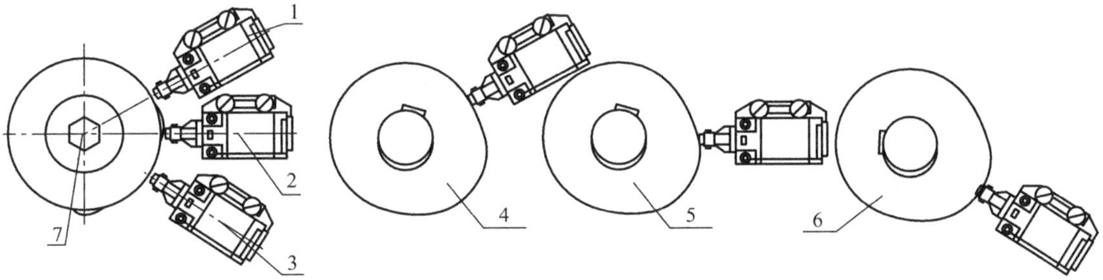

1、2—回刀凸轮开关；3—防重刀凸轮开关；4—内侧回刀凸轮；5—中间回刀凸轮；6—外侧防重刀凸轮；7—紧固螺栓

图 1-2-10　凸轮结构

（2）防重刀凸轮：防重刀凸轮的主要作用是，当同时按下双手下刀按钮时，裁切刀完成一个工作循环便在最高点停止；若想进行下次裁切，必须再次同时按下双手下刀按钮，才能进行再次裁切。如裁切完成一个工作循环没停止，就说明防重刀凸轮或凸轮开关工作不正常，必须进行调整。检查位置是否正确，防重刀凸轮应与回刀凸轮同步进行调整，使防重刀凸轮开关压合位置在回刀凸轮开关压合区间内。调整完毕，要紧固好凸轮紧固螺钉，装上安全锁。

7．离合器的间隙和气隙的调节

如图 1-2-11 所示，当离合器断电时，离合器摩擦片 4 与衔铁 5 之间的间隙为 0.5 ～ 0.8mm；磁轭 2 与摩擦片 4 完全接触，这时磁轭 2 与衔铁 5 之间的间隙为气隙，便于安装后测量。经过长时间的使用后，摩擦片磨损，易导致：

（1）气隙值小于 0.3mm，这时必须增加调整垫 3，保证气隙值为 0.3 ～ 0.6mm。

（2）间隙值大于 0.8mm，这时必须增加调整垫 8，保证间隙值为 0.5 ～ 0.8mm，否则机器不能正常工作。

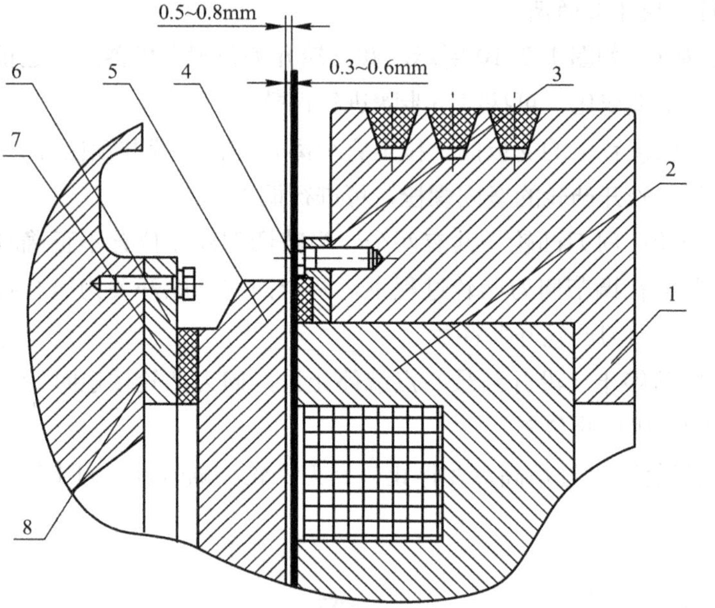

1—皮带轮；2—磁轭；3、8—调整垫；4、6—摩擦片；5—衔铁；7—固定盘

图 1-2-11　离合器的间隙和气隙的调节

二、裁刀的更换

裁刀的更换如图 1-2-12 所示。

1．裁刀的拆卸

切纸机处于停机状态，刀床停在中位。更换刀片时，松开刀床紧固刀片的所有螺钉，将附具装刀扳手插入刀床上的六角孔中，逆时针旋转，刀片落下，再将附具两装刀手柄的螺杆旋入刀片的螺孔中，拿着装刀手柄将刀片从上刀销子摘下来放在附具架上。

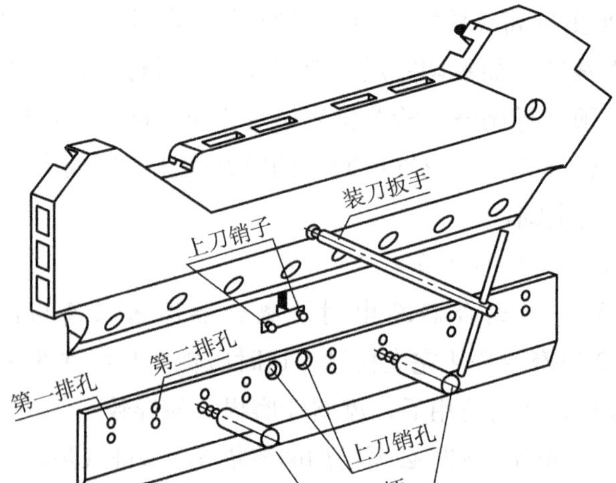

图 1-2-12　裁刀的更换

2．刀片的固定

将装刀手柄旋入磨好刃的刀片或新的刀片的螺孔中，放到刀架附具上，推到刀床附近将刀片抬起，使刀片中间凹槽的两上刀销孔挂在刀床伸出的上刀销子上，取下装刀手柄，用装刀扳手插入刀床的六角孔中，顺时针旋转，刀片就升起到固定位置。拧紧刀床上固定刀片的所有螺栓（先紧固中间螺栓，再逐渐往两边紧固螺栓），收起工具完成刀片的固定。

3．注意事项

（1）每次换刀后，必须手动盘车一个循环，切刀深度正常时（0.3 ～ 0.6mm），方可开机。

（2）刀片刃磨后如已磨掉 40mm，则必须更换刀片。

（3）刀片紧固螺栓及垫圈不要随意更换。若必须更换时，注意刀片紧固螺栓长度不准超出刀片表面，防止划伤压纸器和机架的滑动面。

三、切纸机的安全操作

在切纸机上进行切纸操作，安全是第一位的。为此，切纸机上采用了多种设施，以确保操作者的人身安全。

1．双手操作

只有双手同时按电钮或双手同时操作手柄才能使裁切机构下降裁切；裁切过程中双手同时按钮操作（两手按钮时间误差不能超过 0.5s），若双手中有一只手松开按钮，刀床立即停止运动。

2．红外光电保护

在裁切区间安装有四束红外光组成的光电保护装置，只有四束中任何一束无遮挡时，裁切才能进行。该装置具有抗光干扰性强和寿命长的特点。

3．切纸机单次裁切循环

完成一次裁切循环之后，刀床立即停止运动，再次同时按钮才能进行第二个裁切循环。

4．自动调节的制动器和离合器

使用自动调节的制动器和离合器，自动补偿制动元件、离合元件的磨损量，以保证发生故障时切纸机能立即刹车。

5．设置防重切机构

设置防重切机构，防止制动器或离合器失灵时发生连续裁切动作。

6．装有安全插销保险装置

装有安全插销保险装置，有效地防止了滑刀现象，使操作者的人身安全有了进一步的保障。该装置是在刀床下有一牵引电磁插销，平时伸出在刀床下面，这样刀就滑不下来切到人手。裁切时，双手按钮，插销缩进机架后，再通过接近开关发出电信号，裁刀才能下降。裁切完毕，随着裁刀升上返位，插销又开始伸出，刀床到达最高位置，插销复位，接近开关第二次发出电信号，才能进行第二次裁切。

7．安装过裁保护装置

在重要部件上安装过裁保护装置，以防止过裁时损坏机器部件。

在实际操作时仅有上述设施还是不够的，还必须使操作者从思想上明确安全操作的重要，做到警钟长鸣，消除侥幸心理，要经常检查安全设施是否可靠，并严禁只图提高产量而不顾人身安全和设备安全的错误操作。

任务三　切纸机常见故障分析与排除

任务描述

常见的切纸机故障有压纸器下压时声音大、推纸器有声响、切纸机不下刀、蜗轮箱压力油异常等。通过本任务的学习，学生能够对切纸机故障的原因进行分析，并能够完成故障的排除。

知识目标

1．熟悉切纸机常见的故障。

2．熟悉切纸机常见故障的解决方法。

技能目标

能够处理切纸机的常见故障。

一、压纸器下压时声音大

1．故障分析

① 机械方面的原因可能是蜗杆两端的轴承损坏。

② 液压方面的原因可能是由于液压箱常开电磁阀下面的卸油管脱落，卸荷的压力油直接喷在了油面上，所溅起的空气泡沫被吸入液压管路所致。而此故障是在压纸器下压时声音就大，此声音出现在液压箱部位，在开机情况下打开液压箱正面的盖板后，明显看到阀板的中间底部有油往下喷出，因此可确定此声音是由于液压箱里常开电磁阀下面油管脱落，卸荷压力油直接喷在了油面上，所溅起的空气泡沫被吸入液压管路所致。

2．排除方法

在油箱里摸出脱落油管并重新拧上，然后排除管路里的空气即可。

二、推纸器有响声

推纸器向前移动时，有吱吱声，而向后移动时却没有吱吱声。

1．故障分析

推纸器向前移动时发出吱吱声，原因可能是有金属相互摩擦，检查推纸器的下底面与平台之间的距离，它们之间距离正常，应没有相互摩擦；然后检查是不是丝杆的螺母座间隙过大，将有多孔的大螺母顺时针方向适当地往里拧进后，看故障是否排除。另外，推纸器是由长丝杠旋转带动其前进的，而丝杠是由前后两个轴承支撑的，支撑丝杠的轴承也有可能在推纸器向前移动时发出吱吱声。由于支撑丝杠前面的轴承在操作台下手轮的后面，一般加油时易忽略。

2．排除方法

加上机油就可以排除。

三、切纸机一开机就下刀，无法工作

1．故障分析

切纸机下刀过程，是由泵出来的油经过阀门流回油箱来控制的，当按下双手按钮后，压纸器下压，压力增大。随着压力继电器的压板被主泵压力油顶开，安全销退出，压力继电器开关和安全销开关相继被接通，裁切电磁阀得电而关闭，压力油进入蜗轮箱的小油缸，推动离合器工作，同时压力油经阀门调节流回到油箱。如果一开机就下刀，说明一开机器就有压力油进入蜗轮箱的小油缸，阀门是常开的。检查阀门是否油污太多，电磁阀磁性消失。

2．排除方法

关闭机器，将阀门拆下来清洗干净，然后重新装回。

四、切纸机不下刀

按动双手按钮使压纸器下压时，安全销未能后退，刀床被安全销挡住，不能下刀。

1．故障分析

安全销（也称电子刀锁）每裁切一刀，都必须前后伸缩一次，若按动双手按钮使压纸器下压时，安全销未能后退，机械方面的原因可能是由于安全销活塞与孔配合不当或缺油，以致动作不灵活造成的，可以通过适当的修正和润滑解决，直至用手拉动灵活为止；电气上的原因则可能是由于安全销线圈未得电，还有安全销装置上的微动开关是否被尼龙轮压住而处于闭合状态。

2．排除方法

前后移动安全销，使微动开关处于断开状态，可排除故障。

五、蜗轮箱压力油异常

蜗轮箱顶部的加油孔中有压力油冒出或蜗轮箱油标显示的润滑油高度有明显升高。

1．故障分析

这主要是由于小油缸内的聚氨酯密封圈损坏，压力油进入了蜗轮箱体所致。

2．排除方法

更换密封圈，排除故障。

六、裁切后刀未回到最高点

故障分析：离合器间隙过大或摩擦片磨损。

排除方法：调整离合器的间隙或更换摩擦片。

七、保险螺栓断裂

故障分析：刀片刃口磨损，负荷过大。

排除方法：刃磨刀片。

八、压纸器压力不足

故障分析：液压油浓度过大。

排除方法：更换浓度小的液压油。

九、不能将纸张全部切开

故障分析：刀片未调整到水平位置，刀条不平。

排除方法：调整刀片位置，垫平刀条。

十、裁切的纸张歪斜

故障分析：未将纸张靠齐推纸器，压纸器未压紧。

排除方法：将纸张靠齐推纸器，调大压纸器压力。

十一、纸张的切口有刀痕

故障分析：刀口有缺损。

排除方法：刃磨刀片刀口。

任务四　切纸机的维护与保养

任务描述

为保证纸张、印刷品的裁切质量，需要定期对切纸机进行保养。通过本任务的学习，学生可掌握切纸机维护保养的要领，能够按要求完成切纸机的维护保养工作。

知识目标

1. 熟悉切纸机维护保养的内容。
2. 熟悉切纸机维护保养要领。

技能目标

能够完成切纸机的日常维护与保养工作。

一、日常保养

对切纸机进行保养，以液压式切纸机为例，为保证纸张、印刷品的裁切质量，平时保养要点如下。

（1）按要求在相应时间加注润滑油（包括机械润滑油、黄油，蜗轮油按期更换），保持机器润滑、清洁，使切纸机处于良好工作状态。

（2）用滑石粉或石蜡涂抹工作台表面。

（3）保持适当的液压压力。

（4）根据季节变化，选用合适的液压机油。冬季用 20# 机油，以保持其流动性；夏季用 30# 机油，以保持机油黏度。

（5）定期检查刀床拉杆锁紧螺母、保险螺钉锁紧螺母和保险杆紧定螺钉（或锥丝）是否松动。

二、维护保养分类

切纸机维护保养分类如表 1-4-1 所示。

表 1-4-1　切纸机维护保养分类

要求		日常维护保养	一级维护保养	二级维护保养	三级维护保养	四级维护保养	特殊维护保养
使用范围		经常性使用	“三包”期内	非“三包”期内	非“三包”期内	非“三包”期内	非机器自身原因造成异常
使用时间		自磨合期开始	每 3000 小时	每 3000 ～ 12000 小时	每 12000 ～ 18000 小时	每 18000 ～ 25000 小时	无时限 / 自机器磨合期开始
维护保养周期		每日 / 班一次	每 8 ～ 12 个月一次	每 2 ～ 3 年一次	每 4 ～ 6 年一次	每 6 ～ 8 年一次	每次
		裁切约 400 次	裁切约 2 万次	裁切约 10 万次	裁切约 20 万次	裁切约 40 万次	特殊事件
必要性		必须	有计划定期	定期，强制性	有计划定期	有计划定期	必须
主要特征		正常状态	正常或非正常状态	正常或非正常状态	正常或非正常状态	正常或非正常状态	非正常状态
		润滑系统正常	除尘，有针对性保养部件	部分电气元件已近使用寿命	部分电气元件，部分机械部件已近使用寿命	大部分电气元件，部分机械部件已近使用寿命	部分电气元件或机械部件损坏或失效
		有安全保障	有安全保障	安全保障不够或已存安全隐患	安全保障不够或已存安全隐患	安全保障不够或已存安全隐患	安全保障不够或已显安全故障征兆
维护保养的目的		防止故障，推迟、延长寿命，减少事故发生	减少故障，保持精度稳定，防止事故发生	保持固有可靠性，防止危险故障发生，确保无安全隐患	保持固有可靠性，防止危险性故障发生	保持固有可靠性，防止危险性故障发生	恢复正常状态，确保无安全隐患
主要参与者		操作者为主	使用者为主，维修者参与	维修者为主，使用者参与	维修者为主，使用者参与	维修者为主，使用者参与	维修者为主，使用者参与
主要责任者		管理者、操作者	管理者、操作者	所有者、管理者	所有者、管理者	所有者、管理者	所有者、管理者、操作者

项目一思考题

1. 切纸机的主要组成部分有哪些？
2. 简述切纸机的裁切过程。
3. 单面切纸机压纸器有哪些种类和作用？
4. 切纸不齐的原因及解决办法有哪些？

项目二
覆膜技术

- 任务一　认识覆膜加工工艺
- 任务二　覆膜机的操作与调试
- 任务三　覆膜常见故障分析与排除
- 任务四　覆膜机的维护与保养

项目描述

覆膜是将黏合剂涂覆在塑料表面上，经干燥处理后，再将其覆盖在印刷品表面上进行加热、加压，使它们黏合在一起的印刷品印后加工技术。常用的覆膜工艺：印刷品覆膜前处理→涂胶→烘干→试覆膜→正式覆膜→收卷、分切。通过本项目的学习，学生可了解常见的覆膜工艺，掌握覆膜机的主要组成，同时了解覆膜常见故障及排除方法，并掌握覆膜机的维护与保养方法。

知识目标

1. 了解常用覆膜工艺，掌握覆膜机主要组成部分及工作原理。
2. 了解覆膜常见故障及排除方法。
3. 掌握覆膜机的维护及保养方法。

技能目标

1. 能够规范操作及调试覆膜机各个工作部分。
2. 能够处理覆膜机的常见故障。
3. 能够对覆膜机进行正确保养和维护。

素质目标

1. 培养学生安全生产的意识。
2. 培养学生分析解决问题的能力。
3. 培养学生绿色环保的理念。
4. 培养学生动手操作的能力。
5. 培养学生规范操作的意识。

任务一　认识覆膜加工工艺

任务描述

覆膜是将黏合剂涂覆在塑料表面，经干燥处理后，再将其覆盖在印刷品表面进行加热、加压，使它们黏合在一起的印刷品印后加工技术。通过本任务的学习，学生可了解常用的覆膜工艺，熟悉常用的覆膜材料。

知识目标

1. 了解常用的覆膜工艺。
2. 了解覆膜的薄膜材料。
3. 了解覆膜技术的发展趋势。
4. 了解开窗覆膜。

技能目标

1. 能够掌握覆膜工艺。
2. 能够正确选用覆膜的薄膜材料。

覆膜是将黏合剂涂覆在塑料膜表面，经干燥处理后，再将其覆盖在印刷品表面进行加热、加压，使它们黏合在一起的印刷品印后加工技术，如图 2-1-1 所示。

图 2-1-1　覆膜示意图

作为保护和装饰印刷品表面的一种工艺方式，覆膜在印后加工中占很大的份额。随便走进一个书店，就会发现，大多数图书都采用这种方式。经过覆膜加工后印刷品不仅光彩夺目、色彩鲜艳，而且明显地提高了印刷品的艺术效果。这是因为经过覆膜的印刷品，表面会更加平滑、光亮、耐污、耐水、耐磨，书刊封面的色彩更加鲜艳夺目、不易被损坏，印刷品的耐磨性、耐折性、抗拉性和耐湿性都得到了很大程度的加强，保护了各类印刷品的外观效果，提高了使用寿命。另外，还由于使其达到耐潮、耐摩擦和防污染，从而对印品起到了有益的保护作用。最值得一提的就是，覆膜可以很大程度地弥补印刷产品的质量缺陷，许多在印刷过程中出现的表观缺陷，经过覆膜以后（尤其是覆亚光膜后），都可以被遮盖。总之，覆膜加工真正做到了美观实用。

一、常用覆膜工艺

现在常用的覆膜工艺：印刷品覆膜前处理→涂胶→烘干→试覆膜→正式覆膜→收卷、分切。

1．覆膜前处理

根据墨层渗入纸张深浅程度以及纸张的不同，使用不同的操作方法和材料用量，如油墨层过深、油墨层较浅、油墨干燥后呈黏性、纸张密度偏大偏小等，还要注意在相对湿度下，保持水分平衡。

2．涂胶

用涂料（指黏合剂和稀释剂的混合液）、塑料薄膜作为幅状材料的涂布。涂布方式分为逆转式涂布、凹辊涂布、刮刀涂布、热熔液涂布、回转筛鼓涂布、压延涂布、喷雾涂布、挤压涂布、粉末涂布、高空卷幅涂布、浸渍涂布等。黏合剂的涂布量经验值为 3 ～ 8g/m^2，胶层厚度为 5 ～ 8μm。一般铜版纸涂布量为 3 ～ 5g/m^2，胶层厚度为 5μm；表面粗糙、吸墨量大的胶版纸、白板纸涂布量为 7 ～ 8g/m^2，胶层厚度为 8μm，过厚易起泡、起皱，过薄则覆不牢。

3．烘干

烘干的目的是除去黏合剂中的溶剂，因此烘干温度的控制是至关重要的，它与风速、机速、涂布量以及溶剂的挥发速度有关。如风速小，机速快，黏合剂涂布量大，环境温度低，湿度高时，烘干道的温度可调整略高，反之则低。通常应控制在 50 ～ 70℃。

4．试覆膜

在大批量覆膜前，应进行小批量的试验覆膜，所用的检验法包括撕揭检验法、烘烤试验、油墨及稀释剂试验、水浸法、压折法等。

5．正式覆膜

卷筒薄膜由放卷机构经各道展平辊子作用后，表面平整度一致，黏合剂涂布均匀，干燥度适宜，在导向光辊与层向胶辊的初步作用下与输送来的纸张结合，经热压后完成覆膜。在操作过程中，应注意调整热压温度和辊的压力。一般铜版纸的热压温度较低，而胶版纸、白板纸及墨层厚的印刷品的热压温度较高。一般表面光滑、平整、结实的印刷品覆膜，压力为 19 ～ 20MPa；表面粗糙松软的印刷品覆膜，压力为 22 ～ 23MPa。烘道的温度应控制在 40 ～ 60℃。胶层干燥度一般控制在 90% ～ 95%，同时，保温隔热板必须密封完全。

6．收卷、分切

覆膜后的产品如果是白板纸印刷品，应立刻分切，膜面朝上放置。较薄的铜版纸、胶版纸印刷品，应先复卷放置 24h 后才能分切，以黏结牢固，防止卷曲。

二、覆膜工艺的分类

根据采用的原材料和设备的不同，纸张印刷品的覆膜可分为即涂覆膜、预涂覆膜、水性覆膜三种方式。

1．即涂覆膜

覆膜操作时，以塑料薄膜作为原材料，先在它上面涂布黏合剂，经干燥处理后，紧接着将塑料薄膜与印刷品热压复合的工艺方法叫作即涂覆膜。

即涂覆膜工艺所用覆膜的薄膜黏合剂是现涂布的，使用的黏合剂有溶剂型和乳液型，随时用随时配制。即涂覆膜操作的前期准备工作较多，首先是溶剂、溶液的计量配制，使之充分混合，其次将覆膜机烘道温度提升，最后调整烘道内的风速、温度、风量以及压合辊的压力和温度。各项准备工作无误后，进行覆膜操作。覆膜完成后，要用酒精对覆膜机进行全面的清洗。其工艺流程如图 2-1-2 所示。

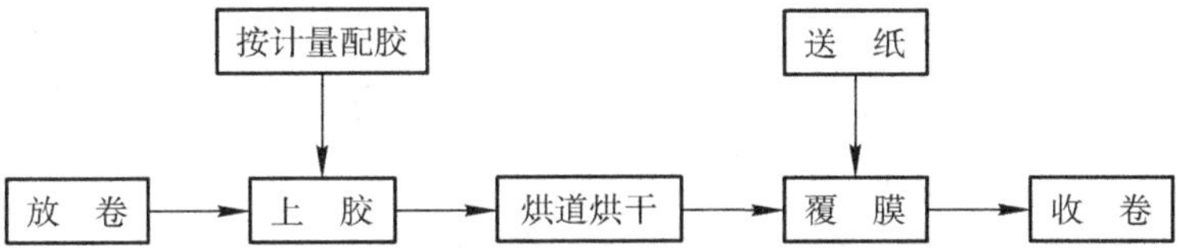

图 2-1-2　即涂覆膜工艺

2．预涂覆膜

覆膜操作时，以预先涂布黏合剂并干燥后的塑料薄膜作为原材料，直接与印刷品进行热压复合的工艺方法叫作预涂覆膜。预涂覆膜工艺所用覆膜的薄膜是由专门的生产厂商供应的已涂布好黏合剂的成卷薄膜，使用的黏合剂一般属热熔型和溶剂挥发型。预涂覆膜的前期准备工作较为简单，无须配制黏合剂溶液，无须烘道升温，只需调整好压合辊的压力、温度和覆膜的速度到最佳状态，即可进行覆膜操作。其工艺流程如图 2-1-3 所示。

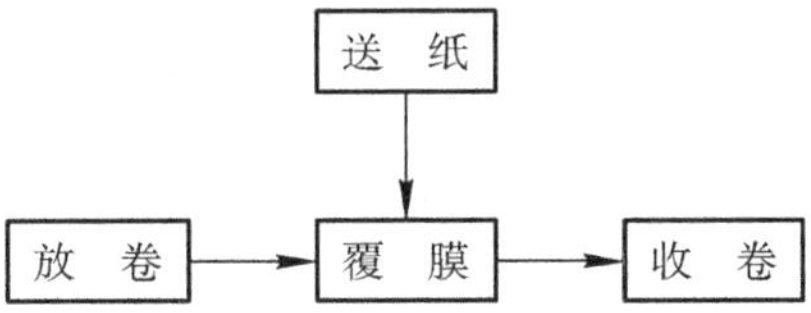

图 2-1-3　预涂覆膜工艺

预涂膜覆膜工艺具有以下特点。

（1）工艺环保。使用 EVA 热熔胶，不会对环境及人体产生危害；不存在纸张及油墨对覆膜质量的影响，无污染、低损耗，可加工食品包装盒及儿童读物等产品。

（2）质量可靠。不易产生皱褶、气泡、卷曲以及纸张与薄膜分离等现象。

（3）使用方便。覆膜时只有进纸、进膜、分割三个工序，无上胶干燥部分，预涂膜覆膜设备体积小、价格低，操作简便。

3. 水性覆膜

属冷裱操作，复杂程度介于即涂覆膜和预涂覆膜两者之间。水性覆膜无须烘道，无须提升压合辊加热的温度，只要控制好压合辊压力、覆膜速度及施胶量的大小。覆膜收卷后 15min 左右就可进行分切。覆膜完成后，要用清水对覆膜机进行清洗。其工艺流程如图 2-1-4 所示。

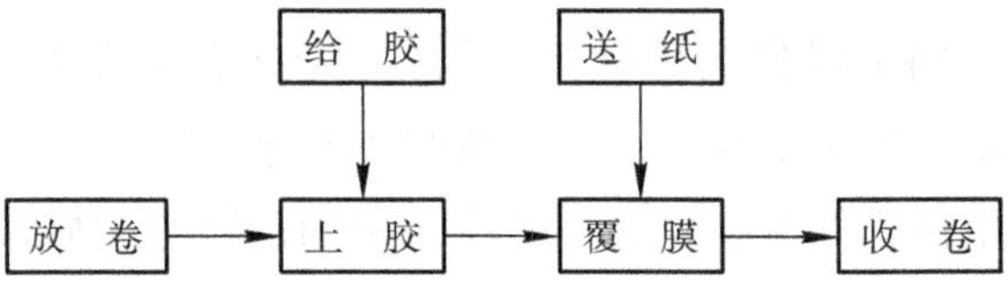

图 2-1-4 水性覆膜工艺

三、开窗覆膜

开窗覆膜是纸张覆膜工艺中较为特殊的一种，它除了具有覆膜产品的优点外，还能够使被纸张包装的商品具有可视性。在食品、药品、轻工制品，以及出口商品的包装中应用日益广泛，不但使包装更加精美，同时起到宣传商品的作用，成为提高产品价值的一种重要手段。但在实际生产中，由于受到各种不确定因素的影响，产品质量会有较大波动，容易出现起泡、脱膜、褶皱、雪花点、胶圈、卷纸等缺陷。

1. 开窗覆膜工艺原理

现有的纸张开窗覆膜方法，步骤如下。

（1）先将印刷好的纸张进行开窗，即在预定的开窗位置模切出窗口，并清除模切产生的废料；

（2）将黏合剂涂布在开好窗的纸张上；

（3）将步骤（2）制成的纸张与薄膜通过上下施压辊进行热压压合，完成开窗覆膜。

开窗覆膜工艺流程如图 2-1-5 所示。

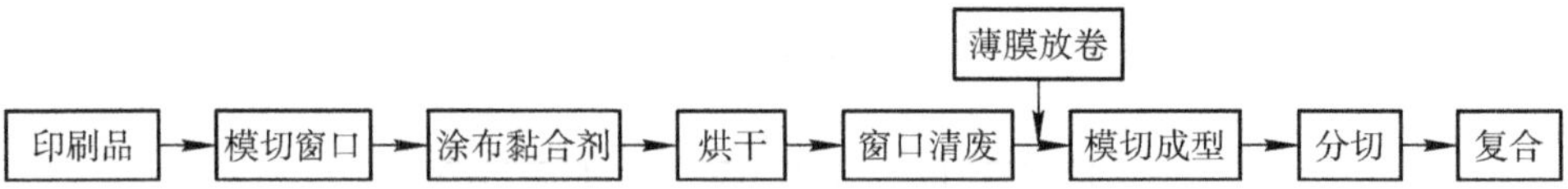

图 2-1-5 开窗覆膜工艺

2. 开窗覆膜质量影响因素

（1）印刷品

由于开窗覆膜工艺是将黏合剂涂布在开窗的印刷品上，因此要求印刷品墨层必须干燥。如果印刷品表面墨层过厚或未干燥彻底，覆膜时，涂布的黏合剂就会无法正常渗透到墨层与纸张之间的空隙进行黏合，从而导致覆膜产品在短时间内起泡。另外，在印刷过程中还应合理控制喷粉用量。如果喷粉过多，会造成膜压不实，从而导致产品出现未压实的细“雪花”。此外，印刷品表面的粗糙度对黏合剂的流平性和延展性也会产生影响，导致涂胶不均，进而出现覆膜后产品表面产生光泽不一的两点或“起雾”。对于平整性较差的印刷品，覆膜时则容易产生皱褶，使黏合剂不能均匀地涂布在纸张上，进而产生脱膜、起泡等现象。

（2）黏合剂

印刷品与塑料薄膜在黏合剂的作用下，得以实现黏合，因此，黏合剂的性能对于印后产品的质量有着至关重要的影响。

① 黏合剂的黏度。若黏合剂黏度过高，会降低其流延性和润湿性，使黏合剂涂布不均匀，这将导致涂布层发花，覆膜后产生雪花点。与此同时，在涂布过程中，过高的黏度极易使印品黏附在涂布辊（上胶辊）上，并随着涂布辊的转动而被卷起，出现卷纸现象。反之，若黏合剂黏度过低，黏合剂中的溶剂在烘干工序不能充分挥发，使黏合剂固含量降低，此时易产生覆膜不牢，脱膜、起泡等现象。

② 黏合剂的涂布厚度。黏合剂涂布量过小，厚度太薄，则黏合力不足，薄膜易脱落。但若涂布层过厚，则黏合剂中溶剂挥发减慢，产品在放置后易起泡；受纸张含水量影响，纸张纤维收缩后在开窗处出现皱褶，甚至在开窗处挤出胶圈。这些都将对覆膜质量产生致命的破坏。

③ 黏合剂与调薄水的调配比例。必须严格按照薄膜和黏合剂的要求进行调配，否则也会造成黏合不牢。

（3）覆膜材料

开窗覆膜包装产品除应具有一般覆膜产品所具备的表面干净、平整、不模糊、光洁度好、无皱褶、无起泡等质量要求外，窗口部分的薄膜还必须透明，以保证被包装商品的可视性，这是对开窗覆膜包装产品的基本要求，也是有别于一般覆膜产品的独特要求。此外，提高塑料薄膜的表面洁度，降低其表面的结晶性，提高表面层的内聚强度或去除弱表面层等，都能有效改善其覆合性。由于薄膜在覆膜的过程中会受到机械力的作用，因此所用薄膜必须具备一定的机械强度和柔韧特性。若薄膜太软，在其受压过程中易产生褶皱。从开窗覆膜包装产品的可视性要求来看，常用 BOPP 塑料薄膜。

（4）其他因素

胶黏剂的干燥过程除受胶黏剂中溶剂的挥发速度和纸张的吸收速度影响外，主要由胶黏剂的黏度、胶黏剂的涂布厚度、烘道的温度决定。胶黏剂黏度低，胶黏剂涂层厚，烘道温度需高一些。若烘道温度过低，胶黏剂中溶剂不能充分挥发，将使塑料薄膜与印刷品的黏合力下降，影响覆膜牢度。在胶黏剂黏度、胶黏剂涂布厚度确定的前提下，经烘道干燥后的印刷品表面胶黏剂的干燥程度以手指按压胶黏剂层略感粘手为宜。

此外，压合压力对覆膜质量也有较大影响。压力大有助于提高薄膜与印刷品的黏合牢度，但压力过大，易使塑料薄膜产生变形和褶皱，而且容易在开窗处挤出胶圈；压力过小，则黏合不牢，产生脱膜，压合辊左右压力不均，容易引起薄膜变形和褶皱。同时，受压合力的影响，若压力大则速度可适当快些，但速度过快则使纸张与塑料薄膜复合瞬间变短，黏合不牢。

四、覆膜的塑料薄膜

覆膜工艺中常用的塑料薄膜有聚丙烯薄膜（PP）、聚氯乙烯薄膜（PVC）、聚乙烯薄膜（PE）、聚酯薄膜（PET）等多种。为符合印刷品覆膜的使用要求，塑料薄膜应满足以下条件。

（1）用于覆膜的薄膜厚度一般为 0.01 ～ 0.02mm，外观应平整、无凹凸不平、皱纹、气泡、缩孔、针孔、麻点等疵斑。

（2）用于覆膜的塑料薄膜经过电晕放电处理后，处理面效果要均匀一致，透光率应在 90% 以上，透明度越高越好，以保证被覆盖的印刷品有最佳清晰效果。电晕处理后的塑料薄膜表面张力应达到覆膜的要求，并具备较好的湿润性能和黏合性能。

（3）用于覆膜的薄膜应具有良好的耐光性能、耐化学药品性能，几何尺寸稳定，并有一定的机械强度，以保证在光线长时间的照射下不易变色，同时保证塑料薄膜与溶剂、黏合剂、油墨等化学物接触时具有一定的化学稳定性。

（4）用于覆膜的塑料薄膜多数为非极性、低表面能的材料。由于塑料薄膜表面清洁度差等因素的影响，使得塑料薄膜很难与被复合的承印物很好地黏合，因此就需要事先对塑料薄膜表面进行处理，使其表面清洁，以增强黏合剂对其表面的润湿能力和黏附能力。

五、覆膜的黏合剂

覆膜用的黏合剂是印刷品与塑料薄膜复合的中间物质，主要起黏结作用，使塑料薄膜与纸张印刷品有机地结合在一起。黏合剂一般由主体材料和辅助材料组成。主体材料主要包括合成树脂、合成橡胶、天然高分子物质以及无机化合物；辅助材料是在黏合剂中用以改善主体材料性能或便于施工而施放的物质，主要有固化剂、增塑剂、填充料、溶剂等。覆膜使用的黏合剂一般为溶剂型黏合剂。

在即涂覆膜工艺中，使用的是溶剂型黏合剂。在乳液黏合剂中，固含量为 30% ～ 50%，其余 50% ～ 70% 均为溶剂分散相，黏合剂与溶剂配制比例必须严格掌握。黏合剂在覆膜过程中直接挥发和间接挥发后，才能形成牢固的黏结。

在预涂膜覆膜工艺中，黏合剂有熔融型和溶剂挥发型。预涂膜由专门的生产厂家供应，目前国内市场的预涂膜的黏合剂层主要由热熔胶或高分子低温树脂组成。根据加工设备及工艺条件的不同，常选择不同厚度的黏合剂层薄膜，黏合剂层的厚度一般为 6 ～ 15μm。热熔胶由主黏树脂、增黏剂、调节剂等数种材料共混改性而成。有机高分子树脂是单一高分子低温共聚物。由于热熔胶是由数种材料混合组成，所以印刷品覆膜后的透明度明显低于低温纯树脂类的预涂膜。

在水性覆膜工艺中，使用的是以水为溶剂的水型（乳液型）黏合剂。这种水性（乳液）黏合剂是由55%的水或水溶液（水相）与45%的有机相（油相）在乳化剂的作用下形成水包油的有机液体。这种以水为溶剂的黏合剂无毒、无公害、不燃烧，其主体材料只限于能在水中分散的高分子树脂，因而对塑料薄膜、覆膜设备等均要求较高，且黏合性能的稳定性不太理想。

六、覆膜工艺操作要求

纸塑复合是热压合物理作用的综合结果，覆膜的温度、压力、速度则是实现这种物理综合的基本条件。正确处理好覆膜温度、覆膜压力、覆膜速度，对保证覆膜质量至关重要。

1．*覆膜的温度控制*

即涂覆膜烘道的温度不可过高或过低，一般控制在50～60℃。温度过低，黏合剂中的溶剂不能充分挥发，将会影响覆膜的牢度，极易产生气泡，出现脱落现象。烘道温度过高，覆膜后表面会产生许多皱褶。

在热压下复合的黏合剂层处于熔融状态，参加成键的分子数量增多，使塑料薄膜、印刷品、黏合剂层界面间达到最大黏合力。覆膜温度的提高有助于黏合强度的增加，但必须控制在合理的范围内。即涂膜覆膜热压合温度一般控制在80～90℃，预涂膜覆膜热压合温度一般控制在80～100℃。温度过高，复合时会使塑料薄膜收缩变形，导致覆膜后产品皱褶、卷曲及局部起泡。图2-1-6所示为加热滚筒表面局部温度随时间变化曲线。

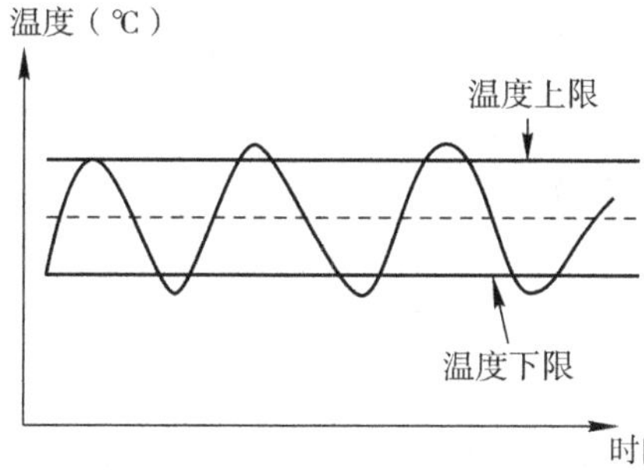

图2-1-6　加热滚筒表面局部温度随时间变化曲线

正确的温度控制，才能使塑料薄膜上的黏合剂胶层彻底熔融，成为黏流状态，具备合适的流动性，以实现印刷品表面的润湿黏结，同时保证复合面即时固化，使覆膜产品外观平整光亮，胶层熔融程度好，无折痕。覆膜过程的温度控制还影响和决定着热熔胶受热时的变化以及对后工序（如烫金）操作的影响。因此，覆膜温度必须严格地控制。

2．*覆膜的压力控制*

纸张印刷品表面看似平整，其实并不是很平整，只有在理想的压力作用下，黏流状态的热熔胶才会在赶走印刷品表面空气过程中充分润湿印刷品表面，从而产生胶体分子向墨层、纸张分子间的扩散、错位，实现良好的黏结，形成对印刷品表面的完整覆盖，使纸张印刷品表面光亮、无雾气状、胶层流平、无折痕迹，达到良好的黏结效果。

覆膜压力过大，易使薄膜变形产生皱褶，而且会使橡胶辊受压变形；覆膜压力过小，则黏合牢度差。在纸张印刷品不产生皱褶的情况下，适当地增大覆膜压力，热熔胶的热塑性、固化机能可得到充分表现，使覆膜产品在以后的加热（如烫印、压痕）过程中，对各种物理剥离、冲击力等的影响有较强的抵抗能力，使覆膜的纸张印刷品内部结构和表面状态达到完美和谐。

在实际的生产中，还应根据工艺条件的变化，调节覆膜的压力。纸张印刷品表面粗糙，质地松散，孔隙的渗透性大，覆膜的压力就要适时增加。对于纸张纤维结构紧密、紧度大、平滑度高的纸张印刷品，覆膜压力一般控制在 8 ～ 25MPa；对于纸张纤维结构松散、紧度小、表面粗糙的纸张印刷品，覆膜压力一般控制在 16 ～ 25MPa。

3．覆膜的速度控制

纸张印刷品的覆膜是在输送带传动的运动状态下，完成纸张印刷品和塑料薄膜（BOPP）的复合的。这一运动过程。覆膜机的传送速度决定了纸张和塑料薄膜复合体在热压工作界面上停留的时间长短。在复合温度和复合压力固定时，覆膜机传送速度的变化会使复合的效果发生变化。

覆膜压合速度过快，纸张印刷品与塑料薄膜黏结不牢，易产生雾状故障；覆膜压合速度过慢，不但生产过程效率低，而且产品容易起泡。

覆膜速度决定塑料薄膜与纸张印刷品的黏合时间，在纸张定量高、工作环境温度低、湿度大以及复合的纸张印刷品亮度差的情况下，应适当降低覆膜机传送的工作速度，以达到覆膜的最佳效果。

七、覆膜技术的发展趋势

覆膜工艺在我国广泛应用于各类包装装潢印刷品，以及各种装订形式的书刊、本册、挂历、地图等，是一种很受欢迎的印品表面加工技术。覆膜工艺于 20 世纪 80 年代进入我国，由于它具有诸多优点，在极短时间内便风靡全国，并逐渐成为书刊表面装饰的宠儿。

当前，人们的环保意识逐渐增强，相关法律法规不断完善，覆膜加工过程中所产生的污染和覆膜产品废弃时重复利用困难这两大问题摆在人们面前，提起覆膜，人们往往会想到“白色污染”。许多业内人士对覆膜的功能以及能否继续应用产生怀疑，在今后的发展过程中，覆膜技术将会接受越来越多的考验。

据了解，我国造纸纤维 80% 的来源是依靠回收废旧纸张，包括纸毛、纸边等。在印刷品中，书刊封面的用纸量也是巨大的，如果大批量采用覆膜（特别是即涂型覆膜材料），又无法将纸张和塑料薄膜分离，那么覆过膜的废旧纸张以及纸边、纸毛都将无法回收，无法降解，这样会带来无法估计的经济损失，实际上就是一种资源浪费。

印刷技术不断进步，印刷材料不断更新，印刷质量标准和市场需求不断提高，这就要求覆膜行业必须根据客观条件的变化和新的技术质量标准进行结构调整。同时，我们也应该适时地寻找一些能够替代覆膜的其他工艺，以降低覆膜对环境的压力。

1．上光工艺

除了覆膜工艺，UV 上光也可对印刷品表面起到一定的保护和装饰作用，这两者在很多功能上很相似。由于UV上光成本相对较低，发展也比较迅速，且产品极具诱惑力，因此在某些印后加工领域也占有一定的市场份额。一些看好UV上光技术的人甚至认为，这种技术可以取代覆膜技术而独立发展。

事实上，这只是人们的一种愿望。据一些应用了UV上光技术的印刷厂介绍，UV上光应用最多的还是局部上光，进行局部UV上光可以提高书籍的档次，但多数情况下，这种局部UV上光工艺也是在覆膜之后进行的，并且，之前的这种覆膜工艺必须是溶剂型覆膜。

此外，UV上光与覆膜相比仍有很多不足。例如，UV上光的保护作用、耐折度、耐磨度等均不如覆膜，在许多领域会有局限，如包装盒等；UV上光还需要投入印刷设备和UV固化设备，而覆膜有现成的设备基础和成熟的工艺；一些UV光油在涂布过程中也会挥发出异味，给操作人员带来影响。

综上所述，UV上光在很多方面还是有局限性的，在工艺处理上还存在很多问题，还无法完全取代覆膜工艺。

2．预涂膜技术

预涂膜是指预先将塑料薄膜上胶复卷后再与纸张印品复合的工艺。它先由预涂膜加工厂根据使用规格幅面的不同将胶液涂布在薄膜上，复卷后供使用厂家选择，而后再与印刷品进行复合。

预涂膜大约是在1989年开始使用，在欧美国家已得到了广泛的应用，1996年左右进入亚洲。在进入亚洲的同时，欧美已经宣布禁止使用即涂膜，改为预涂膜。由于使用较晚，亚洲除日本现已全部使用预涂膜外，其他国家（如中国、韩国等）都处于预涂膜和即涂膜兼用的状态。我国从2000年以后才开始使用预涂膜。与即涂膜相比，预涂膜有很多优点：减少了污染，对人身体无损伤；不会因纸张性质不同或墨色不同而影响覆膜质量；预涂膜覆膜机操作更简单，加工后的图文效果更好；基本消灭了皱褶、气泡、脱落等现象。最值得一提的是，这是一种环保型的工艺，整个生产过程对人身体无害。但预涂膜在我国的推广还是比较缓慢的，这其中，成本问题是一个很大的影响因素。预涂膜产品属于印刷耗材，印刷厂在选择耗材时，价格成本是一个不可忽略的问题。此外，由于我国缺乏纸张和薄膜分离的技术，预涂膜在我国无法完全被称为一个环保型工艺。

近年来，随着预涂膜材料成本的下降以及人工和能耗成本的上升，预涂膜和即涂膜技术之间的成本差距越来越小。从生产成本上，每平方米预涂膜的采购成本一般会高于即涂膜30%～50%，但是预涂膜在胶黏剂、能耗、人工、损耗率等方面相对即涂膜有一定优势。预涂膜无须单独采购胶黏剂，相对于即涂膜省去了一笔开支；同时，预涂膜覆膜无须进行胶黏剂烘干等工作，假如每班次可生产1万平方米产品，每平方米产品可节省能耗支出0.04～0.05元；此外，预涂膜覆膜对生产效率和覆膜质量的提高非常明显，主要体现在调机时间、过程损耗及质量风险等方面，预涂膜无须调胶，调机时间短，生产中无胶黏剂的参与，因此无须烘干系统，控制简单，同时由于无胶黏剂和溶剂参与，因而避免了覆膜气泡的故障及脱层问题的发生。

总而言之，预涂膜覆膜具有工艺简单、操作方便、生产效率高、生产灵活性高、安全性佳、绿色环保等优点。相对于传统即涂膜覆膜，预涂膜覆膜有更大的发展空间，只要掌握好了使用方法，掌控好各项参数，必将得到广泛应用。可以预见，未来的覆膜工艺将以预涂膜覆膜工艺为主流。

3．水性覆膜技术

水性覆膜技术是对印刷品表面进行加工，达到提高印刷品表面光泽度、强度，增强美感效果的方法。衡量覆膜品质优劣，也需考查其光亮度、强度、黏结力等。水性湿式覆膜以其覆膜印刷品的高强度、易回收、无污染等特点，深受客户青睐。

4．曲面披覆膜技术

曲面披覆膜技术是一种崭新的转印技术，可应付外型复杂的工件，且适用于不同材质，更由于图案、色泽生动而大幅提高产品附加值。此技术是以特殊化学处理的薄膜，经印上一定的色彩纹路后，平行于水的表面，利用水压作用，将图案均匀写于产品表面，而披覆薄膜则自动溶解，经清洗及烘干后，再上一层透明的保护涂料，此时产品已呈现一种截然不同的视觉效果。

覆膜工艺按照冷热、压力状况和材料，可分为冷覆膜、热覆膜和液体覆膜等方式。热覆膜技术是指将膜片上预涂的黏合剂加热活化，通过它将膜片与印品黏合在一起；而冷覆膜则是通过加压，直接靠黏合剂把薄膜与印品黏合在一起。这两种方法都可制作出紫外线防护膜、防水或抗摩擦膜等各类特种膜。最近，还出现一种新技术，叫“液体覆膜”法，就是将透明液体用刷子、喷枪、滚筒或特殊覆膜机直接在产品表面刷上一层膜。其技术操作简单，价格亦低廉，但目前还不成熟。

任务二　覆膜机的操作与调试

任务描述

覆膜机分为即涂型覆膜机和预涂型覆膜机。通过本任务的学习，学生可了解不同类型覆膜机的主要结构及优缺点，并能够使用覆膜机完成覆膜作业。

知识目标

1．了解覆膜机的分类及优缺点。

2．了解不同类型覆膜机的结构组成。

3．了解覆膜机的安全操作规程。

技能目标

1. 能够区分不同类型的覆膜机。
2. 能够掌握覆膜机的结构组成。
3. 能够按照安全操作规程使用覆膜机，完成覆膜作业。

覆膜设备有即涂型覆膜机和预涂型覆膜机两大类。即涂型覆膜机适用范围宽，加工性能稳定可靠，是广泛使用的覆膜设备。预涂型覆膜机无上胶和干燥部分，体积小、造价低、操作灵活方便，不仅适用于大批量印刷品的覆膜加工，也适用于小批量、零散的印刷品覆膜加工。

预涂型覆膜机具有广阔的应用前景和普及价值，是覆膜机的发展方向。但是，受预涂塑料覆膜等一些条件的限制，国内现在采用得仍很少。

一、即涂覆膜设备主要结构

即涂覆膜机是将卷筒塑料薄膜涂敷黏合剂后经干燥，由加压复合部分与印刷品复合在一起的专用设备。即涂覆膜机有全自动机和半自动机两种。各类机型在结构、覆膜工艺方面虽都有独特之处，但其基本结构及工作原理是相同的，主要由放卷、上胶涂布、干燥、复合、收卷五个部分以及机械传动、张力自动控制、放卷自动调偏等附属装置组成，如图 2-2-1 所示。

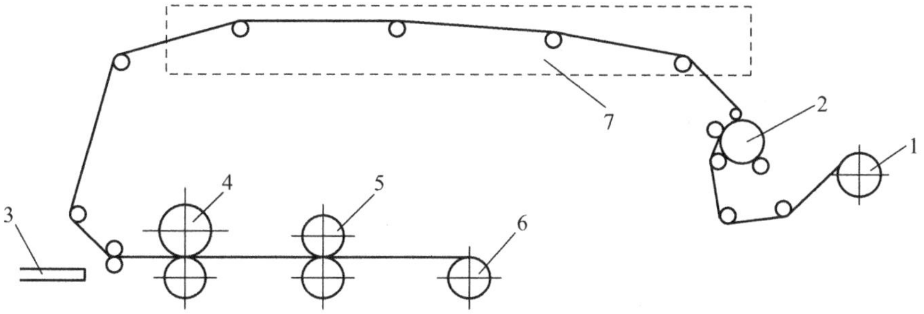

1—塑料薄膜放卷部分；2—涂布部分；3—印刷品输入台；4—热压复合部分；
5—辅助层压部分；6—印刷品复卷部分；7—干燥通道

图 2-2-1 即涂覆膜机结构简图

1. 放卷部分

塑料薄膜的放卷作业要求薄膜始终保持恒定的张力。张力太大，易产生纵向皱褶，反之易产生横向皱褶，均不利于黏合剂的涂布及同印刷品的复合。为保持合适的张力，放卷部分一般设有张力控制装置，常见的有机械摩擦盘式离合器、交流力矩电机、磁粉离合器等。

2．上胶涂布部分

薄膜放卷后经过涂辊进入上胶部分。涂布形式主要分为逆转式、凹式、无刮刀直接涂胶以及有刮刀直接涂胶等。

（1）逆转式涂胶

属间接涂胶，是各机型采用最多的一种，其结构原理如图 2-2-2 所示。供胶辊从储胶槽中带出胶液，刮胶辊、刮胶板可将多余胶液重新刮回储胶槽。薄膜反压辊将待涂薄膜压向经匀胶后的涂胶辊表面，并保持一定的接触面积，在压力和黏合力的作用下，胶液不断地涂敷在薄膜表面。涂胶量可通过调节刮胶辊与涂胶辊、刮胶辊与刮胶板之间的距离来改变。

（2）凹式涂胶

由一个表面刻有网纹的金属涂胶辊和一组薄膜分区辊组成，如图 2-2-3 所示。涂胶辊直接浸入胶液，随辊的转动从储胶槽中将胶液带出，由刮刀刮去辊表面多余的胶液。在压膜辊作用下，辊的凹槽中的胶液由定向运动的待涂薄膜带动并均匀地涂敷于薄膜表面。可通过调整涂布辊轴表面栅格网纹、黏合剂的特性值，压膜辊压力值等来控制涂胶量。

凹式涂胶的优点是能够较精确地控制涂胶量，涂布均匀，但是网纹辊加工困难、易损坏，需要经常清洗。另外，涂布时对黏合剂要求较高。

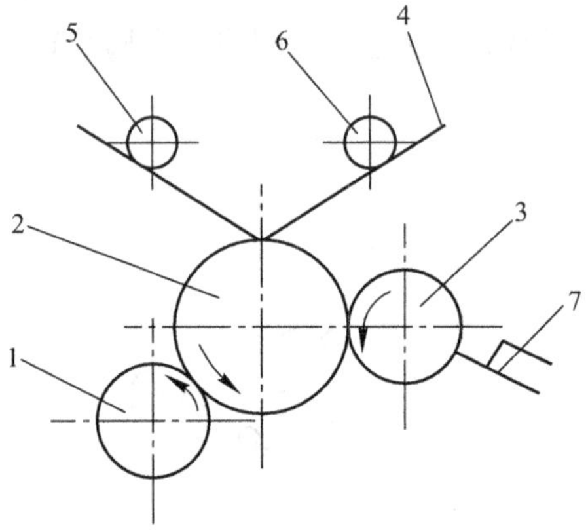

1—供胶辊；2—涂胶辊；3—刮胶辊；
4—塑料薄膜；5、6—反压辊；7—刮刀

图 2-2-2　逆转式涂胶

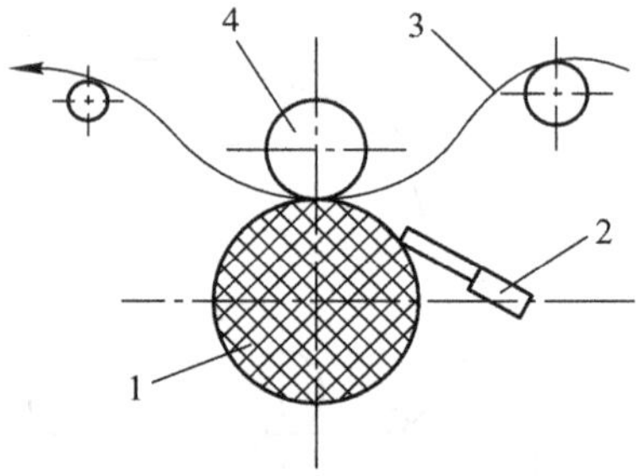

1—网纹涂胶辊；2—刮胶刀；
3—塑料薄膜；4—反压辊

图 2-2-3　凹式涂胶

（3）无刮刀辊挤压式涂胶

涂胶辊直接浸入胶液，涂布时，涂胶辊带出胶液经匀胶辊匀胶后，靠压膜辊与涂胶辊间的挤压力完成涂胶，如图 2-2-4 所示。

挤压时，压力、黏合剂性能指标及涂布车速等决定胶层厚度。涂胶量通过调节涂胶辊与匀胶辊、涂胶辊与压膜辊之间的挤压力实现。因此，对各辊表面精度、圆柱度及径向跳动公差等都有较高的要求。

（4）有刮刀直接涂胶

涂胶辊直接浸入胶液，并不断转动，从胶槽中带动胶液，经刮刀除去多余胶液后，同薄膜表面接触完成涂胶，如图 2-2-5 所示。

有刮刀直接涂胶方式，在设计上要求刮刀必须刮匀涂胶辊表面的胶液，即要求刮胶刀刃口直线度和涂胶辊表面精度都相当高。刮胶刀一般由平整度高、光洁度和弹性好的不锈钢带制成。

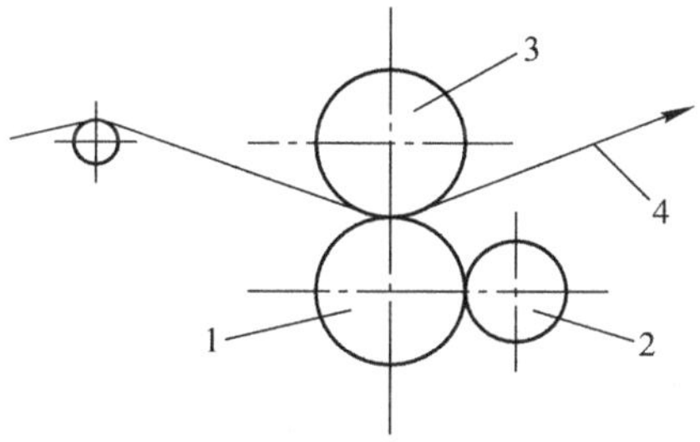

1—涂胶辊；2—加胶辊；
3—压胶辊；4—塑料薄膜

图 2-2-4　无刮刀辊挤压式涂胶

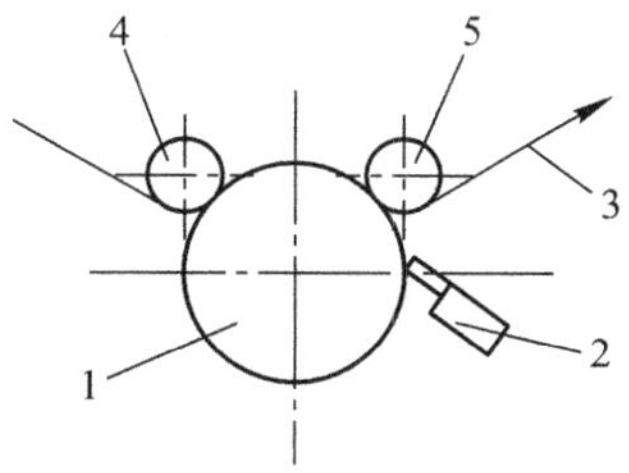

1—涂胶辊；2—刮胶刀；
3—塑料薄膜；4、5—反压辊

图 2-2-5　有刮刀直接涂胶

3．干燥部分

涂敷在塑料薄膜表面的黏合剂涂层中含有大量溶剂，具有一定的流动性，复合前必须通过干燥处理。干燥部分多采用隧道式，依机型不同，干燥道长度在 1.5 ～ 5.5m。根据溶剂挥发机理，干燥道设计成以下三个区。

（1）蒸发区。该区应尽可能在薄膜表面形成紊流风，以利溶剂挥发。

（2）熟化区。根据薄膜、黏合剂性质设定自动温度控制区，一般控制在 50 ～ 80℃，加热方式有红外线加热、电热管直接辐射加热等，自动平衡温度控制由安装在熟化区的热敏感元件实现。

（3）溶剂排除区。为及时排除黏合剂干燥中挥发出的溶剂，降低干燥道中蒸气压，该区设计有排风抽气装置，一般为风扇或引风机等。

4．复合部分

主要由镀铬热压辊、橡胶压力辊及压力调整机构等组成。

（1）镀铬热压辊。镀铬热压辊为空心辊，内装电热装置，辊的温度通过传感器和操作台的仪器仪表来控制。热压辊的表面状态和热功率密度对覆膜产品质量有很大影响。一般覆膜工艺要求热压温度为 60 ～ 80℃，面积热流量为 2.5 ～ 4.5W/cm^2。

（2）橡胶压力辊。将被覆产品以一定压力压向热压辊，使其固化粘牢。复合时的接触压力与黏合强度及外观质量有密切关系，一般为 15.0 ～ 25.0MPa。橡胶压力辊长期在高温下工作，又要保持辊面平整、光滑、横向变形小，抗撕性及剥离性良好，因而多采用抗撕性较好的硅橡胶。

（3）压力调整机构。用以调节热压辊和橡胶压力辊间的压力。压力调整机构可采用简单偏心机构、偏心凸轮机构、丝杆、螺母机构等。但为简化机械传动零部件，并提高压力控制精度，目前大都采用液（气）压式压力调整机构。

5．印刷品输入部分

印刷品的输入分为手工输入和全自动输入两种方式。全自动输入方式又分为气动式与摩擦式两种类型。气动式是在印刷品前端或尾部装上一排吸嘴，依靠吸嘴的“吸”“放”和移动来分离、递送印刷品。摩擦式输入主要靠摩擦头往复移动或固定转动与印刷品产生摩擦，将印刷品由储纸台分离出来，并向前输送；摩擦轮做间歇单向转动，每转动一次分离一张印刷品。

6．收卷部分

覆膜机多采用自动收卷机构，收卷轴可自动将复合后的产品收成卷状。为保证收卷松紧一致，收卷轴与复合线速度必须同步，收卷时张力要保持恒定。随着收卷直径的增大，其线速度又必须与复合的线速度继续同步，一般机器采用摩擦阻尼改变收卷轴的角速度值达到上述要求。为提高工作效率，有些覆膜机还在收卷部分配有快速卸卷及成品分切装置。

二、预涂型覆膜机

预涂型覆膜机是将印刷品同预涂塑料复合到一起的专用设备。与即涂型覆膜机相比，其最大特点是没有上胶涂布、干燥部分，因此，该类覆膜机结构紧凑、体积小、造价低、操作简便、产品质量稳定性好。

预涂型覆膜机由预涂塑料薄膜放卷、印刷品自动输入、热压区复合、自动收卷四个主要部分，以及机械传动、预涂塑料薄膜展平、纵横向分切、计算机控制系统等辅助装置组成。

1．印刷品输入部分

自动输送机构能够保证印刷品在传输中不发生重叠并等距地进入复合部分，一般采用气动或摩擦方式实现控制，输送准确、精度高，在复合幅面小的印刷品时，同样可以满足上述要求。

2．复合部分

包括复合辊组和压光辊组，如图 2-2-6 所示。复合辊组由热压力辊、硅胶压力辊组成。热压力辊是空心辊，内部装有加热装置，表面镀有硬铬，并经抛光、精磨处理，热压辊温度由传感器跟踪采样、计算机随时校正。复合压力的调整采用偏心凸轮机构，压力可无级调节，其原理如图 2-2-7 所示。

压光辊组与复合辊组基本相同，即由镀铬压力辊同硅胶压力辊组成，但无加热装置。压光辊组的主要作用是：预涂塑料薄膜同印刷品经复合辊组复合后，表面光亮度还不高，再经压光辊组二次挤压，表面光亮度及黏合强度大为提高。

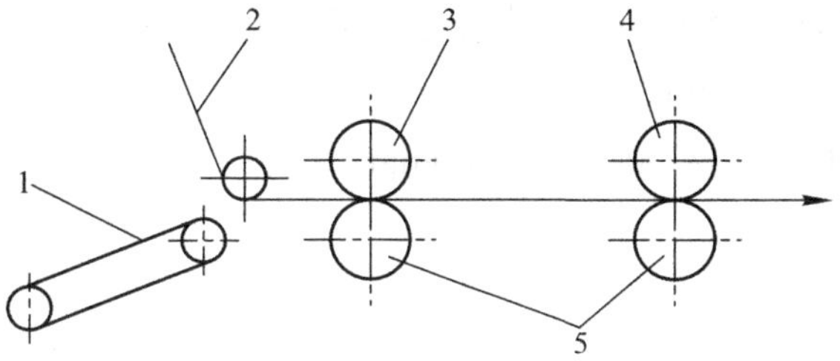

1—自动输纸部分；2—预涂薄膜；3—热压力辊；4—压力辊；5—硅胶压力辊

图 2-2-6 预涂型覆膜机复合部分

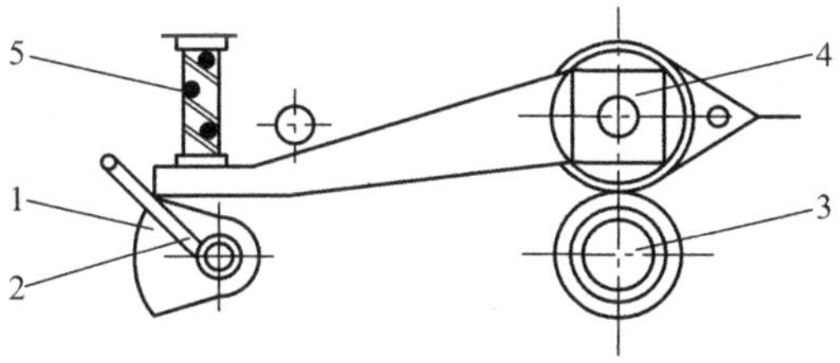

1—离合凸轮；2—手柄；3—硅胶辊；4—热压辊；5—压簧

图 2-2-7 复合压力调整原理

3. 传动系统

传动系统是由计算机控制的大功率步进电机驱动，经过一级齿轮减速后，通过三级链传动，带动进纸机构的运动和复合部分及压光机构的硅胶压力辊的转动。压力辊组在无级调节的压力作用下保持合适的工作压力。

4. 计算机控制系统

计算机控制系统采用微处理机，硬件配置由主机板、数码按键板、光隔离板、电源板、步进电机功率驱动板等组成。

三、覆膜机操作

覆膜机的种类很多，本节以杭州吴泰印刷包装有限公司生产的 MOONBEAM-104B 型全自动立式覆膜机（见图 2-2-8）为例，讲解覆膜机的操作。该机是针对水性胶水所设计的机型，亦可使用油性胶水、预涂胶膜及无胶膜，一机四用。先在薄膜上涂布水性胶水后经过大预热轮进行烘干，同时自动走纸机将纸张送至贴合本机，采用压合轮加热及加压方式将已上胶的薄膜贴合于纸张表面，大预热轮采用 320# 油循环系统，加热快、控温稳定准确，贴合好的成品可选择卷成卷，或经由圆盘切刀将胶膜切出缺口，经过拉断轮拉断后，选择人工收纸或自动收纸。

MOONBEAM-104B 型全自动立式覆膜机具有如下主要技术参数。

机器规格为：1200mm（长）×1600mm（宽）。

适用纸张尺寸：最大 1200mm（长）×1600mm（宽）；

最小 460mm（长）×540mm（宽）。

适用纸张厚度为 80 ～ 500g/m^2；最大送纸高度为 1150mm。

机器速度：10 ～ 40m/min。

机器体积：10280mm×2300mm×2600mm。

机器工作功率：49kW。

机器总重量：6500kg。

机器噪声：小于或等于 80dB（A）。

贴合温度：对于水性黏合剂，一般纸张压合轮温度为 80 ～ 100℃，对于颜色较深印刷品和薄纸为 100℃；预热轮温度为 75℃左右。对于油性黏合剂，压合轮温度可设为 80 ～ 100℃；预热轮温度可设为 90℃左右。

压力：水性与油性相同，正常状况为 150kgf/cm^2；深色印刷品和薄纸可设到 160kgf/cm^2。

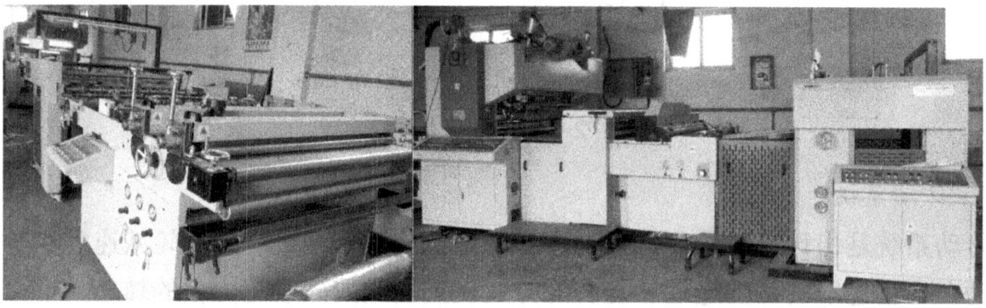

图 2-2-8 MOONBEAM-104B 型全自动立式覆膜机

1．纸张输送机构的操作

飞达是输纸部分的最重要的部件之一，也是调节最多的地方。飞达的作用是把输纸台上的纸张一张一张地、准确平稳地交给接纸辊。飞达上的每一个部件都有其特定的作用，准确掌握这些部件的作用和运动关系是调节好飞达的前提。飞达各部件在纸张上的相对位置分布如图 2-2-9 所示。

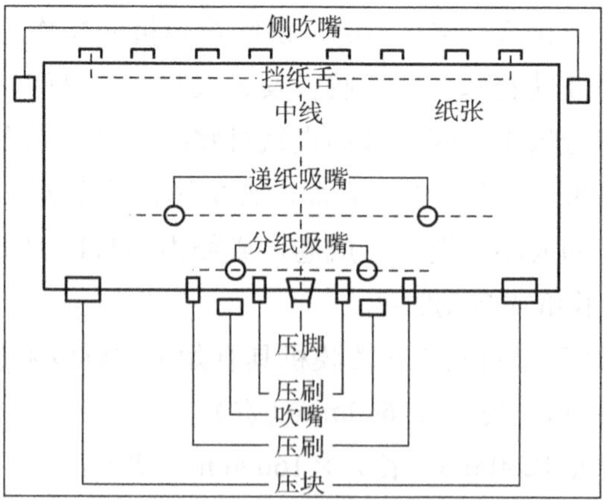

图 2-2-9 飞达各部件在纸张上的相对位置分布

（1）飞达各部件的作用

① 分纸吸嘴：分纸吸嘴的作用就是吸起纸堆最上面一张纸，并把它传给递纸吸嘴。

② 递纸吸嘴：递纸吸嘴的作用就是把分纸吸嘴吸起的纸张转交给输纸板上的接纸辊。

③ 压脚：压脚的作用一是压住分纸吸嘴吸起的那张纸下面的纸张，防止下面的纸张歪斜或双张。二是控制纸堆的高度。由于印刷时纸堆上的纸一张一张地减少，后续的纸张如不及时补上，则印刷不能连续进行，因此必须使纸堆始终维持在一定的高度。理想情况应当是走一张纸，纸堆就升高相当于一张纸厚度，但是由于纸张比较薄，检测的灵敏度需要非常高才行，实际上也无必要。正常情况下纸堆总是近似维持在固定的高度上，不过纸张厚度变化时，纸堆的高度应做出相应调整（通过调压脚的高度来进行）。三是为压差形成创造条件。压脚板上带有吹风孔，压在纸堆上后，向第一张纸的下面吹气，从而加大压差。四是起到安全作用。一旦纸堆电机失灵，压脚会触动限位开关，阻止纸堆继续上升。

④ 吹嘴：吹嘴的作用就是吹松纸堆最上面的几张纸，为分纸吸嘴分纸压差的形成创造条件。

⑤ 压片或毛刷：压片或毛刷的作用一是防止第二张纸的纸尾被吹嘴吹得太高，使压脚不能准确地压住第二张纸；二是防止双张或多张。

⑥ 压块：压块的作用主要是压住纸张的后边角，防止由于吹气造成的纸张飘浮，同时也能够阻止纸张之间的空气外流，有利于压差的形成。

⑦ 侧吹嘴：侧吹嘴一般装在纸堆的前边角，主要是吹松纸张上压脚吹不到的部位。

⑧ 挡纸舌：挡纸舌装在纸堆的前口，其主要作用是防止纸堆最上面的几张纸飘移，以免纸张前口不平，破坏纸张的自由状态。

⑨ 静电消除器：静电消除器利用高压放电消除纸张表面的静电，防止双张或多张。

（2）飞达的调节（见图 2-2-10）

① 将需加工的纸张整齐堆在飞达叠纸板上，最好先将纸张松动整平，以避免双张或多张发生，将纸张高度调整到适当位置。

② 调整压纸脚的高度：旋转调节螺钉 1，调整压纸脚到适当的高度。

③ 飞达头面板的调节：必须使纸张在挡纸规下 4 ～ 6mm 的位置。如未对位，可以旋转飞达头上面的调节手轮 9，来调整飞达头的高度使纸张平行，或调整压脚的高低使纸张到达正确的高度。根据纸张尺寸松开调节手柄 8 前后调节飞达头，使吸嘴橡皮周围可接触到纸尾端，即使压纸脚伸进纸张约 6mm 处。假如纸张不平呈波浪状，调整无法到达位置时，可调整压脚的高度或是在纸张下塞入斜形胶块。

④ 辅助吹气装置调整：辅助吹气使在纸台上待送出的纸张松动，避免纸张粘在一起，发生双张或多张。其位置在压纸毛刷下 5mm，逆时针旋转为往上移动，相反则往下移动。

1—压纸脚调节螺钉；2—辅助吹气调整；3—压脚气量大小调整；4—右辅助侧吹气调整；5—左辅助侧吹气调整；6—吸嘴座高低调整旋钮；7—吸嘴上下调节旋钮；8—飞达前后调节手柄；9—飞达高低调节手轮

图 2-2-10 飞达调节

⑤ 侧规的调节：侧规是纸张定位的重要部件。纸张在被牙排叼走前，侧规确保每张纸的侧边都处于相同的位置（误差范围内）。侧规的调节直接影响纸张侧边的定位精度。根据纸张的厚薄、挺度等情况调节侧规各个调节部位。

侧规拉纸力调整：拉纸力的大小应满足纸张稳定地移动且纸张上不留任何痕迹。如图 2-2-11 所示，螺钉 1 可实现拉纸力大小的变化，厚纸或大尺寸纸使用时，拉纸力量需加大，故应将调节螺钉 1 顺时针旋转；薄纸或小尺寸纸使用时，拉纸力量需减小，故应将调节螺钉 1 逆时针旋转。

侧规位置的调节：根据纸张宽度松开可调手柄 2，手动将侧规移到所需位置，拉纸规与纸张的距离以 8mm 为最佳，最大不可超过 20mm，距离调节好后锁紧手柄 2。

⑥ 压纸轮和压纸毛刷轮的调节

A. 压纸轮。压纸轮的主要作用是压住输纸板上的纸张，配合线带将纸张平稳地输送到定位装置。调节要求如下。

a. 压纸轮成对出现，对称分布，必须压在线带中心线上，与线带平行，且所有压纸轮的压力大小一致；

b. 压力大小与纸张厚薄有关，印厚纸时，压力应该大一些，印薄纸时，则压力要小一些；

c. 最前一排压纸轮应该距定位纸张后边缘 2 ～ 3mm，绝不可以压到第一张纸的边缘；

d. 压纸轮有时向外微微张开，以展平纸张。

前后位置调节：如图 2-2-12 所示，松开压纸轮固定在轮架杆上的紧固手柄 1，可以使压纸轮前后位置改变，调好后拧紧手柄。

压力调节：转动压纸轮上的压力调节螺钉 2，使压纸轮上的弹簧片变形，顺时针转动，弹簧片变形量大，压纸力增大；逆时针转动，弹簧片变形量小，压纸力减小，如图 2-2-12 所示。

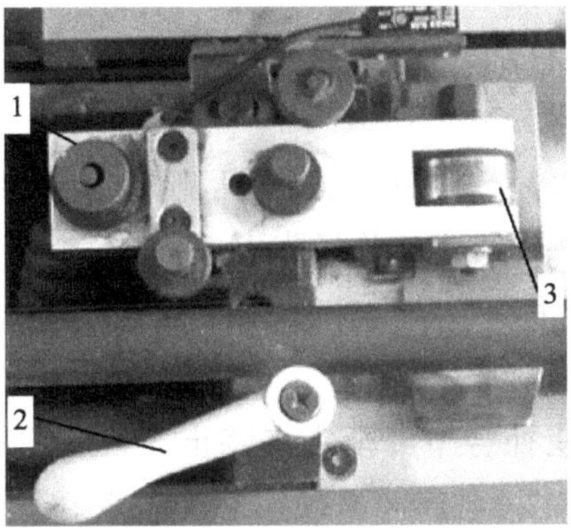

1—拉力调节螺钉；2—侧规位置调节手柄；3—拉纸轮

图 2-2-11　侧规调节

1—手柄；2—螺钉；3—压纸轮

图 2-2-12　压纸轮调节

B. 毛刷轮。毛刷轮的主要作用是防止纸张到达前规矩时的回弹和飘移，毛刷轮对第一张纸还有轻微的推送作用。调节要求：一是毛刷轮的位置以毛刷前端压住正在定位的纸张后边缘 5 ～ 10mm 为宜；二是毛刷轮的切点正好处于第一张纸的后边缘。调节方法与压纸轮相同，如图 2-2-13 所示。

图 2-2-13　毛刷轮调节

C. 气泵开动后，送纸出来时再调整双张控制器的高低。飞达上有两个旋钮，右前方旋钮是调整纸张进行平衡，右侧面旋钮是调整第一吸嘴的高低。

D. 压纸轮压纸不可太紧，调整视纸张的厚薄而定。

E. 调整纸台的高度，必须使最上面的纸张在挡纸规下 4 ～ 6mm 的位置。如果纸张不平呈波浪状，调整无法到达位置时，可调整压脚的螺钉左右旋动或是在纸张下塞入斜形挡块。

F. 毛刷压在吸嘴边缘的距离为 3 ～ 5mm，压力不可太重。薄纸时，毛刷要紧贴纸张；厚纸时，毛刷则离开纸张约 1mm 处。

（3）不停机上纸操作

① 将飞达的补纸台车推至预定的位置，插上固定插销。将左右两个补纸台的挡板放下，且依照纸张尺寸对齐纸挡板上正确尺寸来调整前挡板的左右位置。

② 放上与欲加工的纸张相同尺寸的载纸板，将载纸板左侧对齐左边 L 形前挡板，且将载纸板对齐，将欲加工的纸张整齐地叠放在载纸台上后，副纸堆准备工作即完成。

③ 将副纸堆用的横杆放至定位，当主台上的工作纸张剩下约 1/3 时，将副纸堆插条插入载纸台的空隙中，依纸张尺寸大小，来决定补台插条插入的数量（约平均间隔 25cm 插入一支）。

④ 按“副纸堆上升”钮，直到副纸堆用的横杆刚好接触到插在载纸板上的插条，支撑插条会支撑住主台上还未完成覆膜的纸张。

⑤ 再按“主纸堆下降”，使主台下降至自动停止，将前挡板往两侧抬起后，用挡板刹车挡住，拉起补台车固定插销，并将补台车慢慢地推进工作纸张下方。

⑥ 前后对齐后，按“主纸堆上升”，使主纸堆的纸张上升至副纸堆工作纸张下方，并刚好接触到补台插条，此时主台会自动缓缓上升。

⑦ 主纸堆上升，按下“副纸堆下降”钮，使补台下降至定点停止，然后需将插条一一抽出，先将两旁的插条慢慢抽出，注意在拉出插条时，必须用左手压住主台上正在工作的纸张，以避免因抽取插条时滑动而导致纸张走位，最后再拉出中间的插条即完成。

2．压扫粉机的操作

（1）压扫粉机的主要作用

① 清除纸张在印刷过程中的喷粉。

② 清除游离未干的油墨。

③ 开启主机控制面板上的压粉电热开关，将压粉轮加温，可帮助纸张上未干的油墨干燥，使其贴合后的质量更加稳定，但温度不可超过 60℃，若温度太高，印刷油墨有可能因为温度太高而附着在压粉轮上。

（2）压扫粉机的操作（见图 2-2-14）

① 毛刷轮应经常用高压喷枪来清洁，以免毛刷轮上积存太多粉末。

② 毛刷轮箱的高度是可调的，在操作面和传动面各有一个调整螺钉，调节时，先打开毛刷轮箱升降开关 2，根据纸张厚度旋转螺钉 4 来调整毛刷轮箱的高度。

（3）压粉座的调节

① 将欲加工纸张插入压粉轮与胶轮内，如图 2-2-14 所示，打开开关 1，旋转调整手轮 5，调节胶轮与压粉轮之间的距离。将压粉轮与胶轮调节至刚好接触到纸张即可。

② 视纸张宽度，如纸张尺寸较小时，将纸张两侧外的区域用遮板挡住吸气孔，以增加吸附效率，避免纸张在贴合前进中歪斜。

③ 压粉轮上有一温度感应器，设定压粉轮的所需温度，此系统为自动恒温，最佳温度为 45℃。

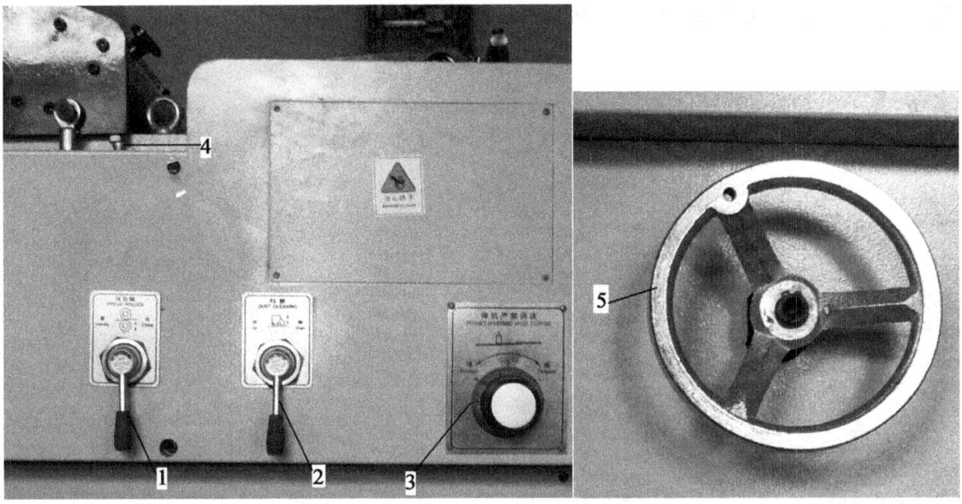

1—胶轮升降开关；2—毛刷轮箱升降开关；3—调试旋钮；4—毛刷轮箱高低调整螺钉；5—胶辊压力调整手轮

图 2-2-14 压扫粉机的操作

（4）压粉轮上刮刀的调节

如图 2-2-15 所示，旋转轮把，可调整压粉轮上的刮刀，逆时针旋转使刮刀下降，顺时针旋转使刮刀上升。

图 2-2-15 压粉轮上的刮刀调节手柄

3. 主机部分的调节

（1）走膜平稳性的调整

如图 2-2-16 所示，将胶膜穿好后，开机低速带动薄膜输送，松开固定螺钉 1，旋转调整手柄 2 调节偏心橡胶辊 3 的偏心量，使薄膜张开不产生起皱现象，调节导向辊 4 的位置，使薄膜输送平稳。

（2）收卷张力调整

收卷张力的大小是可调的，如图 2-2-17 所示，松开锁紧螺钉 1，旋转纸张收卷张力调节手轮 2，可改变收卷张力。顺时针旋转，收卷张力增大；逆时针旋转时，收卷张力减小。

1—偏心橡胶辊固定螺钉；2—偏心橡胶辊调整手柄；
3—偏心橡胶辊烘干系统；4—导向辊

图 2-2-16　供膜机构的调节

1—锁紧螺钉；2—张力调节手轮

图 2-2-17　收卷张力调节

4．涂胶部分的调节

（1）刮刀的调节（见图 2-2-18）

① 刮刀定位：松开刮刀锁紧螺钉 1，大角度往计量辊方向调整刮刀，使刮刀达到限位位置后，锁紧螺钉。

② 刮刀微量调节：调整旋钮 4，会改变刮刀 3 与计量辊之间的间隙，逆时针旋转，刮刀会靠近计量辊，上胶量减少；顺时针旋转，刮刀与计量辊之间的间隙增大，上胶量增大。由于涂胶计量采用刮刀与陶瓷网纹辊无接触微隙计量，调整时必须小心，切勿使刮刀与陶瓷网纹辊过于接触，使网纹辊受压损坏。

1—锁紧螺钉；2—胶槽；3—刮刀；4—刮刀调节旋钮

图 2-2-18　刮刀调节

（2）涂胶部分的清洗

① 先关闭胶泵，将胶水槽下降，再拿起胶水高度栓，使胶水回流到胶桶内，转动胶槽手轮，使胶水槽慢慢下降。

② 迅速使用沾水湿抹布将涂胶辊均匀沾湿后，松开刮刀固定螺栓，将刮刀向上旋转，并迅速将刮刀口的胶水擦拭干净。

③ 取出胶水槽，用清水清洗干净，直到没有胶水残留为止。

④ 使用甲苯或香蕉水，再次将涂胶轮及刮刀刀板上的余胶擦拭干净。

5．拉断轮的调节

根据纸张的宽度，调整拉断轮到适当的位置，并使拉断轮压在输纸带上。如图 2–2–19 所示，松开调节螺钉 1，可以移动拉断轮的作用位置，并可调节拉断轮的角度，调节完成后锁紧螺钉；旋转压力调节手轮 2，可以调节拉断轮的角度。

1—调节螺钉；2—压力调节手轮；3—拉断轮

图 2–2–19 拉断轮调节

6．纸张平坦度的调节

（1）胶膜张力：胶膜越紧，纸张越容易弯曲，但也不可太松，否则会发生皱胶现象。应根据胶膜直径大小来调整胶膜张力。

（2）切纸机的速度：切纸机的速度必须同主机同步，否则会将纸张拉得太紧。

（3）离合器的压力：离合器压力要适当，若压力过大，就会拉力太大，将薄膜拉得过紧。

（4）反纸器：如图 2–2–20 所示，旋转手轮 2 可以调节反纸器 3 的高度，使纸张平坦运行。

7．切刀的调节

切刀应调整在两刀刀钻的位置，刀片刚好贴于刀面。当由厚纸改变成薄纸时，下刀的时间也需调整，旋转六角螺旋使下刀时间至最佳的状态，且不会割破纸张；当薄纸改变成厚纸时，也依此原则来调整。切刀的位置可用手轮 1 来调节（见图 2-2-20），旋转手轮 1，使切刀刀口切于搭口的适当位置。

1—切刀位置调节手轮；2—反纸器高度调节手轮；3—反纸器

图 2-2-20　切刀调节

（1）刀钻的位置调整。刀钻的功用是将纸张的搭口拨开，使切刀较容易找到搭口以便切纸。如果切刀与刀钻的距离太大，会导致切刀找不到纸张的搭口。调整时，将切刀盘背面的两个六角螺钉放松，然后旋转切刀盘，将刀钻调整至最恰当的位置。当纸张为 150g/m^2 时，刀片与刀钻之间的距离为 7 ～ 8mm；当纸张为 352g/m^2 时，刀片与刀钻之间的距离为 12 ～ 15mm。

（2）切刀盘的高度调整。切刀盘应比纸张的高度低约 1mm。如果切刀盘比纸张高，纸张会被切刀盘顶住；太低，则纸张会因切刀动作而没有支撑力，导致纸张容易被割破。

8．收纸机构调节

收纸机构的功能是将经覆膜后的纸张整齐地收集成堆，并记录产量。如图 2-2-21 所示，可根据纸张幅面松开螺钉 2，调整后齐纸块 1 的位置，使收纸时后齐纸块始终挡住纸张拖梢；侧齐纸块 3 是一运动部件，分别位于传动侧和操作侧。每下落一张纸，侧齐纸块撞击一下纸张侧边，使纸张整齐。松开调节螺钉 4，左右移动侧挡板，可调整侧齐纸机构的收纸幅面，使其推纸张的距离为 10 ～ 15mm。

1—后齐纸块；2、4—调节螺钉；3—侧齐纸块

图 2-2-21　收纸机构调节

任务三　覆膜常见故障分析与排除

任务描述

在进行覆膜生产时，由于工艺操作不当或管理不善，使包装产品出现覆膜质量问题，造成商家销售不畅或覆膜包装盒根本无法使用。通过本任务的学习，学生可了解影响覆膜产品质量的主要因素，并能够对常见故障进行分析和排除。

知识目标

1. 熟悉影响覆膜产品质量的主要因素。
2. 熟悉覆膜常见的故障。
3. 掌握覆膜常见故障的排除方法。

技能目标

1. 能够分析判断覆膜产品质量问题的原因。
2. 能够对覆膜常见故障进行排除。

随着我国经济的稳步增长，人民的物质生活水平日益提高，各种消费品如雨后春笋般涌现，极大地丰富了商品市场，同时也促进了包装印刷业的繁荣发展。商品的外包装采用覆膜工艺，使五彩缤纷的包装印刷品更加光彩夺目。但是，某些包装印刷企业工艺操作不当或管理不善，使包装产品出现覆膜质量问题，造成商家销售不畅或覆膜包装盒根本无法使用。

一、影响覆膜产品质量的主要因素

影响覆膜质量的主要因素除塑料薄膜、黏合剂性能，覆膜的压力、速度、温度以外，还与印刷的纸张、印刷的墨层状况、黏合剂的涂布情况、覆膜的环境湿度、纸张印刷品的印刷工艺条件等有着密切的关系。

1．印刷纸张对覆膜的影响

覆膜的承印物多为胶版纸、卡纸、铜版纸，不同的纸张覆膜后会有不同的质量效果。应选择平滑度高、紧度大、不掉毛、不掉粉的纸张，这样才能保证纸张均匀地吸附黏合剂，提高黏结强度。

表面平滑度低、紧度小的纸张，由于纸张结构粗糙松散，在印刷的过程中吸收了过量油性物质，油墨中的颜料成分浮在纸的表面，不能牢固地被吸附，在进行覆膜时，黏合剂在印刷品纸面和塑料薄膜之间不能均匀地渗透和均匀地干燥，极易造成覆膜产品脱胶、起泡等故障。

覆膜的产品大多数为胶印印刷的产品，而胶印印刷采用的是水油相斥的原理来完成印刷的，印刷后的纸张含湿量增大，容易产生伸长变形。在覆膜过程中，由于加热加压使纸张失掉水分，产生收缩，覆膜后易产生卷曲等弊病。

2．油墨对覆膜的影响

油墨的性能、印刷的墨层厚度、印刷的图文面积以及印刷的图文密度，对覆膜的黏合强度影响很大，应引起高度注意。当印刷品油墨墨层较厚、图文面积较大、图文密度较高时，油墨改变了纸张多孔隙的表面特性，同时印刷过程化学药水的使用也会阻碍黏合，从而影响黏合剂的渗透和扩散，使得塑料薄膜与纸张印刷品很难结合，出现脱层、起泡等现象。

覆膜的印刷产品不宜在油墨中过量加放燥油和向印刷品过厚地喷粉，喷粉过厚会因塑料薄膜压不实而导致覆膜产品出现细雾花状斑点。更要引起注意的是，在覆膜的印刷产品中不可用白墨做冲淡剂，因为白墨有明显粉质和颗粒，会导致与连结料结合不紧。

覆膜的印刷品在印刷完工后应放置一段时间，以利于纸张水分的挥发，否则在印刷品覆膜后，会因纸张水分的蒸发导致纸张纤维收缩，而引起覆膜后产品起皱。

3．黏合剂的涂布对覆膜的影响

涂布过程是将黏合剂涂布到塑料薄膜（BOPP）上，涂布量的大小取决于印刷品的纸张和油墨墨层的厚度，纸张平滑度高（如铜版纸），涂布量就应该少一些。黏合剂的涂布量一般为 5 ～ 10g/m^2，胶层厚度为 8 ～ 10μm。

涂布量的大小还与涂布机的速度以及涂布辊和刮胶辊之间的平行间隙有关。涂布机转速高，涂布量就大。在操作过程中，主机速度与涂布机速度之比应为 1 ： 1.5 为宜，涂布辊和刮胶辊之间的平行间隙调整范围应控制在 5 ～ 6μm。

涂布量过小，涂布层厚度太薄，易影响黏结强度。由于黏合力不足，则覆膜不牢，塑料薄膜极易与纸张分离脱落。涂布量过大，涂布层过厚，会造成黏合剂中溶剂挥发减慢，产品放置后发生起泡、起皱等现象。

4．覆膜场地环境湿度对覆膜的影响

在相对湿度高的工作环境中，覆膜印刷品的平衡水分值会发生改变，从空气中吸收大量的水分，在覆膜过程中释放出来，会在黏合界面上形成非黏合现象，而且纸张印刷品边缘也会形成波浪形，覆膜时不能与塑料薄膜很好地黏合。因此，应保持场地环境湿度的相对稳定，相对湿度应严格控制在 45% ～ 50%。

5．印刷工艺对覆膜的影响

纸张印刷品在印刷过程中会用到多种印刷工艺方法，其中柔性版印刷、凹版印刷以及丝网版印刷的产品，它们的墨层都较厚，胶印印刷的产品墨层最薄，因此相对于其他印刷方式的产品来说，胶印产品最适合覆膜作业。此外，印刷品中还经常涉及金银墨的印刷，而金银墨印刷品不宜采用覆膜工艺，因为金属粉末在连结料中分布的均匀性和固着力极差，在墨层干燥过程中很容易分离出来，分离出来的金属粉末会在墨层与黏合剂之间形成一道屏障，影响界面的有效结合。同时，这类产品存放一段时间后，还会出现起泡、起皱等现象，因此在产品工艺设计中要慎重考虑并引起注意。

二、覆膜常见故障分析及排除方法

1．黏合不好

（1）黏合剂选用不当，涂胶量设定不当，配比计量有误。应重新选择黏合剂种类及用量。

（2）稀释剂中含有消耗 NCO 基的醇和水，使主剂的羟基不反应。应使用高纯度的醋酸乙酯。

（3）印刷品表面有喷粉。应使用干布轻轻拭去喷粉。

（4）印刷品墨层太厚。应增加黏合剂涂布量，增大压力。

（5）印刷品墨层未干或未彻底干透。应先热压一遍再上胶；选择固体含量高的黏合剂；增加黏合剂涂布厚度；增加烘干道温度等。

（6）黏合剂被印刷油墨及纸张吸收，使涂覆量不足。应重新调整配方和设定涂覆量。

（7）塑料薄膜表面处理不充分或超过适用期，使处理面失效。应更换塑料薄膜。

（8）压力偏小、车速较快、温度偏低。应提高覆膜温度和压力，适当降低车速。

2．起泡现象

（1）印刷墨层未干。应热压一遍再上胶；推迟覆膜时间，使其干燥彻底。

（2）印刷墨层太厚。应增加黏合剂涂布量，增大压力并提高复合温度。

（3）干燥温度过高，黏合剂表面结皮。应降低干燥温度。

（4）复合辊表面温度过高。应降低复合辊温度。

（5）薄膜有皱褶或松弛现象，薄膜不均匀或卷边。应更换薄膜，调整张力。

（6）薄膜表面有灰尘杂质。应及时清除灰尘杂质。

（7）黏合剂涂布不均匀、用量少。应提高涂覆量和均匀度。

（8）黏合剂浓度过高、黏度大、涂覆不均匀。应用稀释剂降低黏合剂浓度。

3．覆膜起皱

（1）薄膜传递辊不平衡。应调整传递辊。

（2）薄膜两端松紧不一致或波浪边。应更换合格的薄膜。

（3）胶层太厚，溶剂蒸发不彻底，影响了黏度，受压力辊挤压，纸张与薄膜之间产生滑动。应调整涂胶量，提高烘干道温度。

（4）电热辊与橡胶辊两端不平衡，压力不一致，线速度不等。应调整两辊位置，使压力一致。

任务四　覆膜机的维护与保养

任务描述

正确使用覆膜机并进行常规的维护与保养，能够有效保障覆膜产品的质量，同时对提高覆膜机的使用寿命具有重要意义。通过本任务的学习，学生可掌握覆膜机的安全操作规程，并能够对覆膜机进行维护与保养。

知识目标

1．熟悉覆膜机的安全操作规程。

2．熟悉覆膜机的维护保养注意事项。

技能目标

1．能够规范操作覆膜机。

2．能够对覆膜机进行维护与保养。

一、覆膜机安全操作规程

（1）温控仪的传感元件采用热电偶对温度进行检测，由于受安装位置及周围气温及内部气流的影响较大，测温的精度有较大的误差，温度表上所指示的温度为相对温度，用户应根据实际加工经验，参考温度表的指示值而选择温度。

（2）胶水和稀释剂、清洗剂均属易燃品，机器附近注意火患。

（3）机器运转时，禁止将手伸入两辊内，以免发生人身伤害事故。机器的压合辊温度较高，切勿用手触摸，防止烫伤。擦洗机器时，应低速开机，并在正确位置擦洗，严防两辊内卷进擦布。

（4）停机时，务必将液压系统卸荷，将压合辊与橡胶辊分开，并将刮刀和预压辊松开，以免两辊长期受压变形损坏。

（5）维修及检查机器时，应关闭机器的电源总开关，机器的电气系统应保持良好的绝缘，防止受潮。机器停止使用时，应切断电源，以防意外。

（6）严禁在机器上摆放任何工具、器件、杂物，涂胶辊和均胶辊的工作间隙极小，任何硬物一旦被压入橡胶辊表面，会在橡胶上留下压坑凹陷或裂纹，轻者需较长时间的自然弹性恢复，重者直接使胶辊报废。

（7）新安装使用的机器应加强润滑，在机器传动磨合期应注意勿快速使用机器。

二、覆膜机的维护与保养

由于机器的精度要求较高，尤其是各辊的表面精度要求很高，一旦出现划伤、斑纹、裂痕或有稍微的弯曲变形，都将影响产品的加工质量，甚至导致机器不能工作，所以，平常应细心谨慎维护机器。

1．机器的维护保养

（1）应经常检查胶辊上是否粘有胶皮、油垢，及时擦洗胶辊上的胶迹和灰尘，保证各辊的表面清洁光亮。每次使用完机器，务必立即清洗机器。应使用胶水稀释剂（酒精或二甲苯）冲涤及用柔软的毛巾揩擦各辊，严禁用锐器刮削各辊表面。每次开机时，同样要擦净各辊表面灰尘，并检查机器各辊的表面是否光洁。机器出现故障或异常声响时，应及时分析查找原因并给予排除，待机器一切正常后，方可继续使用。

（2）应经常检查液压系统的油管、阀门及缸塞是否有漏油的现象，当发现有渗漏现象时，应及时更换密封圈，还应及时向液压筒内补充适量的液压油。

（3）刮刀片的刃线应保持平整，并具有弹性，当出现弯曲、牙口、卷边等现象时，应及时修整更换。

（4）要定期对机器的各传动部位和润滑面添加润滑油，保证机器处于良好的润滑状态。尤其是压合辊的大轴承，由于承受的压力大且温度高，润滑油容易挥发流失，应及时补充高温润滑油，使之在高温高压下能正常工作。

（5）要保证机器的接地及电气的绝缘良好。

（6）每年要对机器进行一次全面检查，发现问题及时解决。

2．注意事项

（1）机器在覆膜过程中总会有少量黏合剂存积在加热胶辊上，正确安装卷膜会减少存积现象，但仍需视实际情况定期清洗胶辊，以确保覆膜质量。

（2）在打开安全护罩清洗胶辊或对机器进行维修保养时，如需转动胶辊，可以按住进膜或退膜键，胶辊就会正转或反转，直到松开按键才会停转。

（3）请勿对金属物或其他硬质材料进行覆膜，否则将损坏胶辊。

（4）停止覆膜时，应将上胶辊抬起，切勿长时间静压胶辊，造成胶辊变形，影响覆膜质量和机器使用寿命。

（5）当胶辊过热时，应立即停止加热，同时降低电机转速。此时严禁用任何清洁剂或溶液擦洗胶辊，因为某些液体和溶液可能在热胶辊上燃烧。待胶辊冷却后，用手揭去粘在胶辊上的胶膜，并用酒精清洗残留的黏合剂及胶膜。严禁用可能与橡胶发生化学作用的液体（如汽油）进行清洗，以免造成胶辊表面损坏。

（6）严禁用有棱角的坚硬物体刮削胶辊，以免胶面损坏影响使用。

项目二思考题

1．覆膜的作用是什么？

2．覆膜有哪几种方法？各自的特点是什么？

3．黏合剂涂布方法主要有哪些？各自的特点是什么？

4．覆膜用黏合剂由哪些成分组成？各有什么作用？

5．简述湿式覆膜机的组成和工作原理。

6．简述预涂膜覆膜机的组成和工作原理。

7．分析覆膜产品脱胶原因及解决办法。

项目三
上光技术

任务一　认识上光加工工艺

任务二　上光设备的操作与调试

任务三　上光常见故障分析与排除

项目描述

上光是指在印刷品表面涂布（或喷、或印）一层无色透明的上光油，经流平、干燥、压光以后，在印刷品的表面形成薄而均匀的透明亮光层。上光加工通过将上光油在印刷品表面的流平形成光滑的表面，从而增加印刷品表面平滑度，使之呈现更强的光泽，加强印刷品的视觉效果，并提高印刷品的实用价值。通过本项目的学习，学生可掌握上光的作用，了解常见的上光工艺和上光涂料的分类及组成，并掌握上光机的组成及工作原理，能够正确操作与调试上光设备，同时，掌握上光的常见故障及排除方法。

知识目标

1. 了解上光工艺和上光涂料的分类以及组成。
2. 了解 UV 上光工艺及优缺点。
3. 掌握上光机的主要组成及工作原理。
4. 掌握上光的常见故障及排除方法。

技能目标

1. 能够正确选用上光涂料。
2. 能够正确操作与调试上光设备。
3. 能够处理上光的常见故障。

素质目标

1. 培养学生实事求是、求真创新、严谨认真的科学素养。
2. 培养学生独立思考和分析解决问题的能力。
3. 培养学生养成良好的专业素养和职业习惯。
4. 培养学生分析判断的能力。
5. 培养学生绿色环保的意识。
6. 培养学生动手操作的能力。

任务一 认识上光加工工艺

任务描述

上光是指在印刷品表面涂布（或喷，或印）一层无色透明的上光油，经流平、干燥、压光以后，在印刷品的表面形成薄而均匀的透明亮光层。通过本任务的学习，学生可掌握上光的作用，了解常见的上光工艺和上光涂料的分类及组成，并重点掌握UV上光工艺。

知识目标

1. 掌握上光的作用。
2. 了解常见的上光工艺。
3. 了解上光涂料的分类及组成。
4. 掌握UV上光工艺。

技能目标

1. 能够正确选用上光涂料。
2. 能够准确辨别不同上光产品。

一、上光加工工艺

1. 上光的作用

上光就是在印刷品表面涂布（或喷，或印）一层无色透明的上光油，经流平、干燥、压光以后，在印刷品的表面形成薄而均匀的透明亮光层。上光加工通过将上光油在印刷品表面流平成为光滑的表面，从而增加印刷品表面平滑度，使之呈现更强的光泽，加强印刷品的效果，提高印刷品的实用价值。

印刷品的表面光泽由本体反射光（印刷品画面特性）和表面反射光（印刷品的表面性能）组成。印刷品呈现的光泽，除受本体反射光影响外，其表面平滑度越高，呈现的光泽越强。上光后的印刷品表面显得更加光滑，使入射光产生均匀反射，油墨层更加光亮。

上光加工是改善印刷品表面性能的一种有效方法，其作用可以归纳为以下几点。

① 增加印刷品表面的光泽。

② 提高印刷品的耐磨性和表面强度。

③ 防污、防水、耐光、耐热，保护和延长印刷品使用寿命。

④ 产生特殊效果，增强产品外观的艺术感和陈列价值。

⑤ 增加油墨层防热和防潮能力。

⑥ 书籍装帧、商品包装、食品包装、文化用品、宣传广告等印刷品表面增加光泽后，可以增强油墨的耐光性能。

上光加工主要应用在以下几个方面。

① 书籍装帧，如护封、封面、插页以及年历、月历、广告、宣传样本等，经过上光，能够使印刷品增加光泽、色彩鲜艳。

② 包装装潢纸品，如纸袋、封套、商标等，上光后起到美化和保护商品的作用。

③ 文化用品，如扑克牌、明信片及印金图案，上光后能起到抗机械摩擦和防化学腐蚀的作用。

④ 日用品、食品等，如卷烟、食品、洗涤剂等商标，上光后可以起到防潮、防霉的作用。

上光不仅可以增强印刷品表面光泽，还不影响纸张的回收再利用。上光已成为印后加工的重要手段，在产品包装加工上获得很大成效。在激烈的市场竞争中，上光是印刷企业实现增值服务的有力手段。

2. 上光的分类

（1）按上光机与印刷机的关系分类

按上光机与印刷机的关系，上光可分为脱机上光和联机上光。

脱机上光采用专用的上光机对印刷品进行上光，即印刷和上光分别在两种专用设备上进行。这种上光方式比较灵活方便，设备投资小，但增加了印刷与上光工序之间的运输转移工作，生产效率低。

联机上光则直接将上光机组连接于印刷机之后，即印刷和上光在同一组机器上进行，速度快、生产效率高、加工成本低，减少了印品的搬运，克服了由喷粉所引起的各类质量故障，是今后的发展方向。但联机上光对上光技术、上光油、干燥装置以及上光设备的要求较高。

（2）按上光方法分类

按上光方法，上光可分为辊涂上光和印刷上光。辊涂上光是最普通的上光方式，由涂布辊将上光油在印品表面进行满幅面均匀全涂布。印刷上光是通过上光版将上光油印刷在印品上，因此可进行局部图案上光，目前常采用的有凹版上光、柔性版上光、胶印方式上光及丝网印刷上光。

（3）按上光产品类型分类

按上光产品类型，上光可分为全幅面上光、局部上光、消光上光及艺术上光等。

全幅面上光，也称为满版上光，是对印刷品整个画面进行保护，并提高印刷品的表面光泽，一般采用辊涂上光的方法进行。

局部上光一般是在印刷品上对需要强调的图文部分进行上光，利用上光部分的高光泽画面与没有上光部分的低光泽画面相对比，产生奇妙的艺术效果，一般采用印刷上光的方法进行，其中采用丝网印刷方式上光得到的膜层较厚，效果较其他方式明显，且成本较低，目前在国内使用得较多，但其生产效率一般较低。

消光上光采用的是 UV 亚光油，与普通上光的效果正相反，它是通过降低印刷品表面的光泽度，从而产生一种特殊效果。由于光泽度过高对人眼有一定程度的刺激，因此消光上光是目前逐渐流行的一种上光方式。

艺术上光的作用是使上光产品表面获得特殊的艺术效果，如使用 UV 珠光上光油在印刷品表面进行上光，会使印刷品表面产生珠光效果，使印刷品显得富丽堂皇、高贵典雅。

（4）按上光油干燥方式分类

按上光油干燥方式，上光可分为溶剂挥发型上光、UV 上光（紫外线上光）、热固化上光、水性上光等。

3．UV 上光工艺

UV 是 Ultraviolet(紫外光)的英文缩写。UV 上光即紫外线上光，是指涂布于印刷品表面的上光油，在紫外线的作用下固化干燥，并在印刷品表面形成一层薄膜的上光工艺。与传统上光油的加热挥发干燥不同，UV 上光油是利用紫外光的光能量引发瞬间光化学反应，进而完成固化的。

与传统上光相比，UV 上光工艺流程简单，固化速度快，能耗低，可以使纸包装品的装潢表面具有良好的耐摩擦性和高光泽度，因而越来越广泛应用于食品、医药、烟草等行业的产品包装上，目前已成为国内外最主要的上光方式，具有广阔的市场发展前景。

（1）UV 上光工艺原理

UV 上光是在印刷品表面均匀地涂布一层 UV 上光油，在紫外线的照射下，上光油发生化学反应，并在印刷品表面固化形成均匀的薄膜。

UV 上光油是由紫外线感光树脂、光引发剂、活性单体和助剂经复合加工而成。紫外光固化是利用光引发剂(光敏剂)的感光性，在紫外光照射下光引发剂形成激发态分子，分解成自由基或是离子，使不饱和有机物进行聚合、接枝、交联等化学反应达到固化的目的。

（2）UV 上光注意事项

① UV 上光油的选择

UV 上光油的分类，可根据不同的底色墨类型，分为 UV 油墨用 UV 上光油，油性油墨用 UV 上光油，两者兼用型 UV 上光油。还可根据不同的涂布加工方式，分为脱机型 UV 上光油、联机型 UV 上光油和两者兼用型 UV 上光油。

上光油种类很多，需要根据产品的特点和要求，以及承印物的类型、上光的设备和方式以及印后加工等多项因素进行选择。在 UV 油墨上涂布，因为 UV 油墨与 UV 上光油的组成结构基本相同，所以在套印、干燥性、光泽、附着性、气味、后加工适性、耐摩擦性、变黄性等各方面都能达到较好的效果。

② 印刷纸张的选择

UV 上光油不适合对容易渗透的纸张进行加工，因为 UV 涂料中的低分子材料容易渗透到纸张中，引起纸张的变暗甚至浸透。在这种情况下，只有对纸张正反两面都用紫外光照射，才有可能使上光油固化完全。可先用 UV 涂料以外的材料涂布底层，以避免涂布 UV 涂料时出现渗透。

用于上光的承印材料，除常用的铜版纸、卡纸等纸张和纸板以外，还有金银卡纸、激光纸、铝箔纸以及不同类型的复合纸。此外，还有如 PE（聚乙烯）、BOPP（双向拉伸聚丙烯）、PVC（聚氯乙烯）等。但对于 UV 上光油来讲，尽管体系中通过添加了聚二甲基硅氧烷等润湿剂来降低上光油的表面张力，使上光油能够较好地附着在基材表面，但要让上光油润湿含金、银粉的油墨以及烫印产品，则较为困难。因此，在印刷品的选择上，应尽量避免在含金、银粉油墨表层的印刷品上进行上光。

③ 上光工艺控制

上光油的黏度、上光油的厚度、上光速度及固化条件都对 UV 上光产品的质量有较大影响。上光油的黏度与其在印刷品上的流平性有较大关系，最终影响产品的光泽度。上光油的黏度越小，涂层越薄，被印刷品吸收得越多，则其越难在印刷品表面形成较平滑的膜层。上光油黏度越大，则涂层越厚，使得膜层表面不平整。

涂层的厚度与上光油的种类、印刷品表面状况及涂布条件有较大关系。均匀适量的涂层厚度，可得到平滑度较高的表面，光泽度也高。涂布量过小，则上光油不能均匀铺展，表面平滑度底；涂布量过大，虽然上光油能有效铺展并增强对印刷品表面缺陷的弥补，但是干燥性差，成本高。

此外，上光速度与涂布量及固化条件有较大关系。上光速度快，则要求光油干燥速度快。而彻底的光固化则是保证 UV 上光产品质量的关键。紫外光源是光固化的基础，通常灯管直径为 25cm，长度为 100 ～ 180cm，功率应不小于 80W/cm，紫外线发射的能量应不小于 80mJ/cm^2，发射的主波长应在 280 ～ 420nm，并注意适时更换灯管。

二、上光涂料

上光油既可以通过胶辊或涂布机中的涂布版直接施加于承印材料，也可以通过中间介质转移到承印材料（如印版通过橡皮布向纸张上印光油）。

目前各类上光涂料都有其自身的工艺优势，氧化聚合型上光涂料主要靠空气中的氧发生聚合反应而干燥成膜，对干燥源的要求不高，设备投资少；溶剂挥发型上光涂料依靠涂料中溶剂挥发干燥成膜，在涂布、干燥、成膜过程中具有较好的流平性，其加工性能和适用范围宽，适用于各种档次、大批量印刷品的上光加工；热固化型上光涂料依靠成膜树脂中高分子结构所含有的活性官能基团和涂料中的催化剂，遇热发生交联反应干燥成膜，固化快，生产效率高，适用于自动化上光加工；光固化型上光涂料是通过吸收辐射光能量，涂料分子内部结构发生聚合反应而干燥成膜，其上光涂层的光泽度高，膜层的耐磨性、耐折性、耐热性能都比较好，适用于高档次印刷品的上光加工。

1．上光涂料的基本组成

各类上光涂料的基本组成大体相同，即都由主剂（成膜树脂）、助剂和溶剂三部分组成。

（1）主剂

主剂是上光涂料的成膜物质。印刷品上光后，膜层的品质及理化性能，如光泽度、耐折性、后加工适性等均与选择的主剂有关。主剂为天然树脂的上光涂料，成膜的透明度差，易泛黄，还易发生回黏现象；以合成树脂作为主剂的上光涂料，成膜性好，光泽度和透明度高、耐磨、耐水、耐老化，而且适用性强。

（2）助剂

助剂是为改善上光涂料的理化性能和加工工艺特性而加入的一些辅助物质，如为改善主剂树脂的成膜性，增加膜层内聚强度而加入的固化剂；为提高上光涂料的流平性、降低其表面张力而加入的表面活化剂；为便于上光涂料的合成和涂布操作而加入的消泡剂；为提高膜层弹性，增强耐水、耐折性能而加入的增塑剂等。

（3）溶剂

溶剂的作用是分散、溶解、稀释主剂和助剂。常用的溶剂有芳香类、酯类、醇类等。上光涂料的毒性、气味、干燥、流平性等理化性能与溶剂的选用直接有关。芳香类溶剂蒸发热量比较低、挥发速度快、溶解性能高，但该类溶剂毒性较大；酯类溶剂溶解性能好、挥发速度快、成本低，但气味比较大；醇类溶剂在溶解性能、挥发速度上都不及以上两类，但是无毒、无味，没有污染。

2．上光油分类

（1）紫外（UV）上光油

UV上光油是指通过UV辐射而固化的上光油。UV上光油与UV油墨的组成成分相似，不包含挥发性物质，因而与油基和分散型上光油完全不同。UV光油的光亮度好，利于环保。UV上光油的主要成分：一是对黏度有决定性作用的丙烯低聚物交联物质；二是产生亮度、硬化和抗磨损力的丙烯预聚物；三是用于固化（干燥）的光引发剂，其在UV辐射下硬化，几秒钟内形成耐摩擦、硬化、光泽或亚光的表面。

与其他类型的上光相比，UV上光的优势是可以在线完成较厚的涂布，产生的光泽效果与覆膜几乎没有区别（与水性上光不同，UV上光挥发成分极小，因此光油液膜的涂布厚度与干燥时的涂布厚度相同，而且纸张的吸收很低，可以忽略不计）。在单张纸胶印机中，UV涂布在很大程度上已经取代了覆膜。由于其涂布厚度大（约为8μm），UV上光超过了水性上光（涂布厚度约为3μm）无法获得的光泽度。

UV上光油可以用于许多不同的产品，可以通过专门的涂布装置与胶印、丝印、柔印等印刷机组成在线或离线生产，来对产品进行涂布。

① UV 上光油的使用注意事项

多数厂家使用 UV 上光油的具体工艺为：普通墨印刷→喷粉→ UV 光油，即先用普通墨印刷，并用喷粉防止背面蹭脏，然后使用 UV 光油上光。由于普通墨和 UV 光油的树脂成分不一样，两者之间很难达到较好的附着，油墨中通常加入的燥油以及印刷后使用的喷粉都不利于附着，因而 UV 光油在某些油墨处的附着力表现不良，如黑、咖啡等深色墨部分。

针对以上现象，在使用 UV 光油时应注意以下事项。

A. 使用的油墨尽量选择色浓度高、墨层薄且不含有聚氯乙烯、聚四氟乙稀及硅酮树脂添加剂，使用时尽量少用燥油及喷粉。

B. 用普通墨印刷以后，放置 24h，然后使用水性打底油打底。打底 24h 以后可以用胶带测试其与油墨的附着性能，正常后再上 UV 光油，这样效果会更好。因为水性打底油可改善普通墨与 UV 光油之间的附着性。

② 吸塑光油的使用注意事项

A. 吸塑纸需要特殊的低强度纸板，当其和塑料吸塑壳热封时，可提供好的纤维撕拉性。

B. 吸塑热封时与温度、时间、压力有关，常规条件是 176 ～ 190℃、2 ～ 3s、50 ～ 60Pa 的状态。

C. 吸塑油在印刷时应尽量原液使用，且在不影响上光性能的条件下尽量上得厚一点。切记，吸塑油必须充分干燥，避免粘连。

D. 油墨必须不含蜡、硅和其他助剂。

UV 光油固含量可高达 99% 以上，完全依靠紫外线干燥，干燥速度主要取决于光源强度和照射时间，一般为几秒到十几秒。在生产中，要注意灯管的功率及使用寿命，以保证干燥的正常进行。

③ 调整 UV 光油的黏度

A. 加入酒精可降低其黏度，但不利于干燥。

B. 加温，通常利用上光机的加温装置来进行，但有些上光机上可能没有加温装置。

在烟盒包装方面，UV 上光使用较为普遍。通常采用 UV 油墨印刷，然后上 UV 光油。若用普通油墨印刷，干燥速度会明显变慢，且可能会出现油墨与上光油附着不良（上光涂层脱落）的现象。

（2）溶剂型（油性）上光油

油性上光油成本低，但由于溶剂通常是酒精或其他醇类物质，虽然上光效果不错，但这种上光方式的气味大，对环境的污染大，不够环保。

（3）水性上光油

水性上光涂料的溶剂为水基溶液，成本低、来源广，对人体无危害，且不污染环境，故近年来开发水性上光涂料得到国内外生产商的高度重视，国内外环保部门均主张采用水性上光。

水性上光油是由合成树脂、相关助剂及水经科学工艺加工后而成，具有无毒、无刺激性、无有机挥发物，成本低，材料来源广等特点，是其他溶剂型上光油所无法比拟的。水性上光油在操作中可消除对人体的危害及给环境带来的污染，已越来越被食品、医药、烟草印刷企业所重视。水性上光油与溶剂型上光油相比，除了环保方面的优点，还有如下优点。

① 透明度高，光泽度好，对印刷品颜色无影响，承印物光亮，在长期强烈日光的照射下，水性上光油不易泛黄。

② 耐磨性强，抗划痕性好。被印物表面耐磨、不掉色、斥水、斥油，深受用户的欢迎和信赖，尤其是烟盒，在速度高达 300 ～ 500 包 / 分的高速运转中，烟标要承受很大的机械负荷，为此印刷品不仅需要上光，而且要有很强的耐磨性。水性上光油不仅能完全满足这一要求，而且无论是利用凹印还是胶印，均未发现烟包掉色的现象。

③ 结膜速度快，干燥迅速。水性上光油在 KBA 五色联机上光胶印机上应用，在印刷速度为 13000 张 / 时、红外线干燥功率为 5.4kW×5 支 ×2 组、温度为 65℃的条件下完全干燥，达到了满意的应用效果。

④ 使用、运输、储存方便、安全。水性上光油有利于安全生产和改善劳动条件。由于溶剂型上光油属危险品范畴，运输、保管、使用相当不便，而水性上光油以水为溶剂，无任何危险，使用安全可靠。上光完成后，可直接用清水冲洗印刷滚筒、机器和液槽，保持机器和车间场地的清洁，而又不污染环境。

⑤ 无毒无味。水性上光油以水为溶剂，只有少量易挥发的食用乙醇作为辅助溶剂，因此特别适合在食品、药品、烟草包装上使用。烟草是极易吸味的，应用水性上光油可从根本上杜绝串味的可能。

⑥ 耐高温，热封性能好。目前烟包广泛采用 PP 薄膜作为外包装，水性上光油具有良好的热封性能，即便使用赛璐玢，也能获得良好的热封效果。

⑦ 平整度好、抗卷力强。凹印印刷中一个最难解决的问题是被印物经过几个色组的连续干燥后，纸张含水率极低，特别容易卷曲，以致无法使用。经采用水性上光油给软包装上光，产品经切大张，然后烫金分切，仍保持良好的平整度和抗卷性，这为胶印改凹印，尤其是需要烫金的烟标改凹印提供了一条新出路。

⑧ 价格合理。

此外，水性上光油在使用上也十分方便，特别是结膜干燥过程，比溶剂型或油性上光油更具优势。一般来说，在室温 +5℃～ +10℃范围以上树脂开始聚合，当上光剂还含有 20% ～ 30% 的水分时，上光结膜过程已基本完成。从水性上光油的结膜过程不难看出，水性上光对温度没有过高要求。水性上光油在凹印机上的使用方法同一般溶剂型上光油相比更为方便，主要是控制好上光油的黏度、网纹辊的深度和烘箱的温度即可，上光油瞬间干燥，可直接烫印、模切。

（4）罩光油

其组成类似于油墨，不需要上光机，局部上光方便，使用时可以像油墨一样印到纸上去。

3．上光涂料的干燥

上光干燥主要采用热风干燥、紫外线干燥、红外线干燥、电子束干燥等方法，其中采用红外线干燥时，热风与红外线干燥相结合的干燥方法效果更佳。

影响干燥速度和效果的因素很多，主要有热风体积、流量、气流喷出的速度、热风温度及相对湿度、排气率等，正确选择这些工艺参数对于干燥过程极为重要。选择合理的干燥速度对产品质量影响很大，如果干燥速度过快，涂层内部会形成小气泡。所以应根据所用涂料、工艺、纸张等确定合理的干燥速度，进一步确定所用的热风干燥循环系统中的最大热风流量、流速和最高温度。

（1）热风干燥

热风干燥是利用热风吹向纸面涂层使之干燥。空气由送风机送入加热器，而后分配到热风箱内，由热风箱对着纸张的喷嘴急速喷出，垂直或水平吹向纸面涂层。按照热风从喷嘴中喷出的速度，分为低速热风干燥（＜ 20m/s）、中速热风干燥（20 ～ 50m/s）和高速热风干燥（＞ 50m/s）。

按照热风干燥器的形式不同，可分为拱形热风干燥和气罩干燥。

① 拱形热风干燥。这种干燥方法属于中低速热风干燥，干燥烘道用隔板分成若干区段，每个区段配有风机、空气加热器、热风箱和喷嘴，使每一段的热风温度、气流速度、气流流量及相对温度能根据工艺条件予以调节。干燥室中保持相对湿度 40% 以下。干燥烘道的温度不同，进出端温度较低，中间段较高。上光涂料不同，干燥温度也不同。一般情况下，开始温度为 100 ～ 105℃，中间段为 120 ～ 160℃，出口为 60 ～ 80℃。干燥烘道中段装有一定的蒸汽喷嘴，用于临时降低车速等情况，喷入蒸汽防止纸张过干。

② 气罩干燥。气罩干燥是一种高速热风干燥，从热风嘴喷出的风速达 50 ～ 100m/s，纸面涂层在用低速热风干燥中产生的蒸汽在涂层表面形成的边界层，极大地阻碍着热交换的进行，从而使涂层的干燥速率大为降低。气罩干燥热风速度高，对纸面涂层产生直接冲击，使得阻碍热交换的边界层大为减少，提高热风与涂层间的传热系数，从而提高干燥速度。气罩干燥的方法使涂层中的黏合剂有向涂层表面迁移的现象，这种现象影响产品质量，因此涂布和干燥速度不宜太高。

（2）紫外线干燥

紫外线干燥也称为UV干燥，是利用UV紫外光的中、短波（300 ～ 800nm）在UV辐射下，液态 UV 材料中的光引发剂受刺激变为自由基或阳离子，从而引发含活性官能团的高分子材料（树脂）聚合成不溶不熔的固体涂膜的过程。它是一种 20 世纪 60 年代兴起的具有环保、低 VOC 排放的新技术，20 世纪 80 年代以后在我国得以迅速发展，具有无惰性溶剂挥发、固化时间短、可低温固化等传统固化技术不可比拟的优点，被称为新一代绿色工艺。

（3）红外线干燥

红外线干燥采用能在非常狭窄的波长区域上发射能量的光源，对能在该波长范围内吸收辐射的涂层膜进行高温辐射加热，涂层中的有机分子吸收能量，促使分子中的原子或基团振动或转动，从而增加物质内部的能量，诱导物质的物理与化学变化，使涂层干燥。

涂料层薄膜本身并不能吸收足够的红外线能量来完成聚合作用，因此，红外线干燥需由其他干燥方法配合完成，如红外线转变成的能量驱使溶剂释放出来，渗透到纸张中去，从而加速干燥，或是纸张堆放后受红外线加热的影响，产生的余热使涂层氧化或聚合，使其完全干燥。红外线干燥过程非常迅速，在连结料还未渗透到纸张中时，这个过程就结束了，因此涂层具有很高的光泽度。涂料所采用的原材料的吸收光谱，应与红外线所发射的射线相对应。

红外线干燥采用的光谱可分为近红外线（波长为 700 ～ 1400nm）、中红外线（波长为 1400 ～ 3000nm）和远红外线（波长为 3000nm ～ 1mm）。红外线辐射被吸收的能量随波长增加而减少。远红外线提供的热量相当大一部分被空气吸收，也缺少对涂料的渗透作用，只能用于物体表面的干燥，干燥时间较长。中红外线是涂料干燥常用的波长范围，对涂膜层的穿透作用远比远红外线强，大部分射线能穿透涂膜层到达纸张，干燥效果很好。近红外线所产生的能量最高，被空气吸收和散射也很少，因此也被称为“冷红外线”，能加热薄的涂层和纸张。使用红外线灯应尽可能靠近纸张，以减少远红外线的辐射损失。红外线干燥是一种很迅速的干燥方法，成本低，采用红外线干燥的印刷品堆放较高也不会出现印刷品涂层的黏结现象。红外线辐射不会危害人体健康，红外线干燥也不像紫外线那样使涂层急速固化。

（4）电子束干燥

电子束干燥（固化）是利用高能电子辐射，使涂料发生化学和物理变化，形成光亮层。电子束能使低分子液体树脂转化成交联涂层。高能电子与涂料分子相互作用，使其分解成游离基，与双键发生反应形成增长链。然后，增长链与电子束固化（EB）涂料其余成分反应，在一系列反应后，使固化涂层产生交联网络，交联密度增加。

任务二 上光设备的操作与调试

任务描述

按照上光方式的不同，上光设备可分为脱机上光设备和联机上光设备。通过本任务的学习，了解不同类型上光设备的组成及工作原理，并能够正确操作与调试上光设备。

知识目标

1. 了解上光设备的分类。
2. 了解不同类型上光设备的组成及工作原理。
3. 熟悉上光设备的安全操作规程。

技能目标

1. 能够掌握上光设备的类型及工作原理。
2. 能够正确操作与调试上光设备。

一、上光设备分类

按照加工方式的不同，上光设备可分为两类：一类是脱机上光设备，即印刷和上光分别在各自的专用机械设备上进行；另一类是联机上光设备，即上光机组连接于印刷机组之后，印刷完毕立即进入上光机组上光。

1. 脱机上光设备

脱机上光设备结构如图 3-2-1 所示，可分为普通式和组合式两种。普通脱机上光设备指的是上光涂布机和压光机两种单机，加工时先在涂布机上涂布上光油，干燥后再在压光机上压光。组合式脱机上光设备是由上光机、压光机等组成的上光机组。

普通脱机上光设备结构简单，设备投资少，使用灵活，但生产效率较低；组合式脱机上光设备可以根据印刷品工艺性质的需要，形成不同的组合形式，既能连成整体工作，也能分别独立工作，使用灵活，操作方便，是理想的上光设备。

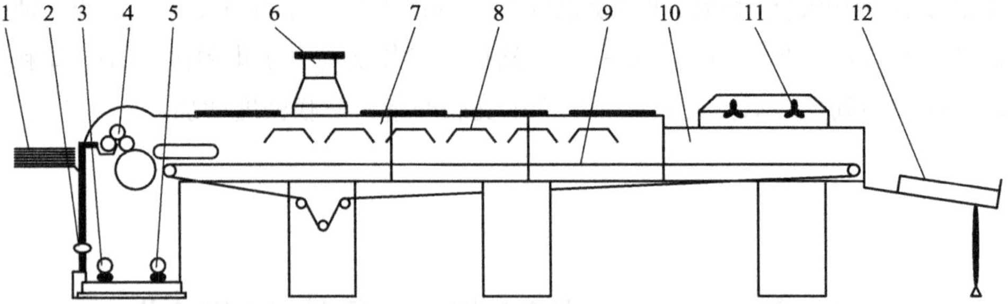

1—印刷品输入台；2—涂料输送系统；3—涂布动力机构；4—涂布机构；5—输送带传动机构；6—排气管道；7—烘干室；8—加热装置；9—印刷品输送带；10—冷却室；11—冷却送风系统；12—印刷品收集装置

图 3-2-1　脱机上光设备结构

2. 联机上光设备

联机上光设备是在印刷机的最后一组印刷机组之后加上上光装置，印刷完毕立即进入上光机组上光。图 3-2-2 所示为胶印联机上光机组结构。联机上光设备速度快、效率高、加工成本低，减少了印刷品的搬运，克服了由喷粉引起的各类质量故障，但联机上光对上光技术、上光油、干燥源以及上光设备的要求都相当高。

三菱、海德堡、曼罗兰的印刷机通常带有联机上光装置。一般来说，上光机组比印刷机组矮一点，也有的两者高度一样。小森印刷机的联机上光装置如图 3-2-3 和图 3-2-4 所示。

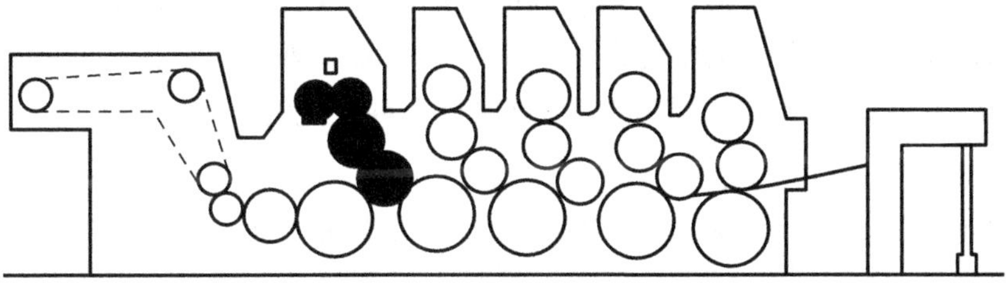

图 3-2-2　胶印联机上光机组结构

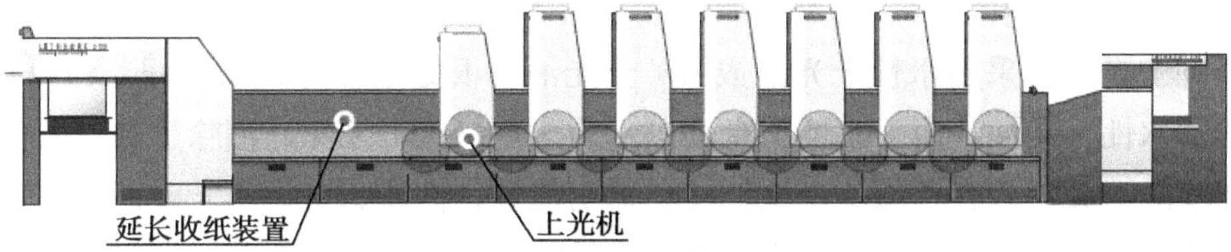

图 3-2-3　小森六色印刷加水性上光单元

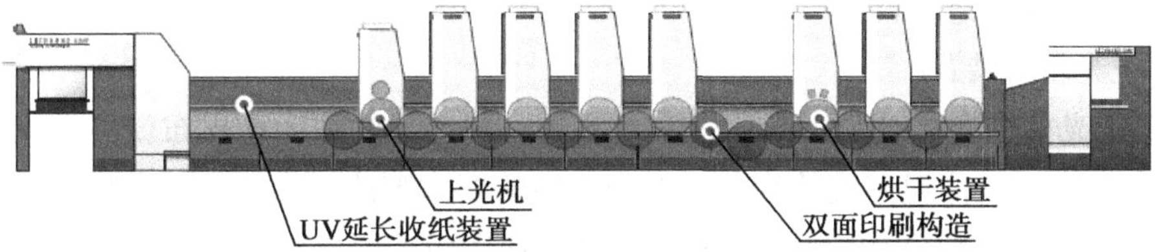

图 3-2-4　小森双面印刷联机 UV 上光

本节以德国高宝利必达 105 型印刷机的联机上光装置为例，对上光机械形式及上光机结构进行介绍。

（1）上光机械形式

联机上光是在高速多色胶印机的最后一组加上上光装置，这种配置的印刷机在包装印刷领域已经成为一个广泛使用的设备。KBA105 型印刷机的联机上光装置通过改变网纹辊表面网纹线数来改善上光油的用量和上光质量，可实现满版上光和局部上光。更换上光油和清理上光装置也比以前更加省时省力，上光印版的更换也实现了自动化。因此，这种上光方式不但效率高，而且上光效果好，非常适宜大批量的印件。

① 腔体刮刀上光机构。

KBA105 型机采用腔体刮刀上光机构，腔体刮刀采用网纹辊来计量上光油，其两片刮刀形成一个密闭的腔，由一个专门的上光油循环箱对该腔供应上光油，多余的上光油则经另一管道流回循环箱。腔体刮刀上光机构的油路短，上光油不与外界大气接触，减少了上光油的挥发，也避免了与空气中的氧气发生化学反应。

腔体刮刀与网纹辊之间的压力会影响网纹辊表面上光油层的厚度。上光油层过厚，会发生上光油的飞溅，造成浪费；上光油层过薄，则影响上光的效果。通过控制腔体刮刀的气压阀，调整腔体刮刀与网纹辊之间的间距，来改变它们之间的压力。KBA105 型机在控制印刷品表面上光油层厚度方面，还可采取调节网纹辊与上光印版滚筒之间的压力、上光印版滚筒与压印滚筒之间的压力来满足各种上光的要求。

② 上光油循环系统

上光油循环系统可以控制上光油的进与出，若要提高进入上光机组的上光油流量，可增大干流阀 A，减小支流阀 B；反之，则减小干流阀 A，增大支流阀 B。通过两个出油阀配合使用，可灵活控制出油量。

③ 上光油的选择

联机上光一般采用水性上光油或 UV 上光油。根据干燥方式的不同，KBA105 型机采用的是水性上光油。由于水性上光油以水为溶剂，无毒无味，消除了其对人体的危害和对环境的污染，具有干燥速度快、膜层透明度好、性能稳定、上光表面平整度好、印后加工适性宽、热封性能好、使用安全可靠等特点，在食品、医药、烟草纸盒包装上得到广泛应用。但在胶印机上印刷和上光时，要注意油水不相溶的原理，选择水性上光油要注意其与油墨的适应性。

④ 上光辅料装置

A. 上光橡皮布。满版上光比较容易实现，用普通的胶印橡皮布就能够满足要求，而局部上光由于要体现图案的细节，对上光版的要求则比较高，目前常用的有柔性上光版或上光橡皮布。KBA105 型机上光装置采用在印版的表面粘贴上光橡皮布的方式来完成上光油的转移。

B. 上光干燥装置。KBA105 型机上光干燥装置采用热风干燥装置和红外线干燥装置。热风干燥采用加热烘道中的空气的方式，使烘道达到需要的温度，上光油中的溶剂挥发，废气从排气管道中排出，从而达到干燥的目的。红外线干燥则是采用红外线管状石英灯作为辐射器，向涂布上光油的表面辐射光波，使上光涂层干燥固化。

（2）上光机的结构

为了进行联机上光，可在最后一个印刷机组上配备一个上光机组，而不安装常规的传墨和润湿装置。这样的安排就像是在标准的下部结构上安装一个配有上光油循环系统单独的上光机组。可采用以下多个变化形式来提供这个上光机组。

① 常规的三辊系统。

② 组合式上光系统，需要在三辊系统与腔体刮刀和网纹辊系统之间进行重新调整。

③ 配备有网纹辊的腔体刮刀系统

上光机组的三辊系统是由一根上光计量辊、一根上光传油辊和一根靠版上光辊组成，用于施加 UV 上光油或分散上光油，可在现场或在操作台上通过电机来调整辊之间的计量间隙。位于靠版的上光辊上的一根串动重辊起到了防止产生上光鬼影的作用，尤其是在上光膜很薄时更是如此。

在腔体刮刀系统中，由一根陶瓷网纹辊把上光油施加到上光版上。着墨孔的大小决定了上光油的供应量，也就是说，要用不同的网纹辊来得到不同的上光油供应量。网纹辊在上光油腔中填充上光油，不锈钢刮刀把多余的上光油从计量辊上除去。

二、上光机的操作与调节

下面以高宝联机上光为例进行介绍。

1．机器操控按钮和图示标识

KBA 联机上光操控总图是调节和操控上光机的集中操作面板，分为 4 个部分，如图 3-2-5 所示。机器的正背面均设置了急停按钮，方便操作人员随时控制机器。在 4 个操作部分中，上光机组 S1 操作板如图 3-2-6 所示，上光机组 S2 操作板如图 3-2-7 所示，印刷机组中间干燥装置操作板如图 3-2-8 所示，上光机组横梁操作板如图 3-2-9 所示。

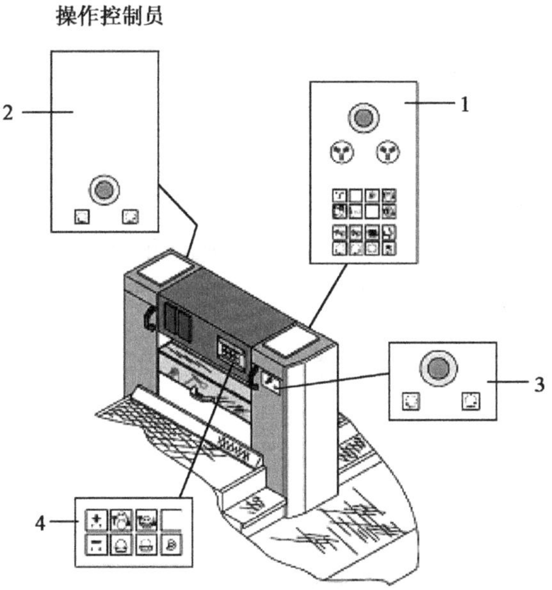

1—上光机组 S1 操作板（给纸机侧）；2—上光机组 S2 操作板（给纸机侧）；3—印刷机组中间干燥装置操作板；4—上光机组横梁操作板

图 3-2-5　KBA 联机上光操控总图

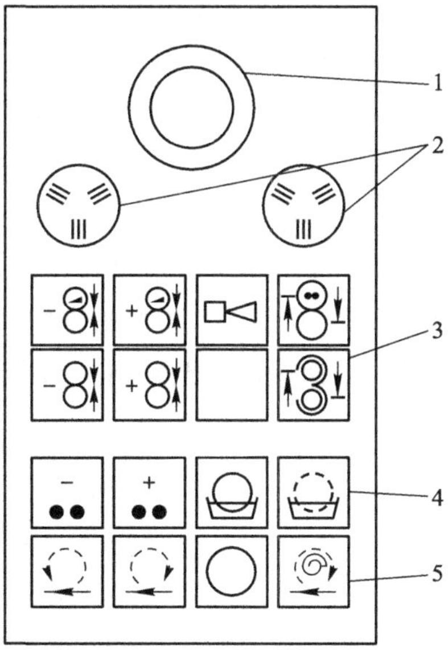

1—紧急停机按钮；2—用于启动报警和故障报警的信号变送器；3—辊的压力、辊的控制、压印控制、汽笛；4—上光油的计量；5—机器的运动（点动、停止、爬行速度）

图 3-2-6　上光机组 S1 操作板

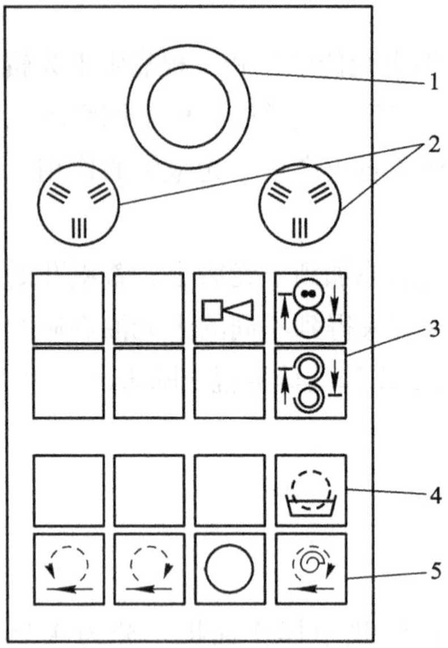

1—紧急停机按钮；2—用于启动报警和故障报警的信号变送器；3—辊的控制、压印控制、汽笛；4—上光装置的传动；5—机器的运动（点动、停止、爬行速度）

图 3-2-7　上光机组 S2 操作板

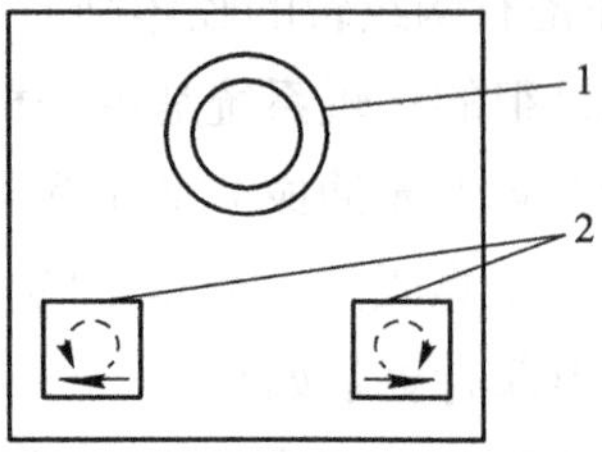

1—紧急停机按钮；2—机器的运动（向后点动、向前点动）

图 3-2-8　印刷机组中间干燥装置操作板

1—上光油的提供、喷射、压力的设置、上光的速率；2—机器的运动（点动、停止、爬行速度）

图 3-2-9　上光机组横梁操作板

2. 上光机操作中的关键因素

在上光机的操作过程中，应注意以下关键因素：①联机上光油的选用；②上光橡皮布的选用；③腔式刮刀与网纹辊压力的调节；④网纹辊与上光滚筒之间压力的调节；⑤上光滚筒与压印滚筒之间压力的调节；⑥上光油循环系统的控制；⑦联机上光干燥装置的调节。

3. 操作与调节步骤

（1）检查上光装置性能是否良好

如图 3-2-10 所示，主要检查警铃鸣响是否正常，检视离压状态下机器正反点动运转是否灵活，低速运转有无异响，加速到高速运行是否平稳无异响。

图 3-2-10　联机上光装置

（2）选择联机上光所需的上光油

根据机型和加工产品的不同，如果采用水性上光油（见图 3-2-11），由于水性上光油以水为溶剂，要注意其与油墨的适应性。

（3）上光橡皮布的选用

根据上光面积的大小，上光可以分为满版上光与局部上光。满版上光用胶印橡皮布就能够实现，而局部上光则由于要体现图案的细节，对上光版的要求比较高，目前常用的有柔性上光版或上光橡皮布。联机上光装置可采用先在上光滚筒表面装上普通的胶印印版，再在印版的表面粘贴上光橡皮布的方法，如图 3-2-12 所示。

图 3-2-11　水性光油

图 3-2-12　粘贴在印版表面的上光橡皮布

（4）调节腔式刮刀与网纹辊的压力

腔式刮刀与网纹辊的压力会影响网纹辊表面上光油层的厚度（光油层过厚，会发生光油的飞溅，造成浪费；光油层过薄，则影响上光效果），可以通过调节腔式刮刀与网纹辊的间距，来改变它们之间的压力。具体调节如下。

① 合压刮刀离合键，如图 3-2-13 所示。

② 观察上光油层的厚度，调节控制腔式刮刀的气阀，改变腔式刮刀的位置，如图 3-2-14 所示。如要增大上光油层的厚度，即增大腔式刮刀与网纹辊的间距，可提高气压；反之，则降低气压。

图 3-2-13　腔式刮刀与网纹辊合压

图 3-2-14　腔式刮刀控制气阀

（5）调节网纹辊与上光滚筒之间的压力

网纹辊与上光滚筒之间的压力决定网纹辊传递到上光滚筒上的上光油的量，通过观察上光产品上光油层的厚度，来调节网纹辊与上光滚筒之间的压力。具体调节如下。

① 合压网纹辊与上光滚筒、上光滚筒与压印滚筒离合键（见图 3-2-15）。

② 离压网纹辊与上光滚筒、上光滚筒与压印滚筒离合键（见图 3-2-16）。

③ 点动机器，观察上光油的“油杠”宽度，一般为 7 ～ 8mm，如图 3-2-17 所示。

④ 若“油杠”的宽度过小，顺时针调节机组两边的旋钮，加大压力；反之，则逆时

针调节机组两边的旋钮，减小压力。

图 3-2-15　合压

图 3-2-16　离压

图 3-2-17　“油杠”

（6）调节上光滚筒与压印滚筒之间的压力

上光滚筒与压印滚筒之间的压力决定印刷品表面上光的效果，具体调节如下：

① 通过千分尺测量印刷品（纸张）的厚度（见图 3-2-18）；

② 根据纸张的厚度，调节前台计算机控制上光滚筒与压印滚筒的间距（见图 3-2-19）。

图 3-2-18　千分尺

图 3-2-19　控制上光滚筒与压印滚筒的间距

（7）上光油循环系统的控制

① 将两根上油管与回油管同时插入上光油箱，打开两台抽气真空泵。

② 打开两个出油阀（干流阀 A、支流阀 B）。

③ 若要增大上光油流量，可增大干流阀 A，减小支流阀 B。

按照上述步骤调节好机器之后，即可以先低速开机上光印刷品，待检查无误之后，提高机器运转速度，进入正式的上光作业。

4. KBA 高宝上光机操作中的故障、原因及解决方法

KBA 高宝上光机操作中的故障、原因及解决方法如表 3-2-1 所示。

表 3-2-1　KBA 高宝上光机操作中的故障、原因及解决方法

故障	原因	解决方法
因传水辊无压力，程序不能启动	未按压力设置按钮	检查连续的上光油的供给；按压力设置按钮
	未到达预先确定的辊的位置	检查有无电气的和 / 或机械的故障；把上光机组关断；用打开上光印版滚筒的方法对故障表示确认；检查辊的安全位置；同时按按钮 + 和一，使传水辊合上 / 离开
因计量辊无压力，程序不能启动	未按压力设置按钮	检查连续的上光油的供给；按压力设置按钮
	未到达预先确定的辊的位置	检查有无电气的和 / 或机械的故障；把上光机组关断；用打开上光印版滚筒的方法对故障表示确认；检查辊的安全位置；同时按按钮 + 和一，使传水辊合上 / 离开

任务三 上光常见故障分析与排除

任务描述

上光涂布过程的实质，是上光涂料在印刷品表面流平并干燥的过程。通过本任务的学习，学生能掌握影响上光质量的工艺因素，能够分析上光工艺的常见故障并进行排除。

知识目标

1. 掌握影响上光涂布质量的工艺因素。
2. 熟悉上光工艺的常见故障。
3. 掌握上光工艺故障排除的方法。

技能目标

1. 能够分析判断上光故障的原因。
2. 能够对上光工艺故障进行排除。

一、影响上光质量的工艺因素

1. 影响上光涂布质量的工艺因素

上光涂布过程的实质，是上光涂料在印刷品表面流平并干燥的过程，其主要影响因素包括印刷品的上光适性、上光涂料种类和性能、涂布加工工艺条件等。

（1）印刷品的上光适性的影响

印刷品的上光适性是指印刷品的承印纸张及印刷图文性能对上光涂布的影响。在上光涂布过程中，上光涂料在高平滑度的纸张表面容易流平。在干燥过程中，随着上光涂料的固化，能够形成平滑度较高的膜面。因此纸张表面平滑度越高，上光涂布的效果越好。纸张表面的吸收性过强，纸纤维对上光涂料的吸收率高，溶剂渗透快，易导致涂料黏度值变大，涂料层在印刷品表面流动的剪切应力增加，影响了上光涂料的流平，且难以形成较平滑的膜层；相反，吸收性过弱，使上光涂料在流平中的渗透、凝固和结膜作用明显降低，同样不能在印刷品表面形成高质量的膜层。

印刷品上油墨的质量也直接影响上光涂料的涂布质量和流平性。油墨的颗粒细，其分散度高，图文墨层就容易被上光涂料所润湿，在涂布压力作用下，流平性好，形成的膜层平滑度高。反之，油墨颗粒粗，印刷墨层铺展差，涂布中不易形成高质量的膜层。

（2）上光涂料的种类和性能的影响

上光涂料种类不同，其性能也不同，即使在相同的工艺条件下，涂布、压光后得到的膜层状况也不相同。上光涂料的黏度对涂料的流平性、润湿性有着重要的影响。同一吸收强度的纸张对上光涂料的吸收率与涂料黏度值成反比，即涂料黏度值越小，吸收率越大，会使流平过早结束，而影响到膜层干燥和压光后的平滑度与光亮度。

不同表面张力值的上光涂料对同一印刷品的润湿、附着及浸透作用不同，其涂布和压光后成膜效果差异很大。表面张力值较小的上光涂料，能够润湿、附着、浸透各类印刷品的实地表面和图文墨层，流平成光滑而均匀的膜面；表面张力值大的上光涂料，对印刷品表面墨层的润湿受到限制，甚至上光后的涂层会产生一定的收缩而影响成膜质量。溶剂的挥发性也对上光涂布质量有影响。挥发速度太快，会使涂料层来不及流平为均匀的膜面；反之又会引起上光涂料干燥不足，硬化结膜受阻，抗粘污性不良。

（3）涂布加工工艺条件的影响

涂布加工工艺条件的选定对涂布质量也有很大影响。涂布量太少，涂料则不能均匀地铺展整个待涂表面，干燥、压光后的平滑度差；涂布量太厚会影响干燥，增加成本。而为了干燥较厚的膜层，就要相对提高涂布和压光时的温度，干燥时间就要加长，这会导致印刷品含水量减少，纸纤维变脆，印刷品表面易折裂。

涂布机速、干燥时间、干燥温度等工艺条件也互相影响。当机速快时，涂层流平时间短，涂层就厚，为获得同样的干燥效果，干燥时间要长、温度要高；当机速慢时，涂层流平时间长，涂层就薄，干燥时间可缩短，干燥温度可适当降低。

2．影响压光质量的工艺因素

在压光过程中，影响印刷品压光质量的主要因素是压光温度、压力和机速。

在压光过程中，热压、上光和冷却剥离各阶段应有合适的温度，以利于涂料中主剂分子对印刷品表面的二次润湿、附着和渗透，增强两者之间的接触效果。在一定温度条件下，可使涂料膜层的塑性提高，在压力作用下而使印刷品压光表面的平滑度大大提高。温度太高，涂料层黏附强度下降，变形值增大，印刷品含水量急减，这对上光和剥离过程是不利的；相反，热压温度太低，涂料层未能完全塑化，对印刷品的二次润湿、附着和渗透能力不足，涂料层的黏附作用差，因而压光效果差，压光后不易形成平滑度高的理想膜层。

在涂布干燥后的膜层中，涂料分子的排列是比较疏松的，其间存在着很多微小孔穴。压光时，在一定的温度和压力作用下，分子间的移动加剧，表现为膜层的体积变化。这个体积变化的百分率称为压缩率，它是涂料层加压时减少的体积与加压前原有体积之比。压缩率大，有利于在涂层表面形成光滑的膜层；反之，涂料层被压缩量小，表面就不易形成光滑的膜层。但压力过大时，会使印刷品的延伸性和可塑性降低而导致断裂。

上光膜层的表面平滑度和黏附强度一般随固化时间的增加而提高，但提高的速率越来越小，达到一定数值后就不再增大。固化时间的长短取决于压光速度。在上光涂料与上光带接触时，其分子活动能力随涂层温度降低而逐渐减弱。如固化时间短，减弱速率快，涂料分子与印刷品表面墨层不能充分作用，涂料层对油墨层黏附强度就差，干燥、冷却后膜层表面平滑度就低。

二、上光常见故障分析及排除方法

上光常见故障分析及排除方法如表 3-3-1 所示。

表 3-3-1　上光常见故障分析及排除方法

故障现象	主要原因	排除方法
膜面起泡	1. 印刷油墨干燥性的影响； 2. 满版印刷的叼口对上光产生影响，在裁切时起泡或剥离	1. 待印刷品表面油墨干燥后再上光； 2. 尽量不设计成满版，必须满版时，减小叼口的压力
膜面出现条痕或起皱	1. 上光涂料黏度值高； 2. 上光涂料涂布量大； 3. 上光涂料对印刷品表面墨层润湿性差； 4. 上光加工中工艺条件与涂料适性不匹配，流平性差	1. 加入适量稀释剂，降低涂料黏度值； 2. 减少上光涂料涂布量； 3. 降低涂料表面张力值，改善涂料对墨层的润湿性； 4. 调整工艺参数，使其与上光涂料适性匹配
印刷品粘连	1. 涂料干燥性能不好，上光涂布中干燥不良； 2. 涂布膜层太厚，涂层内部溶剂挥发不净、残留量高； 3. 上光涂布加工温度低	1. 调整涂料干燥性能（或更换涂料）； 2. 降低涂布量，减薄涂料膜层； 3. 提高上光涂布加工温度，使膜层彻底干燥
膜层光泽度差	1. 承印物表面粗糙，对涂料吸收性太强； 2. 涂料质量差，成膜后本身光泽度低； 3. 喷粉太多，影响到光泽度； 4. 涂料浓度低，涂布量不足，涂层太薄； 5. 涂布干燥温度低； 6. 涂料黏度太高，流平差； 7. 油墨添加剂（凡立水、干燥剂等）影响到上光致密性	1. 有条件可先涂布上光底层（底胶），再上光； 2. 更换涂料，选择品牌产品； 3. 减少喷粉用量，或尽量不喷粉； 4. 提高涂料浓度，加大涂布量； 5. 增长烘道长度或提高干燥温度； 6. 增加释稀剂用量，降低黏度； 7. 尽量少用或不用油墨添加剂
涂层不均匀，有气泡、麻点	1. 上光涂料的涂布表面张力值大，对印刷品表面墨层润湿作用不好； 2. 上光涂料的涂布工艺条件不合适； 3. 油墨层发生晶化现象	1. 降低上光涂料表面张力值，如加入表面张力值较低的溶剂或加入适当的表面活性剂； 2. 调整上光涂布的工艺条件； 3. 除去墨层晶化面油质或进行打毛处理
涂层剥离	1. 满版实地深色的印刷品； 2. 金银、荧光等特种专色印刷品； 3. 承印材料的纤维方向与上光涂布的方向不合适； 4. 设计的图文油墨印刷超过裁切口	1. 在设计时尽量少用上光工艺，上底胶增加光膜与承印材料的亲和力； 2. 选择相应的专用上光油； 3. 选择与材料纤维方向相同的或合适的方向涂布； 4. 尽量不做该类的设计
膜面亮度不均	1. 承印物不平整，造成涂布不匀； 2. 涂布辊的中心距不对，造成两侧涂布量不均	1. 选择平坦的承印物，或在印前把承印物压平； 2. 调整涂布辊的平行度
上光色变	油墨连结料黏度降低，使颜料粒子失去保护而游离	减少使用对油墨层有化学作用的溶剂，提高干燥效果

项目三思考题

1．什么是上光？上光的作用是什么？

2．上光的工艺流程有哪些？各有什么特点？

3．UV上光的原理和特点是什么？

4．上光设备按其加工方式如何分类？各有什么特点？

5．一般对上光涂布的质量有哪些要求？

6．上光涂料有哪几种类型？各有什么特点？

7．上光涂料有哪些组成部分？它们在涂料中各起什么作用？

8．影响上光质量的工艺因素有哪些？它们是如何影响上光质量的？

项目四
烫印技术

- 任务一　认识烫印加工工艺
- 任务二　烫印机的操作与调试
- 任务三　烫印常见故障分析与排除
- 任务四　烫印机的清洁与保养

任务描述

烫印是一种常用的印后加工技术，也称为烫金或热压金。它是指在印刷品的表面通过一定的压力和温度，将金属箔或其他特殊材料转移至印刷品上，使印刷品表面出现金属光泽。烫印加工通常在印刷的后期进行，需要使用专用的烫印机和模具，将金属箔与印刷品表面紧密结合。正确认识和掌握烫印工艺的技术要领，合理选用烫印材料、烫印工艺，不仅可以增加印刷品的美观性，提高印刷品的档次，还可以增加印刷品的防伪性和耐久性。通过本项目的学习，学生可了解烫印工艺，掌握烫印技术要领，能够完成烫印机操作。

知识目标

1. 掌握常用的烫印材料和烫印工艺。
2. 掌握烫印机的主要组成部分及工作原理。
3. 掌握烫印常见故障原因及处理方法。
4. 掌握烫印机的维护与保养方法。

技能目标

1. 能够合理选用烫印材料。
2. 能够规范操作及调试烫印机。
3. 能够处理烫印常见故障。
4. 能够对烫印机进行正确保养和维护。

素质目标

1. 培养学生动手操作能力。
2. 培养学生安全生产意识、环保意识、规范操作意识和团队合作精神。

任务一 认识烫印加工工艺

任务描述

烫印工艺可以起到美化和提升产品品质的作用。烫印材料有很多种类，烫印工艺也有很多类型，所以了解和选择合适的烫印工艺和烫印材料，对提升产品质量效果会有很大的帮助。通过本任务的学习，学生可针对不同产品合理选择烫印材料和烫印工艺，完成对产品的烫印加工。

知识目标

1. 了解烫印工艺的特点及作用。
2. 了解常用的烫印材料。
3. 熟悉烫印工艺过程。
4. 了解烫印新技术及发展方向。

技能目标

1. 能够合理选用烫印材料。
2. 能够对产品设计烫印工艺流程。

烫印是借助一定的压力和温度，运用装在烫印机上的模版，使印刷品和烫印版在短时间内合压，将金属箔或彩色颜料箔按烫印模版的图文要求转印到被烫材料表面的加工工艺。由于烫印是以金银色为主，所以又常称为烫金。

一、烫印的特点和作用

随着市场经济的发展，对商品包装、书籍封面等印刷品提出了更高的要求，既需要光谱色彩，又需要金属色彩。金、银墨印刷极大地增强了商品包装和书籍封面等装饰效果，但金、银墨长时间与空气接触会发生氧化反应，使金、银色逐渐变暗、变黑，影响外观效果。后来采用金箔在印刷品表面烫印图文，效果良好，“烫金”一词由此而来。但纯金成本太高，限制了它的使用，后来研制出了电化铝箔，用来代替金箔。电化铝箔烫印出的图文色泽鲜艳，晶莹夺目，起到了很好的装饰作用，被广泛应用于高档精致的包装装潢、商标和书籍封面等印刷品上，以及家用电器、建筑装潢、工艺文化用品等方面。目前，在贺卡、请柬、钞票、烟标、药品、化妆品等高档包装方面，也得到了广泛的应用，如图 4-1-1 所示。

图 4-1-1　烫印箔的应用

烫印的主要作用有以下几方面。

（1）具有表面整饰效果，提高产品的附加值。爱好喜庆、金碧辉煌为我国民族传统，烫印与压凸工艺相结合，以显其华贵。

（2）赋予产品较高的防伪性能。烫印产品可以防范利用复印机和扫描仪造假，已成为世界各国政府在大额钞票、身份证和护照防伪方面的重要应用。烫印箔的颜色可在观看时有多种变化，如在面值 10 元的荷兰盾中，采用的烫印箔颜色从银白变到蓝色，然后再变到黑色。欧元采用全息烫印箔进行防伪。

（3）表现产品包装的个性化，而且安全环保。因此，许多高档包装都采用了烫印工艺。

二、烫印材料

烫印材料种类很多，如金属箔、色箔（粉箔）、电化铝箔、色片等，但使用性能各不相同。

1．金属箔

金属箔是将一些延展性好、带有光泽和外观好看的金属经过压延而成的极薄的箔片。一般都预先在其一面涂布上黏合剂，然后就可用于烫印了。这一类金属主要包括金、银、铜、铝等，其中金箔使用较多，使用时间也最长，到现在一些有价值的贵重书籍和包装品仍用金箔烫印，而一般书刊和包装品的金色均用电化铝代替。

（1）金箔

金箔外表十分华丽，不容易与空气中的氧结合而失去光泽，最主要的是它是金属中延展性极好的金属之一，能做成厚度仅为 100μm 的箔片。烫印时，一种方法是可以把裁好的箔片贴在事先已刷过黏合剂的地方，然后进行烫印，这种方法速度慢、质量不高。另一种烫印方法是把金箔粘贴到蜡质纸基上，在金箔的另一面涂上黏合剂，使其能在烫印机上进行持续操作，这种方法比前一种方法烫印速度高，烫印质量好。

金箔颜色偏红，也叫赤金箔。金箔质地柔软细腻，光泽好，不氧化而能长久保持其颜色和光泽，烫出的产品光洁美观。但金箔价格昂贵，限制了它的使用，只限于在一些经典、珍贵的高级画册和书籍上烫印，进行装饰。

（2）银箔

银也是一种延展性很好的金属，碾压而成的箔片比金箔略厚，颜色为银白色，有闪烁的金属光泽。银箔质地也较柔软，可长期使用而保持良好的外表，光洁美观，价格比金箔便宜，但仍为贵重金属，因此其使用范围也很有限，一般只是较高级的书籍画册才用银箔来烫印。

（3）铜箔

铜箔是以浸蜡的透明纸或塑料薄膜（如聚酯薄膜）为片基，涂上一层蜡或树脂，再撒上铜粉制成的。撒铜粉时，用橡胶辊在蜡或树脂仍处于熔融状态时压均匀，这层铜粉有足够的厚度，经橡胶辊挤压之后呈鳞片状，可反射出光来，然后将多余的铜粉用刷子除去，再在铜粉层上涂一层黏合剂。由于铜的外表很像金子，因此又把铜箔称为假金箔。在没有电化铝箔以前，烫印金色除使用金箔外，就是使用铜箔。但是，铜在大气中会氧化发黑，烫上的铜层经过一段时间会失去原有的光泽。铜粉在使用时，也容易因摩擦而脱落，因此，常把铜箔烫印在封面的凹处，以减少摩擦，保护铜粉不脱落。

（4）铝箔

铝箔是用金属铝直接压延成薄片的一种烫印材料。铝具有银白色的色泽，所以铝箔也被称为假银箔。如果将铝压延后的薄片用硅酸钠等物质裱糊在胶版纸上，制成铝箔片，还可在上面印刷油墨，作为各种高级包装纸使用。铝箔质地不如银箔柔软，最大的缺点是容易氧化而发黑，摩擦触摸都会掉色，因此不宜用在长久保存的包装品上。不过其价格便宜，也得到了一定的应用。

2．色箔

色箔也称粉箔，是一种在薄膜片基上涂布颜料、树脂类黏合剂及其他溶剂等混合涂料而制成的烫印材料。用色箔烫印，可形成各种颜色的图文。

色箔的研制生产晚于电化铝箔，主要是代替传统的色片使用。其特点是颜色种类多，选择范围广，可进行自动的连续烫印加工，浪费少，易运输储存。色箔的包装与电化铝箔相同，是一种很受欢迎的颜料箔。但由于色箔的色层较薄，与色片相比，不如色片烫印后颜色鲜艳、厚实饱满。

（1）色箔的结构

色箔的构成与电化铝箔相似，所不同的是电化铝箔要真空喷镀一层金属铝，而色箔是直接在基膜上涂布涂料，没有镀铝层。色箔有两层、三层或四层几种结构，如图 4-1-2 所示。

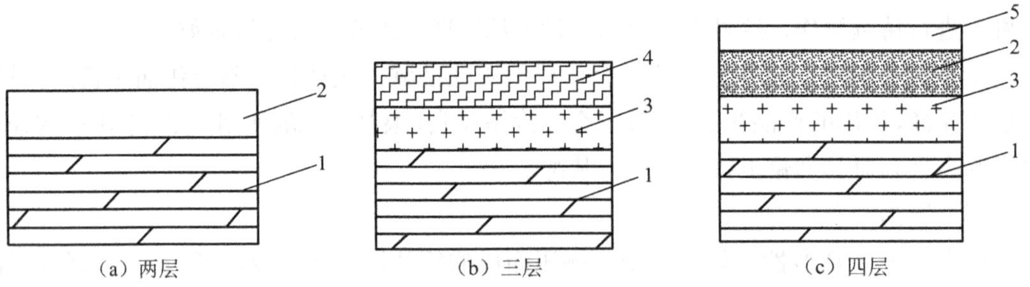

1—基膜层；2—涂料层；3—脱离层；4—色黏层；5—胶黏层

图 4-1-2　色箔的结构

① 两层色箔的制作方法

第一层为基膜层。基膜是浸过蜡的半透明纸，其作用是支撑涂料。由于浸蜡纸本身经加热后易于涂料层分离，故可代替脱离层。

第二层为涂料层。涂料由颜料、树脂（或漆片）、钛白粉和工业酒精混合制成。

将涂料涂布在浸蜡纸上，即完成色箔的加工。两层色箔的制作省工、省料，易加工、成本低。

② 三层色箔的制作方法

第一层为基膜层。基膜一般为 12 ～ 16μm 厚的聚酯薄膜（或半透明纸），其作用是支撑涂层，便于卷筒连续加工，便于储存和运输。

第二层为脱离层。脱离层的涂料为有机硅树脂或蜡液，其作用是使色黏层在烫印时能迅速脱离基膜而被黏结在被烫物上。脱离层要有良好的脱落效果，否则会造成烫印后的颜色发花、不匀等质量问题。

第三层为色黏层。色黏层是以颜料为主体，加入黏结剂、醇溶剂和其他填料，按一定比例混合组成的涂层。色箔的各种颜色主要取决于这一层的涂布，如常用的红、黄、蓝、绿、黑等，均是按使用要求配置、涂布而制成的。色黏层不但有颜料显示其颜色，而且因加入了胶黏剂等填料，又能通过烫印的热压，使其牢固地黏结在被烫物的表面。

③ 四层色箔的制作方法

四层色箔的第一、第二层的制作方法与三层色箔的制作方法相同，第三层为色料层，第四层为胶黏层。采用四层的方法制作色箔是为了填补色黏层中黏结料不足的缺陷。这种方法增加了一个胶黏层，可以保证烫印时的黏着力，使色箔牢固地烫印在被烫物上。

（2）色箔的性能与烫印

色箔的种类很多，又因制作工艺、批次等不同，在使用中一定要掌握好性能与用途。色箔是一种烫印薄膜，以基膜分类，有聚酯薄膜和纸质薄膜；以配制色黏层的连结料分类，又有水溶性箔和醇溶性箔。有的箔适宜压印大面积图案，有的适用于压印小面积图案。

① 色箔的性能。色箔的性能是由所选用的高分子聚合物的性质决定的。在烫印过程中，色箔必须具有良好的脱离性、黏结性，并能准确地显示出各种颜色。制作色箔时，必须准确把握涂层厚度的均匀一致，一般为 0.05mm。另外，色黏层中的色料必须能与连结料混合，才能进行涂布。

② 色箔的烫印。色箔的烫印比电化铝箔难度要大些，特别是与被烫物表面色差大时，如果选料不当或掌握不好，就会出现漏底、花版、变色、糊版等质量问题。

A．根据被烫物的质地、形式及具体情况，选择适当的色箔，并根据印迹的幅面，复卷裁切成适当的宽度。

B．使用前应先检查色箔的质量，特别要注意检查色箔的砂眼、均匀度及平整度。

C．烫印平滑的或带花纹的封壳，烫印压力和温度应有所区别。带有花纹的材料表面凹凸不平，烫印压力要大些，温度也要高些（一般高 5 ～ 10℃），如果所用加工条件与烫印平滑面的相同，则会出现烫后漏底、不饱满、发花等质量问题。

D．细线条或大面积的烫迹，不适宜在凹凸较大的花纹材料上烫印，因为花纹凹凸不平会使细线条烫迹断线，也会使大面积烫迹出现漏底、发花或烫印不上等问题。被烫物必须根据设计的图案和烫印材料的条件决定，一般烫印细线条图文应采用平滑或花纹不明显的材料，这样加工方便，能保证烫印效果。

E. 在烫印色箔过程中，烫后的成品时好时坏，遇有这种情况，可先检查温度、时间、压力是否有问题，再检查色箔卷是否有质量问题。发现色箔卷问题应及时剪断或换用，同时要做分析，记录其原因，以积累经验。

F. 烫后的色箔印迹，应图文饱满、色泽鲜艳，无漏底、发花、糊版变色，应字迹清晰、牢固不脱落。

3. 电化铝箔

电化铝箔是一种在薄膜片基上真空蒸镀一层金属箔而制成的烫印材料，如图 4-1-3 所示。电化铝箔可代替金属箔作为装饰材料，以金箔和银色为多，是现代烫印加工最常用的一种材料。

图 4-1-3　电化铝箔

（1）电化铝箔的结构

电化铝箔是在不同厚度（如 12μm、16μm、18μm、20μm），500 ～ 1500mm 宽的聚酯薄膜（国内一般用 16μm 厚，500mm 宽的薄膜）上涂布隔离层、染色层，经真空镀铝再涂布胶层，最后通过成品复卷而制成。国产电化铝箔一般为 4 ～ 5 层。

如图 4-1-4 所示，电化铝箔由片基层、隔离层、染色层、镀铝层、胶黏层组成。

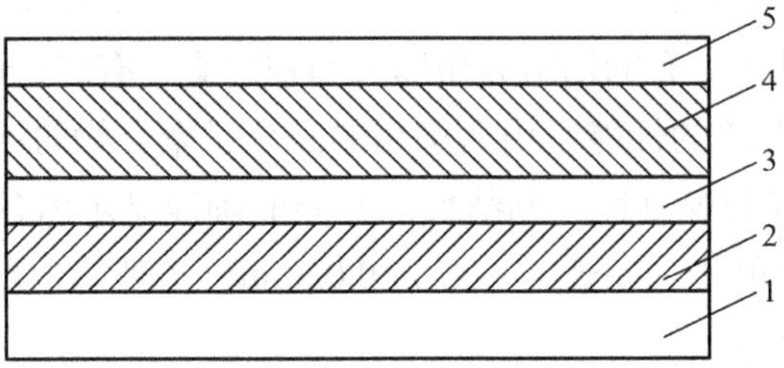

1—片基层；2—隔离层；3—染色层；4—镀铝层；5—胶黏层

图 4-1-4　电化铝箔结构

① 片基层。片基层也称基膜层，由双向拉伸涤纶薄膜或聚酯纤维薄膜构成，主要对电化铝箔其他各层起支撑作用。片基层厚度为 12 ～ 25μm，国内一般采用 16μm 厚的双向拉伸聚酯薄膜（国外采用 12μm 厚度），主要作用是支撑其上面的各涂层，便于加工时的连续烫印。电化铝箔的片基层，应具有强度大、抗拉、耐高温等性能，在烫印过程中不能因烫印升温而发生形变。

② 隔离层。隔离层也称脱离层、剥离层。它的作用是使镀铝层与片基层相互隔离，便于烫印时片基层剥离下来。隔离层一般采用有机硅树脂溶液，也可用黏附力较小的连结料均匀地涂布在片基层表面，容易与片基层分离。

③ 染色层。染色层也称颜色层，是电化铝箔的色彩层，烫印后覆盖在图文表面，呈现所需要的颜色，表面光滑明亮。在烫印温度和压力作用下，染色层与片基薄膜分开，保证图案部分的电化铝箔迅速从膜层上脱离，而转印到被烫印物上。

染色层由合成树脂和染料组成，将其涂布在隔离层表面，经烘干后形成彩色薄膜。染色层具有成膜性、耐热性和透明性。

常用的合成树脂有聚氨基甲酸酯、硝化纤维素、三聚氰胺甲醛树脂、改性松香酯等，将树脂和染料溶于有机溶剂中，配制成染色层涂料。染色层各种颜色在铝层衬托下，发出闪光的颜色，如加黄色染色层，就显出金子一般的颜色，闪闪发光；加入其他颜色，如红、绿、蓝等，使电化铝品种花色增加，五彩缤纷，美不胜收。这种效果是金属箔所不能达到的。

④ 镀铝层。镀铝层的作用是利用铝具有高反射率，能较好地反射光线的特点，呈现光彩夺目的金属光泽，使染色层的颜色增加光辉。

将已经涂布隔离层和染色层的片基置于真空镀铝机的真空室内，通过电阻加热到1500℃将铝丝熔融、汽化，连续蒸发到表面温度约为80℃的薄膜的染色层表面，附着在染色层表面上，形成厚度均匀的镀铝层。由于是在真空条件下完成镀铝过程，也称为真空镀铝。镀铝时，利用电阻加热镀铝，电热烫印，所以被称为“电化铝”。

⑤ 胶黏层。胶黏层的作用是烫印时，通过加热加压，电化铝箔与承印材料接触，将镀铝层和染色层粘贴到承印材料上。在储存和运输时，胶黏层保护电化铝膜。

胶黏层加热后熔融，起良好的黏着作用，其黏结力大于脱离层结合力，把电化铝箔黏结到被烫印物体上。胶黏层主要由热塑性树脂、古巴胶或虫胶、松香溶于有机溶剂中或配成水乳液，制成涂布胶液。常用的热塑性树脂为甲基丙烯酸甲酯与丙烯酸的共聚物。通过涂布机将配制好的胶液均匀地涂布在真空镀铝层的表面，经烘干形成胶黏层。胶黏层要适应纸张、布、塑料、皮革等材料的黏合，涂层厚度均匀。

（2）电化铝箔的生产过程

电化铝箔的生产过程大致分为基膜染色涂布、真空镀铝、涂胶黏层、检验包装四大工序，其生产过程如图 4-1-5 所示。真空镀铝是主要环节，镀铝的质量直接影响电化铝箔的外观质量。真空镀铝在真空镀膜机上经过抽真空、镀铝、检测三部分连续完成。

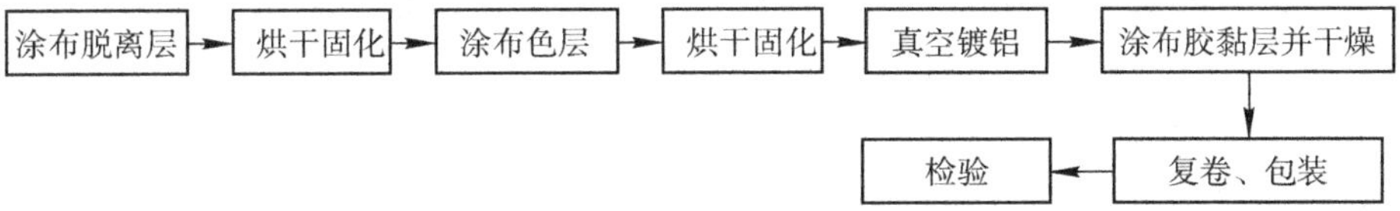

图 4-1-5 电化铝箔的生产过程

真空装置是与镀铝装置密封衔接的，主要是抽去镀铝装置中的空气，达到一定的真空度，以保证汽化铝能均匀地喷镀到基膜色层上。镀铝装置由蒸发坩锅、送铝装置、送膜装置及收膜装置四部分组成。这些装置均安装在密封的真空镀铝室里，真空镀室开有耐高温、耐高压的玻璃观望窗孔，从外面可窥见真空镀室内的工作情况，以备发现问题及时处理。

真空室内有三个蒸发源，每个蒸发源由一组正负电极和一个石墨坩锅组成。石墨坩锅固定在电板上，通电后产生高温（因石墨坩锅电阻很大），使送铝装置送来的高纯度铝棒在 1400 ～ 1500℃的高温下迅速熔为液状，再蒸发成汽化铝，汽化铝遇到涂有色料层的低温聚酯薄膜后，便凝聚在色层表面，形成均匀光亮的铝层。如果坩锅的温度再升高，铝汽化更快，送膜机速度放慢一些后，就可得到较厚的镀铝层，反之则得到较薄的镀铝层。

经过真空镀铝装置加工后，便可进行涂胶黏层、干燥、复卷、检验等加工，从而完成电化铝箔生产的全过程。

（3）电化铝箔的分类、型号和规格

① 电化铝箔的分类

A．按颜色分类。电化铝箔呈现颜色的能力取决于染色层中不同的颜料性质。颜料有三种状态：第一种是“原生颗粒”（晶体直径均＜1×10^{-12}m），这是真实的单晶体，是颜料的最小基本组成单位；第二种是原生颗粒互相紧密地结合在一起的所谓“聚结体”，它们彼此相互结合在一起，故聚结体的表面比各个原生颗粒表面积之和小；第三种是原生颗粒和聚结体的疏松联结成团状，不是面与面的紧密结合，而是以边、角联结在一起的“聚集”，它的表面实质上与各个单组分的表面总和没太大差别。当颜料和树脂一同被有机溶剂溶解时，不仅具有内表面，且能吸附气体的“聚集体”（本就比聚结体易于分散）和彼此以表面相结合的“聚结体”的状态被改变，原生颗粒由于溶剂的溶解，其结晶会按新的路线进行排列，原来的结晶在溶液中出现更丰富、更多变、更清澈的间色、复合色。这是用其他加工方式无法制造出的鲜亮色彩。

B．按光泽分类。电化铝箔按光泽可分为高光泽类、雾度消光泽类、压线折光泽类、全息射散光类等几种。

C．按纹理分类。电化铝箔按呈现纹理可分为平滑镜面类、线条纹理类、网格纹理类和仿生纹理类（如动物皮革、植物木纹）四种。

D．按烫印基材分类。电化铝箔以对纸张印刷品进行烫印装饰为主，随着新工艺、新技术、新材料的发展，现已扩大到对皮革、人造革、棉布、绒布、绢绸、塑料、覆膜制品、金属、木材、玻璃等多种基材进行表面整饰。

② 电化铝箔的型号

根据烫印性能和烫印材料的不同，电化铝箔有不同型号。例如，上海产电化铝箔有 1# ～ 18# 等不同型号，常用的有 1#、8#、12#、15#、18# 等型号。不同型号的电化铝箔，其烫印性能也有区别，使用时可根据生产厂家的说明进行选择（见表 4-1-1 和表 4-1-2）。

表 4-1-1 国外产电化铝烫印箔的性能

厂家	型号	用途	烫印条件	
			温度 /℃	时间 /s
日本中井金丝工业株式会社	NV	一般纸、粗面纸、织品布	110 ～ 130	0.5 ～ 1
	NA	一般纸、印刷纸	110 ～ 120	0.5 ～ 1
	NS	一般纸、印刷纸、涂料纸	100 ～ 120	0.5 ～ 1
	NP	上光纸	110 ～ 130	0.5 ～ 1
	PP	PP 复合薄膜、PP 涂料纸等	100 ～ 120	0.5 ～ 1
	SH	皮革、塑料（除 PP）	100 ～ 130	0.5 ～ 1
	SHP	皮革、塑料、上光纸（除 PP）	100 ～ 130	0.5 ～ 1
	PL	带皮纹皮革、塑料等（除 PP）	120 ～ 140	0.5 ～ 1
	SB	透明塑料反面转印	130 ～ 180	0.5 ～ 1
	SS	塑料万能型（用于所有塑料）	130 ～ 150	0.5 ～ 1
	SR	压铸橡胶	150 ～ 180	0.5 ～ 1
日本尾池株式会社	24222	铜版纸、涂料纸、印刷纸、层压	100 ～ 130	0.5 ～ 1
	21KL － 30	人造革、尼龙、涂料纸等	100 ～ 130	0.5 ～ 1
	23038	ABC、聚碳酸酯、尼龙、硬塑料等	120 ～ 160	0.5 ～ 1
	83024	ABC、聚苯乙烯、硬塑料、硅酸胶	160 ～ 210	0.8 ～ 3
德国	338A 型	各种纸张、织品、涂料纸等	100 ～ 140	0.5 ～ 1
	338B 型	各种纸张、织品、皮革、涂料等	100 ～ 140	0.5 ～ 1
美国	维纳斯 400	除印有油墨的纸张以外的各种材料	100 ～ 140	0.5 ～ 1

表 4-1-2 国产电化铝烫印箔的性能

厂家	型号	用途	烫印条件	
			温度 /℃	时间 /s
上海	8#	纸张、皮革、漆布、织品类	100 ～ 120	1 ～ 2
	12#	有机玻璃、硬塑料	70 ～ 85	2
	12 － B（双面金箔）	透明塑料、有机玻璃制品背面	65 ～ 85	2
	15#	软塑料	65 ～ 85	2
	1#	涂料纸、纸张、漆布、织品等	100 ～ 130	0.5 ～ 1
	88 型	印有油墨的纸、涂料纸、漆布、织品等	100 ～ 130	0.5 ～ 1
福州	熊猫牌	漆布、织品、皮革、纸张、涂料纸等	100 ～ 130	0.5 ～ 1
	蝴蝶牌	漆布、织品、皮革、纸张、涂料纸等	100 ～ 130	0.5 ～ 1
中日合资	日星牌	印有油墨的纸、涂料纸、纸张等	100 ～ 130	0.5 ～ 1
甘肃	甘古牌	纸张、漆布、织品、皮革等	100 ～ 130	0.5 ～ 1
山东	渤海牌	纸张、漆布、皮革等	100 ～ 130	0.5 ～ 1

③ 电化铝箔的规格

电化铝箔的规格分为片基厚度和长宽尺寸。片基厚度主要有 12μm、16μm、18μm、20μm、25μm；长宽尺寸主要有 450mm×60mm、600mm×120mm、640mm×120mm。除此之外，还有一些特殊规格的产品。

（4）电化铝箔的质量要求

电化铝箔的质量好坏主要是以能否适应各种不同的烫印物的特征，烫印出光亮、牢固、持久不变的图文为标准。

① 电化铝烫印的基本要求

A. 光亮度和外观质量。电化铝箔的光亮度要好，色泽符合标准色相要求，涂色均匀，不能有条纹、色斑、色差等。烫印后应色泽鲜艳闪光。光亮度主要取决于电化铝箔的镀铝层和染色层。电化铝箔表面无发花、砂眼、皱褶、划痕等，涂布均匀，卷取均匀。

B. 黏着牢固。电化铝箔表面的胶黏层能与多种不同特性的烫印物牢固地黏着，并且在一定温度下不发生脱落、连片等现象。对特殊的烫印物，电化铝箔胶黏层要使用特殊黏合材料，以适应特殊需要。黏着牢固度还与烫印时间、烫印温度和烫印压力等工艺条件有关，调整烫印工艺也可以改善电化铝箔烫印的牢固程度。

C. 箔膜性能稳定。电化铝箔染色层的化学性能要稳定，烫印、覆膜、上光时遇热不变色，表面膜层不被破坏，烫印成图文之后，应具有较长时间的耐热、耐光、耐湿、耐腐蚀等性能。

D. 隔离层易分离。隔离层应与片基层既易黏着，又易脱离。电化铝箔产品在生产、运输、储存过程中，隔离层不得与片基层脱离。当遇到一定温度和压力时，应即刻与片基层分离，受热受压部分要分离彻底，使镀铝层和染色层顺利地转印到烫印材料表面，形成清晰的图文。没有受热受压部分仍与片基层黏着，不能转移，转移部分和非转移部分要界线分明、整齐。

E. 图文清晰光洁。在烫印允许的工作范围内，电化铝箔不变色，烫印“四号字”大小的图文应清晰光洁，线条笔画之间不连片或少连片。电化铝箔的染色层涂布要均匀，镀铝层无砂眼，无折痕，无明显条纹。

印迹清晰是电化铝箔重要的性能。烫印出的字迹应无毛刺，这与隔离层和胶黏层黏合力大小、涂布是否均匀有关。

F. 电化铝卷轴平直。电化铝箔卷轴平直，松紧均匀，不粘连。

② 质量要求

根据相关行业标准中书刊封皮表面烫箔（或烫印）的质量要求及检验方法，主要检测内容及要求如下。

A. 烫印的版材用铜板或锌板，厚度不低于 1mm。

B. 烫印压力、时间、温度与烫印材料、封皮材料的质地应适当，字迹和图案烫牢，不糊。

C. 有烫印的封皮，文字和图案不花白、不变色、不脱落，字迹、图案和线条清楚干净，表面平整牢固，浅色部位光洁度好、无脏点。无烫料的封皮，不变色，字迹、线条和图案清楚干净。

D. 套烫两次以上的封皮，版面应无漏烫，层次清楚，图案清晰、干净，光洁度好。套烫误差小于 1mm。

E. 烫印封皮版面及书背的文字和图案的板框位置准确，尺寸符合设计要求。封皮烫印误差小于 5mm，歪斜小于 2mm。书背字位置的上下误差小于 2mm，歪斜不超过 10%。

③ 检验方法

A. 测量法。用毫米尺检验烫印版面各部分的尺寸。

B. 目测法。专业技术人员按标准要求目测检验产品质量。

4. 复合箔

（1）复合箔的结构

复合箔是没有隔离层、胶黏层，而直接将染色层、镀铝层与箔片基膜组合为一体的烫印材料，如图 4-1-6 所示。

（2）复合箔的应用

复合箔没有隔离层，箔片基膜连同染色层和镀铝层一同转移压印到烫印基材表面。先在复合箔上涂黏合剂，然后用热压复合机完成复合箔的烫印转移，其工作原理如图 4-1-7 所示。

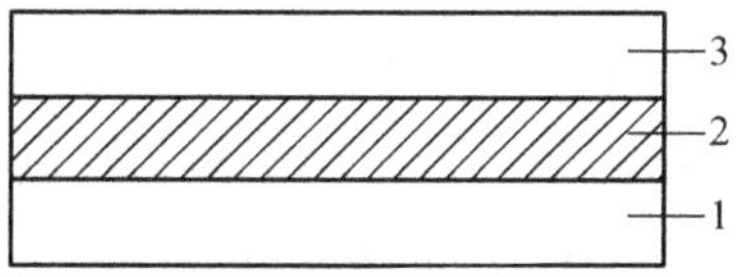

1—箔片基膜；2—染色层；3—镀铝层

图 4-1-6　复合箔的结构

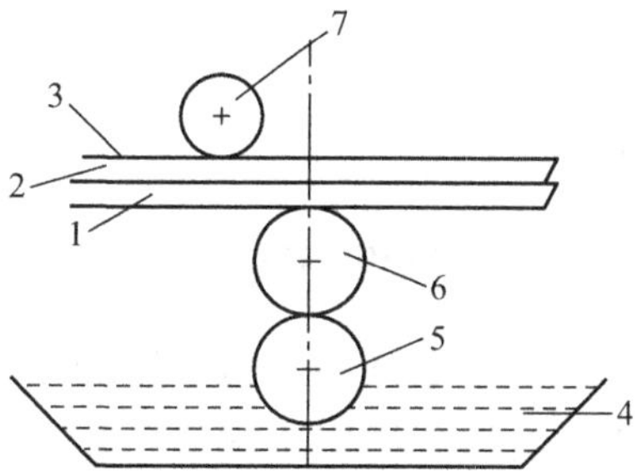

1—复合箔镀铝层；2—复合箔染色层；3—复合片基薄膜；
4—黏合剂；5—施胶机构；6—涂布机构；7—涂布施压机构

图 4-1-7　复合箔的烫印原理

5. 全息烫印箔

全息烫印箔与普通烫印箔不同的是颜色层为光栅，显示色彩或图像的不是颜料，而是激光束作用后在转印层表面光栅形成的全息图案。全息烫印箔是对具有烫印功能的薄膜箔进行全息激光处理，以其二维、三维、二维 / 三维、点阵、旋状、合成全息等具有高光泽、五彩缤纷并可变幻的色彩二维、三维全息图、线性几何全息图、分色阴影效果全息图、线状勾勒全息图、双通道效果全息图、旋转全息图等图像，对印刷品或纸张进行表面整饰。不同的全息效果之间可以互相组合，同时还可以加上双通道、部分镀铝、分色效果、微刻字、隐藏信息等多种防伪元素，在对印刷品和纸张进行表面整饰的加工中，以有效的高等级防伪手段达到其独特的版权保护效果。

全息烫印箔画面进行的技术处理，既可为定位的独立图案，也可为不需定位具有自由空间位置的连续性图案，应用范围已从早期的钞票的防伪，扩大到价值较高、生产量较多的印刷品。

6．辅助材料

（1）色片

色片是一种在玻璃等平面光滑物体上，沉积一层颜料和黏合材料等混合涂料层，经干燥后剥离于纸上包装好的烫印材料。色片质地轻而松，色泽柔和，强度不高，易折断，烫印操作时，要轻拿轻放。

色片专用于烫印精装书封壳。在没有色箔以前，都是采用这种材料烫印各种带有颜色的印迹的。色片的特点是制作简单易加工，颜色鲜艳，烫迹厚实饱满、色质纯正，但色片无支撑体，易破碎不易保存。使用色片烫印图文有较好的效果，一些设计有多色的高档书籍都采用色片进行烫印，主要就是颜色反映真实，遇光后不易反射，易查阅。

（2）烫印黏合剂

由于有些金属箔、金属粉末以及粉箔没有黏合剂涂层，其本身并不具有与被烫印物相黏合的能力，需在烫印时使用对烫印物和箔粉都有一定亲和力的黏合剂。烫印黏合剂主要有蛋白、松香粉、虫胶等。

使用时，将上述黏合剂涂布或洒在烫印物的加工位置表面，再把金属箔粉末覆于其上，然后加温加压，使黏合剂固化或熔融，将烫印材料黏结在被烫印基材表面，从而完成烫印加工。

三、电化铝箔烫印工艺

电化铝箔烫印是利用热压转移的原理，将铝层转印到承印物表面。即在一定温度和压力作用下，有机硅树脂脱离层和黏合剂受热熔化，黏结力减小，铝层便与基膜剥离，热敏黏合剂将铝层粘接在承印材料上，带有色彩的铝层就呈现在承印材料的表面。

电化铝烫印的方法有压烫法和滚烫法两种。无论采用哪种方法，其操作工艺流程一般为烫印前的准备工作→装版→垫版→烫金机的调整→试烫→签样→正式烫印。

1．烫印前的准备工作

（1）烫印箔的检查

电化铝烫印箔品种多，制造工艺、批次、性能各有不同，除正确选用外，还应注意烫印箔的质量特性，因为烫印箔直接影响产品的质量。

在烫印某一新的加工物或使用一种新型号的电化铝箔前，应先进行电化铝箔的外观检查，其方法是：看型号是否正确；将复卷的电化铝箔打开，观察薄膜表面是否有划痕、砂眼、皱褶及手感是否平整；观察电化铝箔的亮度是否合乎要求，质量好的电化铝箔反射光线应较强，晶莹闪亮。如使用仪器测量，可得到准确的数据，电化铝箔光反射率应均匀，达到 85% 左右，也可用目测确定。

（2）烫印箔的裁切

合理使用电化铝箔，可减少浪费和降低成本。必须在图文设计时就考虑到要充分利用材料，既要美观，又要节约。烫印前要精确计算用料，根据产品烫印面积的需要，留有适当的空隙（越小越好），确定横切面的电化铝箔条形规格尺寸的裁切，而纵切面规格尺寸按材料成卷的长度，对产品使用电化铝箔需要面积进行调节。充分利用电化铝箔可以采用如下方法。

① 一次烫印一个印面，能够比较充分利用电化铝箔。

② 多块烫印一个印件有几块需烫印，使用整张电化铝箔会出现较多空位，采用分块分段裁切的方法，几条电化铝箔同步烫印。

③ 多次烫印一个印件有几块需要烫印，不能采用几条电化铝同步烫印，可采用分块分次烫印。

④ 侧斜烫印不规则印面，如果直条烫印，耗用电化铝较多，可按实际可能将平板规矩改成侧斜角度，使电化铝箔得到充分利用。

⑤ 复合烫印两个以上横向印面有规则间距，可取其移动 1/2 间距套印，充分利用电化铝箔。

⑥ 扣套烫印对已经进行一次烫印的电化铝箔，尚有多余时，选择适当产品再次烫印复用。

（3）烫印版的准备

电化铝箔向印刷品或纸张表面所转移的图文完全是对烫印印版的复制。烫印印版的版基为铜板、钢板或锌板。锌板不如钢板、铜板耐用，且铜板表面光洁度好，耐热性强，传热性好，耐压、耐磨、不变形，性质适中，烫印效果好，故烫印使用铜板较多。采用优质铜板可以提高烫印图文光泽度和轮廓清晰度。

当烫印数量较少时，也可以采用锌板。铜板、锌板要求使用 1.5mm 以上的厚版材，通过照相制版加工成凸版，图文腐蚀深度一般应达到 0.5 ～ 0.6mm。加工时，应腐蚀得略深，图文与空白部分高低之差要尽可能地拉大，这样在烫印时可以减少出现连片和糊版现象，以利于保证烫印质量。

目前，烫印版制作主要采用照相腐蚀工艺和电子雕刻技术。传统的照相腐蚀技术制作烫印版工艺简单，成本较低，主要用于文字、粗线条、一般图像。对于较精细、图文粗细不均的烫印版，需采用二次腐蚀或采用电雕技术。电雕制作烫印版能表现丰富细腻的层次变化，大大拓展了包装表现能力。该工艺有利于环保，但电雕设备投资较大，目前雕刻的深度还不够理想，容易造成烫印糊版。全息防伪烫印版制作技术要求较高，以前主要在国外制作，制版周期较长，只用于固定的、批量较大的产品。

2. 装版

装版就是将制好的烫印版固定在机器上带有电热装置的底板上，并将规矩、压力调整到合适的过程。烫印版固定处理得当，可使烫印版受热均匀，压力一致，连续烫印时不会发生烫印质量问题。

烫印版的合理位置应是电热板的中心，因为中心位置受热均匀，同时还应方便进行烫印操作。烫印版的安装步骤如下。

（1）粘贴烫印版

把定量为130～180g/m^{2}的牛皮纸或白板纸裁成稍大于烫印版的面积，将其划痕拉毛，均匀地涂上牛皮胶或其他黏合剂，粘在烫印版的反面，以增加烫印版的粘贴效果。

（2）纸板划痕

把粘好的纸板表面划些条痕，增加与胶黏剂的接触面积，增强与底板的接触效果。

（3）底板预热

清洁电热板表面尘埃、油污、杂质，接通电源，使电热板加热到80～90℃。

（4）涂胶黏剂

将粘版用的胶黏剂均匀涂抹在已预热的电热板表面。

（5）贴合压紧

把粘有纸板的烫印版平整地放在电热板表面，保证烫印版所粘纸板与电热板涂抹的胶黏剂全面接触，位置尽量居中，烫印版温度保持均匀。贴合平整后，放在压平机上紧压约15min，使烫印版平整地与电热板真正贴实、粘牢，复合为烫印版。

（6）固定烫印版

将压紧的烫印印版放在版框中间（位置和支撑点要均匀适当，防止松动翻版），周围用金属块和金属枕塞紧（不可用木条塞固烫印版，以防木条受热变形，发生散版故障）。也可先固定底板，再用粘烫印版的方法把烫印版粘到底板上。

3. 垫版

烫印版固定后，即可对局部不平处进行垫版调整，使各处压力均匀。平压平烫金机应先将压印平板校平，再在平板背面粘贴一张100g/m^{2}以上的铜版纸，并用复写纸碰压得出印样，根据印样轻重调整平板压力，直至印样清晰、压力均匀。可根据烫印情况在平板上粘贴一些软硬适中的衬垫。使用衬垫是为了使印刷品与印版版面具有良好的弹性接触，从而提高电化铝烫印的质量。必须掌握好衬垫的厚度，以免造成印迹变形，同时也要掌握衬垫的软硬性，以适应不同印刷品烫印的需要。

4. 烫印定位装置的安装

（1）安装要求

平面的烫印要求定位装置的形式相同，但又有特殊的要求：①耐温性较好，材料以金属和热固性树脂为主，尽量少用有机玻璃；②能承受更大的压力，不能变形产生位移，烫印压力要加在合适的位置；③曲面烫印定位装置要与上膜吻合性好；④圆面的烫印位置和丝网印刷定位装置原理相同；⑤转动灵活；⑥径向跳动不超过 0.2mm，轴向窜动不超过 0.1mm；⑦下压后中心线向下偏移量不超过 0.2mm。

（2）安装烫印定位装置

① 安装位置尽量在中间靠外，便于拿放承印物。

② 位置固定，不能发生移动。

③ 圆压圆承印物的安装要保证圆形工件中心线与工作台横向移动方向平行，压印线与烫印装置平面接触，且垂直于工作台移动方向。

（3）安装上模

除了转印机，烫金机均需在烫印装置上安装上模。小型的上模只需用高温胶纸粘贴在烫印装置平面。平面的烫印上模只需粘贴在定位装置上面，曲面的烫印上模要先将工件放置在定位装置上面，再把上模放置在工件上面，剪取合适的高温胶纸覆盖在上模上平面，启动压印按钮使烫印装置压在高温胶纸上，高温胶纸熔化后就会将上模粘贴在烫印装置上面。黏合剂也可以用环氧树脂加硬化剂配置高温胶制成。

大型的上模用粘贴的方法承受力不够，要用螺钉将它固定在烫印装置上面。

5. 烫印工艺参数的确定

正确地确定工艺参数，是获得理想烫印效果的关键。烫印工艺参数主要包括烫印温度、烫印压力及烫印速度。理想的烫印效果是这三者的综合效果。

当一定的温度把电化铝胶层熔化之后，必须借助一定的压力才能实现烫印，同时，还要有适当的压印时间（即烫印速度），才能使电化铝与印刷品等被烫印物实现牢固黏合。

（1）压力的确定

施加压力的作用，一是保证电化铝能够黏附在承印物上，二是对电化铝烫印部位进行剪切分割。烫印工艺本身就是利用温度和压力，将电化铝从基膜上迅速剥离下来并转印到承印物上的过程。在整个烫印过程中，存在着三个方面的力：①电化铝从基膜层剥离时产生的剥离力；②电化铝与承印物之间初步黏结的黏结力；③电化铝与承印物（如印刷品墨层、白纸）良好黏结的表面固着力。

烫印压力过小，将无法使电化铝与承印物黏附，同时对烫印的边缘部位无法充分剪切，导致烫印不上或烫印部位印迹发花。若烫印压力过大，则衬垫和承印物的压缩变形增大，会产生糊版或印迹变粗。其压力之大以不糊版，烫印清晰光亮为度；其压力之小以牢固不脱落、不发花为宜。

设定烫印压力时，应综合考虑烫印温度、烫印速度、电化铝本身的性质、被烫物的表面状况（如印刷品墨层厚薄、印刷时白墨的加放量、纸张的平滑度）等影响因素。一般在烫印温度低、烫印速度快、被烫物的印刷品表面墨层厚以及纸张平滑度低的情况下，要增加烫印压力，反之则要降低烫印压力。

烫印机压力的调整方法有自动和手动两种。自动烫印机的压力可以根据被烫物厚度和性质进行调整。手动烫印机的压力主要根据实际情况调整。自动烫金机调整烫印压力是受数据控制的，比较方便，但遇到被烫物厚度不等时，会出现质量问题；而手动烫印机压力的调节虽比较麻烦，但可以自由掌握，不受被烫物厚薄的影响。

（2）烫印温度的确定

烫印温度是由被烫物的质地与烫印形式（如塑料、纸张、皮革等）决定的。一般设定如下：印版温度为 100 ～ 150℃，机器温度为 70 ～ 200℃。对于纸张烫印的机器，温度可以视不同的材料、不同的电化铝箔类型、不同的烫印压力、不同的烫印时间而设定。温度过高，烫印时会出现花白或变成蓝色，金属光亮度降低，并且会出现糊版、图文不清晰等弊病；温度过低，会出现烫印不上、断笔画、附着力不强、容易擦掉、无光泽、发花等弊病。当烫印面积较大时，温度要略高些，反之要低些。

当遇到在同一版面上有不同的图文结构时，选择同一烫印温度往往会使两者无法同时满足烫印质量要求。这种情况有两种方法可以解决：一是在同样的温度下，选择两种不同型号的电化铝箔；二是在版面允许的条件下（如两图文间隔较大），可采用两块电热板，用两个调压变压器控制，以获得两种不同的温度，满足烫印的需要。

有些烫金机比较陈旧，无温度显示，操作者全凭感觉掌握，如采用滴水方法、手触方法等以测试温度的高低，因此应增加温度显示装置，力求科学生产。

（3）烫印时间的确定

烫印时间是电化铝箔与承印物的接触时间，接触时间与烫印牢度在一定条件下是成正比的。烫印速度稍微慢一点，可使电化铝箔被承印物黏结牢固，有利于烫印。机速增大，烫印速度太快，电化铝箔的热熔性膜和脱落层在瞬间尚未熔化或熔化不充分，易导致烫印不上或印迹发花。烫印时间必须与压力、温度相适应，过快、过慢都有弊病。

在实际操作中，操作人员通常把烫印时间当作一个常量，不轻易改变它。固定了烫印时间后，去调整烫印温度与压力会使变量减少，操作简化，容易控制质量。一般来说，只有在条件特殊时才考虑改变烫印时间。此外，如果不用任何烫印材料，只烫印凹凸印痕时，温度可适当降低 10% ～ 20%，时间要增加 1 ～ 2s。烫印时间与温度的关系如表 4-1-3 所示。

表 4-1-3　烫印时间与温度的关系

材料	PVC 涂布面料		纺织品、皮革、纸张		漆布		软塑料薄膜	
	时间 /s	温度 /℃	时间 /s	温度 /℃	时间 /s	温度 /℃	时间 /s	温度 /℃
赤金箔	1 ～ 2	100 ～ 140	1 ～ 2	120 ～ 150	1 ～ 2	100 ～ 140	2 ～ 3	80 ～ 110
银箔	1 ～ 2	110 ～ 145	1 ～ 2	130 ～ 160	2	120 ～ 145	2 ～ 3	90 ～ 120
电化铝箔	0.5 ～ 1	110 ～ 145	1	120 ～ 150	0.5 ～ 1	110 ～ 140	2	90 ～ 120
色箔	0.5 ～ 1	110 ～ 145	0.5 ～ 1	120 ～ 145	0.5 ～ 1	110 ～ 140	1.5	90 ～ 120
色片	1 ～ 2	100 ～ 140	2 ～ 3	120 ～ 150	2 ～ 3	100 ～ 140	2 ～ 3	80 ～ 110
铜箔	1 ～ 2	110 ～ 145	1 ～ 2	120 ～ 150	2	120 ～ 140	2 ～ 3	90 ～ 120

总之，上述三个工艺参数确定的顺序，一般是以被烫物的特性和电化铝的适性为基础，以印版面积和烫印时间来确定温度和压力。温度和压力两者首先要确定最佳压力，使版面压力适中，各处均匀，在此基础上，最后确定最佳温度。

从烫印效果来看，以较平稳的压力、较低的温度和略慢的车速烫印是较理想的。因为较平稳的压力可使电化铝每个点都与被烫物黏结牢固；在能够充分黏结的基础上适当采取较低的温度有利于保持电化铝所固有的金属般的光泽；较低的车速则是为了适应略低的温度。

几种常见塑料的烫印温度如表 4-1-4 所示。

表 4-1-4 几种常见塑料的烫印温度

材料名称	烫印温度 /℃	材料名称	烫印温度 /℃
PP	180	PS	150
PE	170	PVC	155
ABS	150	PA	170

6．试烫、签样、正式烫印

烫印工艺参数确定之后，可进行烫印规矩的定位。烫印规矩也是依据印样来确定的。平压平烫印机是在压印平板上粘贴定位块，定位块必须采用较耐磨的金属材料，如铜块、铁块等，然后试烫数张，当烫印质量达到规定要求，并经签样后，即可进行正式烫印。

在正常进行烫印工作时，要随时检查烫印效果，发现问题及时处理，以保证烫印质量。另外，在具体烫印某种承印材料时，还应注意以下几点。

（1）烫印软塑料封面的立体图文时，为了突出立体感，烫印时要做两次压烫：第一次先烫料；第二次在印迹上再烫压，位置与第一次相同，不可有丝毫偏移。用这种方法就可烫印出立体图文。

（2）烫印绒面特别是丝绒面时，因绒的表面有耸立的绒毛，一次烫压是无法成功的，故要做两次烫印。第一次烫印时，先将助黏粉涂撒在所烫印迹上（不加烫印材料），用烫压方法让印迹上的助黏粉将耸立的绒毛压倒粘平；第二次再将烫料烫在压倒的印迹上，第二次烫印不得有丝毫偏移，否则将造成绒料的浪费。这样的烫印方法，印迹平整牢固，未被烫的绒毛耸立在印迹的周围，很有立体感和艺术性。

（3）烫印版是凹形，而所烫图案高凸时（如头像等），要将下版垫好，以突出印迹的主体效果。

四、烫印技术的发展趋势

1．全息烫印技术

全息烫印技术是一种新型的防伪技术，问世至今虽然时间不长，但在国内外已得到了广泛的使用，主要用于各种票证、信用卡、护照、钞票、商标、包装的防伪。根据全息图烫印标识的特点，全息烫印又分为连续图案烫印和独立商标烫印。连续全息标识烫印是普通激光全息技术烫印的换代产品（普通激光全息技术目前多用于不干胶标签），由于全息标识在电化铝上呈有规律的连续排列，每次烫印时都是几个文字或图案作为一个整体烫印到最终产品上，对烫印精度无太高要求，一般烫印设备均可完成。而高档产品为了使全息标识烫印能产生更好的防伪效果，大多数采用独立图案全息标识烫印，即电化铝上的全息标识制成一个个独立的商标图案，且在每个图案旁均有对位标记，这就对烫印设备的功能和精度提出了较高的要求，既要求设备带有定位识别系统，又要求定位烫印精度能达到 ±0.5mm，否则，生产厂商所要求的高标准商标图案将出现烫印不完全或偏位现象，以致达不到防伪与增加产品附加值的效果。正是由于独立图案全息标识烫印具有直观性和技术难度高等特点，是一种较好的包装防伪手段。

（1）全息烫印箔

高质量的全息烫印箔非常薄，其厚度刚刚可以满足模压对厚度的基本要求，但其结构相当复杂，一般由载体薄膜、剥离层、转印层、镀铝层和黏胶层组成。通常转印层又由 2 ～ 3 层组成，而且每一层的特性又因对颜色、表面耐磨性和耐化学腐蚀性有不同的要求而有所不同。

全息图案是由转印层表面微小的坑纹（光栅）形成的，这是全息烫印箔与普通电化铝箔在结构上的最大不同。烫印时，在烫印版与烫印箔相接触的几毫秒时间内，剥离层氢化，黏胶层熔化，通过施加压力，转印层与基材黏合，在载体薄膜与转印层分离的同时，烫印箔上的全息图以烫印版的形状烫印在基材上。

（2）分条精度

即使是生产全息图的小型设备，其幅面宽度也在 150mm 以上。因此，需要使用分切机将烫印箔按照图案宽度分切成小卷。由于绝大多数型号的烫印机只有纵向定位装置，图案的左右烫印精度要靠分条精度来保证，因此分条精度和回卷松紧度是决定烫印时能否准确定位的重要因素。

（3）定位装置

对于独立图案的全息烫印箔而言，无论全息图案在烫印箔上的位置多么精确，烫印中的误差仍会被逐步积累。即便我们能将烫印箔上全息图案之间距离的误差缩小到 0.01mm，但在烫印 1000 个图案后，仍会出现 1cm 的误差。因此，独立图案全息烫印箔需要用定位光标及时修正全息图案在间距上的误差。

每一个烫印箔上的全息图案都需要有一个与之相匹配的光标，图案与其光标的相对位置必须恒定。光标必须是方的，其边长最小为 3mm，其中心线最好与全息图案的中心线一致，与全息图案之间的距离至少为 3mm。为保证光标的准确性，光标的边缘应该很直，光学特性灵敏且一致。

目前在单张纸上烫印多个图案的应用越来越多，其中最有代表性的是烟标、药品包装以及化妆品的外包装盒。出于大批量生产对效率的要求，通常每条烫印箔需要一次烫印 3 ～ 5 个图案，于是，对烫印箔上独立全息图案的位置精度有了更高的要求，要求全息烫印箔的生产商能够严格控制全息烫印箔上独立图案的排列精度和箔卷的分条精度。

为了将多个独立全息图案一次烫印在基材上，首先需要预先计算出全息图案的排列方式，其次是光滑的铝复合纸、PET 卡纸一类的烫印基材。对于较硬、光滑无孔的表面，可以通过提高烫印压力来排除气体。基材表面有纹路或较粗糙，会降低全息图案的立体效果和亮度。

2. 立体烫印技术

立体烫印即烫印加工而成的图文有明显的高度立体层次，高于印刷品表面之上。它既不同于平面烫印，也不同于凹凸压印，实质上是烫印与压凸两种技术同时作用于印刷品。

立体烫印技术的关键在于能够制作精密的立体烫印版和与之相对的底模，以及易合定位系统。

（1）立体烫印版

① 立体烫印版材的选用。常用的烫印版材有黄铜、钢、红铜、锌、镁。黄铜因其具有较高的硬度（优于红铜、锌，烫印 100 万次后仍能产生完美的烫印效果）和理想的加工性能（优于钢）而成为图形复杂的立体烫印版的首选材料。

② 计算机数控雕刻制版（CNC）。将设计图文扫描录入计算机后，通过专用软件将其改编成专用术语数据，并以此系统控制版基表面清理、图文部位确定、激光能量控制及供给、特殊要求的定性定量处理等，进行三维雕刻，这样可使制作的印版达到以下性能：一是烫印质量稳定，保证大批量烫印加工效果一致；二是有精密确定的切边和准确的定位，减少烫印开机前的准备时间；三是边角精细完美，保证烫印凹凸图案可获预期的清晰边缘；四是数控模具制作的重复性一致可靠，不会因更换印版而改变烫印质量；五是印版的版基厚度固定（7mm），公差＜ 0.001mm，装版可以程序化；六是起凸边缘有适应各种加工条件需要的不同层次过渡形状。

（2）底模

立体烫印的底模与凹凸压印的底模有相似之处，其区别在于立体烫印过程中一直保持加热。立体烫印版在温度升高过程中将会产生一定的膨胀变量，而底模的温度仍保持在与室温近似，这将造成实际生产中立体烫印版与底模的不匹配。

立体烫印要求采用精确的计算和新材料及特殊的底模制作技术，使制作的底模能与热压加工产生膨胀变量的立体烫印版仍有精细完美的匹配。

（3）易合定位系统

相对于凹凸压印，立体烫印的精细度更为严格，效果更为明显。为改变压印版和底模装配过程中需反复调整的状况，立体烫印采用由标示孔及位置显示器组成的易合定位系统，以缩短压凸模具的安装和调整时间，保证加工品精美。

（4）立体烫金机

由德国专业化工程设计技术和现代化制造加工技术支持的斯托拿烫印技术，已成为印刷及印后加工领域中高技术的代名词。无论是包装、标贴、钞票的烫印，还是普通的商务印刷后加工，斯托拿 FOIL-JET 都可提供相应的解决方案。独创的单张纸轮转烫印技术，加工速度高；极高的全息电化铝烫印精度，为高质安全的印钞业提供了有效的防伪手段；模块化系统的立体烫印装置，使多层压凸与烫印一次完成，立体造型在产品上即刻闪烁出宝石般的光辉。

斯托拿 FOIL-JET 烫印设备有单张纸轮转烫印、圆压平烫印、卷筒纸轮转烫印等形式，烫印设备有 FOIL-JET FBR104 型、P2104 型、PZ90 型、PZ82 型、RPMl00 型和 FOIL-JET WEB 型。

3. 冷烫印技术

冷烫印技术是丹麦 Nilpeter 公司发明的新工艺。如图 4-1-8 所示，在印刷品表面需要烫印的部位印上 UV 胶，烫印箔是无热熔胶的专用电化铝箔。在压印辊无热量的情况下，依靠黏合剂的黏度和辊子间的压力实现烫印箔的转移。

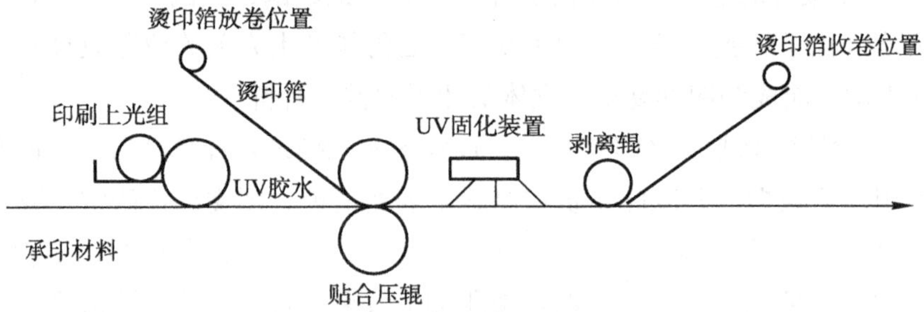

图 4-1-8　冷烫印工艺流程

冷烫印技术的优点：①不需要价格昂贵的烫印版辊，可由普通金属辊代替，费用大大降低；②不使用加热设备，降低了能源消耗；③不存在普通烫印箔热熔胶熔化时间，冷烫印适合高速印刷。

冷烫印技术的缺点是烫印箔的表面强度比普通烫印箔表面强度差，一般要用上光或覆膜方法加以保护。

冷烫印技术是用冷压技术转移电化铝箔而完成对承印物表面的电化铝烫印的新技术，是近几年欧美印刷行业的一项最新科技成果。目前市场上供应的新型柔印机都带有冷烫印工位或相应的选购部件。国外已有一些油墨供应商、电化铝箔制作厂家专业生产冷烫印用的 PV 黏合剂和专用于冷烫印的电化铝箔。

冷烫印技术的运用，打破了烫印依靠热压转移电化铝箔的传统工艺，解决了过去热压合烫印难以解决的问题，节约了能源，避免了制作金属印版过程使用腐蚀法产生的废气、化学腐蚀废液等对环境产生的污染。

将冷烫印技术用在窄幅轮转印刷机上加工不干胶印刷品时，只需在原有设备上附加一些装置即可。

4. 先烫后印工艺

先烫后印工艺是先烫印电化铝箔，然后在电化铝箔上再印刷图案的工艺，产生的效果使图案主题更生动、活泼。这项工艺的关键是电化铝箔的烫印一定要牢固，在印刷的时候电化铝箔绝不能被印刷油墨反拉下来，否则不但影响产品质量，而且反拉下来的电化铝箔会很快堆积在橡皮布上，轻则造成图像网点丢失，重则造成局部图像印不上，随着机器的运转，电化铝粉末还会传递到墨辊系统，加速墨辊的磨损。因此，此项工艺要根据印刷用纸的特点，选用合适的电化铝箔，确保电化铝箔能够牢固地附着在纸张表面。

先烫后印工艺是一种大面积烫印技术，要求很高，除要达到烫印位置准确，表面平滑光亮，压力平衡、均匀，不起泡、不糊版等要求外，还要特别注意烫印图案边缘不能有明显压痕，电化铝箔在烫印表面要有良好的附着力，以及无明显擦花和刮伤等现象。烫印过程是一个纸张受热和受压的过程。对于白卡纸、玻璃卡纸来说，特别要注意对半成品的保护，生产过程中要尽量减少纸张变形的各种不利因素。

这种加工方法通常采用圆压平或圆压圆烫印机，烫印时压力为线接触方式，在大面积烫印时，不像平压平烫印会出现气泡，烫印表面非常平整，满版烫印不会增加机器的负荷。

5. 数字烫印技术

数字烫印也称无版烫印，在烫印的整个流程中不需要烫印版，在需要烫印的位置由计算机控制以打印点的方式选择性地对烫印材料加热、加压，实现烫印材料的转移，最终形成烫印图案。数字烫印技术利用数字技术将文字、图案等数字化，然后通过热转印的方式将其烫印在制品表面。数字烫印技术主要应用于纸张、塑料、皮革等材料的印刷加工中，可以实现高清晰度、高精度的印刷效果，同时也具有生产效率高、可重复性强、节省材料成本等诸多优势。数字烫印技术在包装、商标、标志等领域也得到广泛应用。

(1) 数字烫印的工作原理

数字烫印实质是热转印技术，就是把烫印纸上面的图案，通过温度和压力的作用，转移到承印物表面的工艺过程。烫印时，先把设计好的图文通过计算机软件转换成数字文件，然后把数字文件输送到数字烫印机中，调整好烫印头的温度和位置，烫印头收到计算机控制的压力和温度数据指令，将烫印箔转印到印刷品表面。

数字烫印机的核心技术是打印头，烫印点是由打印针实现的。数字烫印技术原理是将烫印版微分成无数个直径为数十至数百微米的小烫印点，在烫印时给予每个点持续压力，而图文与空白的选择就取决于某个点发热或不发热。如果某个点发热，这个点就有烫印，相反就是空白。无版烫印后的图文，其实是无数个烫印点聚集的表现，烫印点越小，图文边缘越光滑，烫印图像越精细。数字烫印机中的烫印点是由打印针实现的，一方面，每根打印针都相当精细且独自发热；另一方面，打印针必须能够瞬间升温和降温，打印相隔的两“帧”之间可能是图文与空白的边界，因此升温和降温的速度决定了打印的速度和打印的质量。数字烫印机也叫无版烫印机。

在数字烫印过程中，烫印头盖是直接与电化铝相接触的，一般的薄膜材料在加热的条件下都可能转变为黏流态，薄膜黏度增加容易与烫印头盖发生粘连，造成印刷故障；同时打印针要求瞬间加热和散热，且防止电化铝产生裂纹，这就要求打印针发热的温度不能过高，因此电化铝的热熔胶的熔化温度就不能过高，电化铝结构有较好的热传递。

（2）数字烫印的特点

① 承印物材料广泛

数字烫印可适用于厚度3cm以下所有表面平整的承印材料，如亚克力、PPC薄膜、纸张、布段等。传统烫印则较多应用在纸板、纸张等材料。

② 无须制版

数字烫印只要在计算机上做好印前文件，就可以很快完成烫印，节省了制版时间，节约了制版费用，通过计算机软件排版，可及时修改，适合个性化的小批量数码印后加工。烫印过程中无须换版，活件转换快，相对来说生产成本低、操作简单。而传统烫印必须先制版，不仅制版成本高、时间长，而且换版时间较长。

（3）数字烫印的分类

数字烫印分为热烫和冷烫，主流实现方式为采用喷墨技术将特殊材料如UV墨水、UV胶水等喷印到相应基材上，固化后通过烫印机构将烫印箔粘在需要烫印的喷印图像表面。烫印图案既可以与非烫印部分处于同一平面，也可以高于非烫印部分。

数字热烫有两种形式：数字平烫与数字立体烫（3D数字烫印）。

① 数字平烫工艺

目前主要基于数字印刷设备的电子油墨或碳粉作为“胶水”，进而与数字烫印铝箔进行结合，剥离铝箔纸的金属 / 色层，实现数字烫印的工艺。该工艺先通过数字印刷机将需要数字烫印的区域印上单黑，之后将纸张放进单张数字烫印设备中进行烫印整饰，最后将完成烫印工艺的承印物放回印刷设备上进行烫后印刷，从而完成工艺流程。图4-1-9所示为数字平烫工艺样张。数字平烫工艺流程如图4-1-10所示。

图4-1-9　数字平烫工艺样张

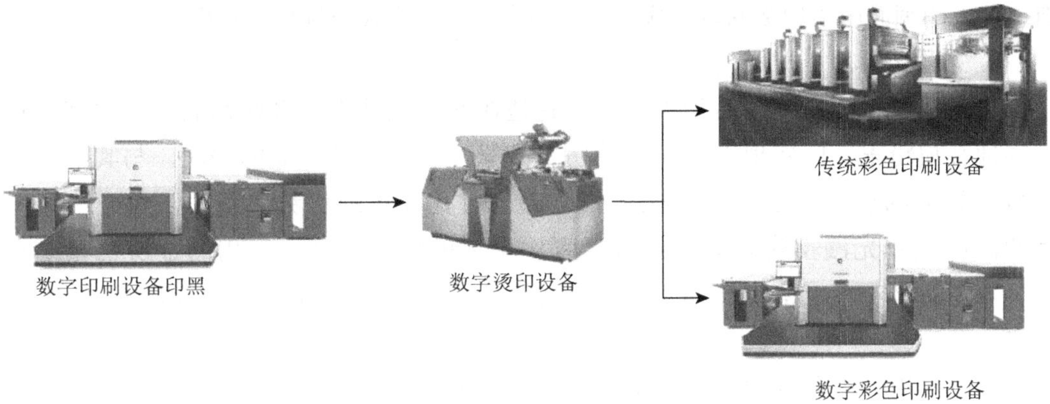

图 4-1-10　数字平烫工艺流程

数字平烫具有数字“单张起烫”特性，优秀的烫后印材料适应性，并有优于热烫的亮度和冷烫的渐变效果。

② 数字立体烫（3D 数字烫印）工艺

数字立体烫工艺就是有立体感的数字烫印工艺。在传统烫印工艺中，相当于集成了热烫及反向压立体的效果，并且数字化。

其原理与平烫的不同之处在于，这里的数字胶水不再是由其他数字印刷设备提供的碳粉或电子油墨，一般是独立式的离线数字烫印设备，自身可以完成对数字烫印胶水的印刷，而且数字胶水的高度可变（一般标准为 4 ～ 100μm）。这个高度即后续实现立体感的根本，之后数字胶水再经过与烫印铝箔的结合和剥离干燥，完成数字立体烫的整个工艺流程。

数字烫印是在无须制版的状态下，实现每张可变的增效光油效果，可以兼并传统光油工艺中的“亮光”“亚光”“逻辑光油”等，并且也可以调整光油的手感。

（4）数字烫印设备

目前，数字烫印机按压印方式，可分为打印式和平台式两种机型。数字烫印机主要由以下部分组成。

① 智能数字定位系统

智能数字定位系统是用数字吸纸嘴向输纸牙排高精度递纸，它可以识别纸张边缘，进行 X、Y 方向修正，烫印宽度最大能到 512mm。

② 数字双坐标供箔系统

走箔系统直接安装在烫印模切平台的固定平台上，使用时，电化铝根据烫印宽度整幅挂箔，烫印箔的任何位置都能被烫印到印品上。

③ 数字烫印平台

它可以根据烫印工艺的要求，将烫印图案的数据通过网口、SD 卡或 U 盘连接到计算机上编排，再通过计算机根据速度自动设定平台与承印物的接触时间及烫印压力，具有全部烫印画面压力均衡的自适应功能，完全无须操作人员烦琐的垫板。

6．扫金技术

扫金是一种特殊的印后加工工艺。它是在商品包装或标签印刷品的指定部位附着上特种金属粉末，以实现金光闪烁的仿金效果，从而提升产品的档次。与其他产生金属质感效果的整饰加工工艺相比，扫金工艺有其独特的优势。例如，扫金产品有金属的沙砾感和光漫反射效应，更接近真实金属的原始质感，所用的金粉色相丰富，且具有不同的颗粒度，可呈现出丰富色泽，并且还因其难以模仿而起到一定的防伪功能。

目前常用的工艺有印金、烫金、仿金属蚀刻（俗称磨砂）。印金虽然快，但是光泽等效果不太佳；烫金虽然光泽度好，但是成本较高，速度较慢；而磨砂则有违环保。扫金工艺需借助扫金机来完成，德国著名的 Edmond Dressig 公司是世界上唯一一家生产扫金机的厂家。它生产的扫金机主要由输纸部、涂布部、抛光部、清洁部和收纸部五部分组成，加工范围从薄纸到卡纸，从四开、对开至全开的印张，速度可达 7500 张 / 时。

通常需要一台平张双色胶印机与扫金机连接。利用印品的分色底片，制作出扫金机用的 PS 版，安装在胶印机上，通过调整胶印机的规矩，可方便地完成套准工作。利用 PS 版在印品需要上金粉的部位印上一层薄而均匀的底胶（俗称“扫金涂底”）。印有底胶的印品通过扫金机传纸器，被送到扫金部分的吸气式橡皮传送带上。涂布装置由金粉填充器、涂布器、匀粉辊和涂布辊组成。涂布辊很缓慢地转动，当涂布辊上吸附金粉的一面转到纸张上方时，该部分由吸气转为吹气，将金粉均匀地喷撒在纸张整个表面。然后，使用 4 根特别的抛光器，与纸张上的金粉相擦、抛光，使纸张上印有底胶部分的金粉牢牢地粘住。扫金机还采用 4 根特别的揩金带，进行相互之间转向相反的往复运动，并且后面两根带有强力吸气管道，再加上后面的高真空吸附多路清扫循环系统，因此可干净迅速地清扫纸张上的金粉。

任务二　烫印机的操作与调试

任务描述

烫印机的型号和种类很多，正确认识和掌握烫印工艺的技术要领，科学合理地使用烫印机，不仅可以减少或避免烫印故障的发生，同时能够提高烫印机的使用寿命。通过本任务的学习，学生能够完成烫印机的操作与安装调试，同时掌握烫印机的安全操作要领。

知识目标

1. 了解常见的烫印机。
2. 熟悉烫印机的基本结构及工作原理。

技能目标

1. 能利用烫印机实现烫印工艺。
2. 能针对产品进行烫印机的调节。
3. 能规范操作及调试烫印机。

能够将电化铝箔等烫印材料经过热压转印到印刷品上去的机械称为烫印机，又称烫金机。

烫印温度、烫印压力、烫印速度是决定烫印质量最为关键的三项工艺参数，同时也是衡量烫印设备性能优劣的重要指标。单张纸烫印设备有圆压圆、圆压平、平压平三种形式。圆压圆烫印设备以德国斯托拿公司（STEUER）的产品为代表，最高烫印速度可以达到每小时 1 万多张，国内尚没有同类产品问世。圆压平烫印设备多为一回转凸版印刷机改制而成，其使用范围正在逐渐缩小。目前，应用最广泛的是平压平烫印设备，国际上处于技术领先地位的是瑞士的博斯特公司（BOBST）和吉茨公司（GIETZ）的产品。国产烫印设备有上海亚华印刷机械有限公司的 TYM 系列模切烫印两用机（见图 4-2-1）、天津长荣印刷设备有限公司的 MK 系列自动烫印模切机、唐山玉印集团公司的 TYM 系列自动烫印模切机等。

图 4-2-1 上海亚华 TYM1050Y 自动模切烫印机

表 4-2-1 列出了目前国内知名烫印设备供应商的主要产品与世界领先水平的 BOBST 公司产品的技术参数对比。

表 4-2-1　国内外烫印设备技术参数对比

技术参数	烫印设备供应商							
	上海亚华		唐山玉印		天津长荣		BOBST	
机型	TYM1050Y	TYM920SL	TYM1020F	TYM800	MK1020SE	MK920YMI-II	SP102 BMA	SP76 BMA
烫印形式	平压平	平压平	平压平	平压平	平压平	平压平	平压平	平压平
最大纸张幅面 /mm×mm	1050×750	920×650	1020×720	800×620	1020×720	920×650	1020×720	760×600
最小纸张幅面 /mm×mm	450×370	310×210	400×360	400×360	400×350	360×320	400×350	300×260
最厚适用纸张 /mm	1.5	1.5	1.5	1.5	1.5	2.0	2.0	2.0
送箔驱动轴数	6 纵（可加至 9）	3 纵（可加至 6）+2 横	3 纵	3 纵 +2 横	3 纵	3 纵 +2 横	3 纵	3 纵
最大模切范围 /mm×mm	1040×730	920×640	1010×710	790×610	1020×705	910×630	1020×720	760×600
最大烫印范围 /mm×mm	1020×720	900×600	990×690	770×590	1010×680	900×600	1015×711	740×580
烫印精度 /mm	±0.09	±0.1	±0.1	±0.1	±0.075	±0.075	±0.05	±0.05
定位烫印精度 /mm	±0.3	±0.2	±0.2	±0.2	±0.2	±0.2	±0.2	±0.2
最高模切速度 /（s/h）	7500	5500	6500	7500	7500	6500	7500	7000
最高烫印速度 /（s/h）	5500	5000	5000	5000	6500	6500	6500	6000
定位烫印速度 /（s/h）	3500	5000	3500	3500	5000	5500	5500	4800
最大工作压力 /t	300	250	250	150	250	200	250	160
电热板分区数	12	10	—	8	8	8	16	12

一、烫印机的类型及特点

1．按烫印工作基本原理分类

（1）平压平烫印机

平压平烫印机的烫印方式为平面对平面，如图 4-2-2 所示。

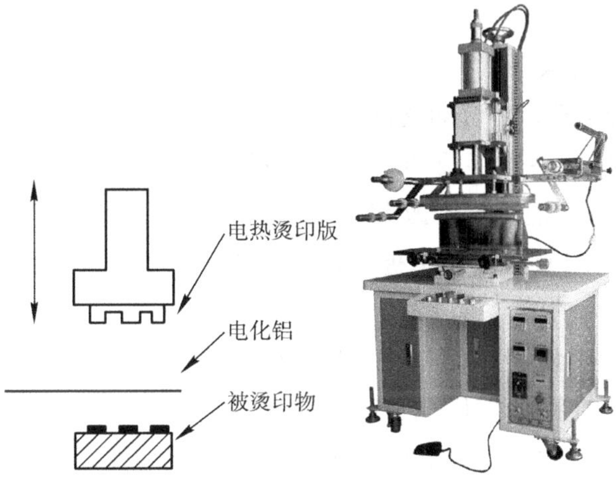

图 4-2-2　平压平烫印机

（2）圆压平烫印机

圆压平烫印机的烫印方式为烫印轮对平面，如图 4-2-3 所示。

（3）圆压圆烫印机

圆压圆烫印机的烫印方式为烫印辊对承压辊，如图 4-2-4 所示。

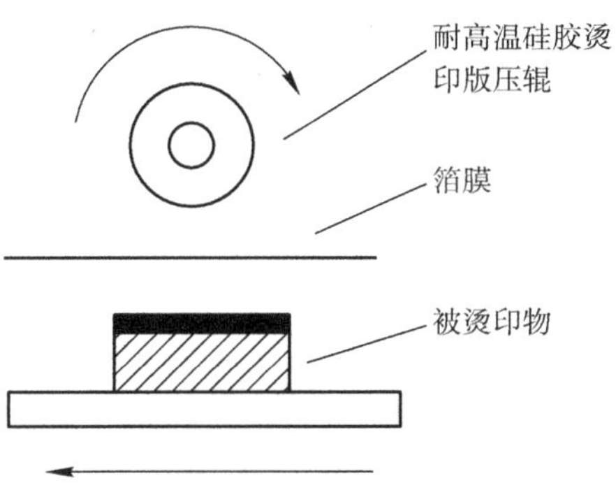

图 4-2-3　圆压平烫印机

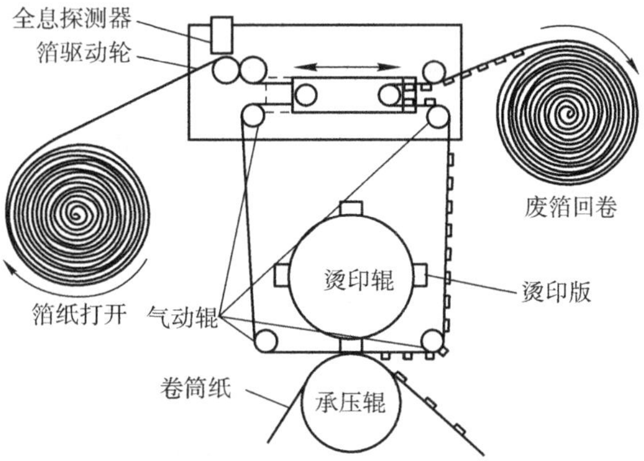

图 4-2-4　圆压圆烫印机

平压平烫印机是目前装机数量最多的机型。平压平烫印机的烫印幅面可以从信用卡大小到 1050mm 宽，定位烫印速度为 1000 ～ 6000 张 / 时。采用平压平烫印机进行大面积烫印或烫印表面光滑无孔的基材时，因烫印箔与基材之间的空气无法排除，阻止了烫印箔与基材的很好黏合，所以会产生无法烫印或出现气泡的现象。

圆压平烫印机属于大中型机器，大多由圆压平印刷机改装而来，其定位烫印速度为 1000 ～ 3000 张 / 时，一般使用小直径的箔卷，因此很少用于高速大批量生产。但因其在烫印时烫印箔与基材之间是线性接触，因此可以用于烫印无孔材料，如聚酯材料或上过光油的平滑表面，也可以从事大面积烫印等平压平烫印机很难完成的烫印加工。

圆压圆烫印机代表着高速烫印机的最新发展方向，圆压圆烫印机可以很好地满足烫印速率的要求。

2．按自动化程度分类

烫印机又可分为手动、半自动及自动三种。

手动式（手输纸）平压平烫印机的机身结构与平压式凸印机的结构大同小异，区别是去除了墨斗、墨辊装置，改装了电化铝箔上下卷辊。手输纸平压平烫印机的特点是操作方便，烫印质量容易掌握，机器体积小，但机速受到一定限制，每小时为1000 ～ 1200张。

自动圆压平烫印机机身结构与一回转凸印机类似，不同的是去除了墨斗、墨辊装置，改装了电化铝箔前后收卷辊。由于烫印机与烫印部位为线接触，其压力大于平面接触的烫印方式。同时，它的往复旋转速度大于平压平的往复直线运动，一般时速可达1500 ～ 2000张。

自动圆压圆式烫印机，其烫印方式为“线接触”的连续旋转运动。

手动及半自动机多用于短版及交货期短、数量不太大的产品；精细高档且批量大的产品，可采用高精度的卧式平压平自动烫印机；立式自动烫印（模切）两用机可用于量大、调版较频繁的产品；圆压平自动烫印机精度较好，但由于压力不是太大，因此，选用时要注意印品的要求。

二、烫印机的基本结构

以目前国内大多数印刷厂所采用的立式平压平烫印机为例，烫印机主要由下述几部分组成。

1．机身机架

机身机架包括机身及输纸台、收纸台等。

2．烫印装置

烫印装置包括电热板、烫印版、压印版和底板。电热板固定在印版平台上，电热板内装有功率为600 ～ 2500W的迂回式电热丝；底板是厚度约为7mm的铝板，用来粘贴烫印版；烫印版是腐蚀铜板或锌板，特点是传热性好，不易变形，耐压、耐磨；压印版通常为铝板或铁板。

3．电化铝传送装置

电化铝传送装置是由放卷轴、送卷辊和助送辊、电化铝收卷辊及进给机构组成的。电化铝被装在放卷轴上，烫印后的电化铝在两根送卷辊之间通过，由凸轮、连杆、棘轮、棘爪所构成的送卷进给机构带动着送卷辊间歇转动，从而带动了电化铝的进给，进给的距离设定为所烫印图案的长度。烫印后的电化铝卷在收卷辊上。

三、烫印机的操作与调试

烫印机的种类很多，本节以天津有恒机械有限公司生产的MK920YMI型烫印机为例，讲述烫印机的操作和调试。

MK920YMI 型自动平压模切烫印机（见图 4-2-5 和图 4-2-6）是天津有恒机械有限公司经多年从事自动平压横切烫印机生产制造，在分析国内外各主要设备的优缺点和客户意见的基础上，开发的新一代具有纵向和横向两种烫印功能的自动平压模切烫印机。

图 4-2-5　MK920YMI 型自动平压模切烫印机

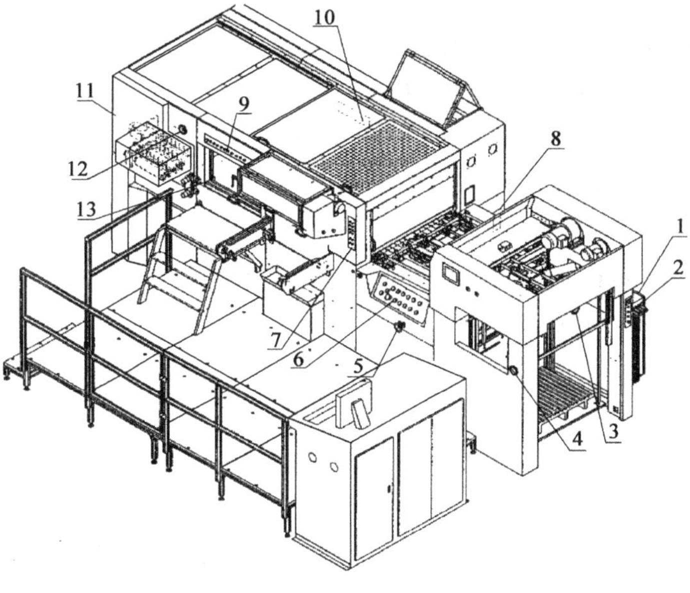

1—电气柜；2—飞达控制面板；3—飞达前后调节手轮；4—飞达高低调节手轮；5—纸张调节手轮；6—主控制面板；7—纵向断箔检测开关面板；8—盘车控制面板；9—烫金部操作边控制面板；10—传动面烫金控制面板；11—收纸控制面板；12—收纸毛刷压力调节手轮；13—剥离吹风调节阀

图 4-2-6　MK920YMI 型自动平压模切烫印机整机控制面板及操作位置

该机主要用于包装装潢工业中的纸盒、纸箱、商标的模切、压痕和冷压凸等，特别是各种高级精细的印刷品，如烟盒、酒盒、礼品盒、小家电盒、化妆品盒等，均可以在该机上进行凹凸压痕，以获得具有立体感、精致美观的印刷制品。

该机从给纸、模切、烫印到收纸，均实现自动化，具有自动检测、故障显示、不停机取样等功能，还具有模切压力大、套准精度高等优点。该机主传动系统安装有气动离合器，并具有制动装置，主链轮轴上装有扭力限制器（安全离合器），以及多处安全检测电眼和安全装置等，可以最大限度避免突发事件对操作者和设备所造成的伤害及损坏，保障人身和设备的安全。

MK920YMI 型自动平压模切烫印机具有如下主要技术参数。

最大用纸幅面：920mm×650mm。

最小用纸幅面：360mm×320mm。

最大模切幅面：910mm×630mm。

最大烫印幅面：900mm×600mm。

叼口空白：9 ～ 17mm。

板框内版尺寸：960mm×666mm。

纸张规格：90 ～ 2000g/m^2 卡纸；0.1 ～ 2mm 厚卡纸；4mm 厚以下瓦楞纸。

模切精度：≤ ±0.075mm（模切和普通烫）；≤ ±0.20mm（全息定位烫）。

最大工作压力：2MN。

最大工作速度：7500s/h（模切）、6500s/h（普通烫印）、5500s/h（全息烫印）。

最大给纸堆高：1240mm（含木托板）。

最大收纸堆高：1000mm（含木托板）。

最大铝箔直径：250mm（纵向）/200mm（横向）。

电加热系统：20 温区，40 ～ 180℃可调。

铝箔宽度：20 ～ 910mm。

整机尺寸：5600mm（长）×4500mm（宽，含脚踏板）×2200mm（高）。

机器总重：约 14000kg。

主电机功率：11kW。

满载功率：43.6kW。

气源要求：压力 0.6 ～ 0.7MPa，流量＞ 0.6m^3/min。

1．输纸部调节

输纸部主要由飞达（输纸器）和输纸台组成，如图 4-2-7 所示。其功能是利用连续送纸飞达自动将纸张从纸堆连续不断分离、平衡输送给牙排。

（1）输纸部操作顺序

输纸部的操作最为频繁。纸张的准备、调整是整个烫印生产的前提。对输纸部各操作件的调整，可按下述顺序操作。

① 将纸张中心与输纸部中线对齐，整齐堆积在主给纸台上。

② 将纸堆升起，直至碰触高度安全开关为止。

③ 将飞达（输纸器）移至适当位置。

④ 调整压脚、第一吸嘴（分纸吸嘴）及分纸毛刷、压纸片至适当位置。

⑤ 根据纸张的大小尺寸，初步调整侧规及毛刷轮等到适当位置。

⑥ 依照纸张的厚度，调整接纸轮压力及双张检测压轮间隙。

⑦ 启动机器空车低速运转，调节飞达到适当高度。

⑧ 点动送纸，使纸张前进到前规位置，依照纸张幅面的大小，精调输纸台上的压纸轮、压纸毛刷等的位置和压力。

⑨ 低速送纸，精调飞达各附件适当位置，精调输纸台面各附件。

（2）堆纸板高度设定

无论堆纸板的材质如何，它的总高度必须小于或等于标尺上所设定的厚度值的最大尺寸，最小堆纸板高度为 100mm。建议使用随机配送的堆纸板（高度为 145mm）或与其相同尺寸的堆纸板。

如图 4-2-8 所示，上滚轮 1 为控制堆纸板的上升上限。当上滚轮被主给纸托板碰到时，机器将发出电铃声报警，提示主给纸台上的纸张已经用完，同时给纸台立即停止上升。下滚轮 4 是使用副给纸台（不停机给纸）的预警动作滚轮。当下滚轮被主给纸托板碰到时，机器即发出蜂鸣报警，提示主给纸台上的纸张快要用完，建议启用副给纸台交替供纸。

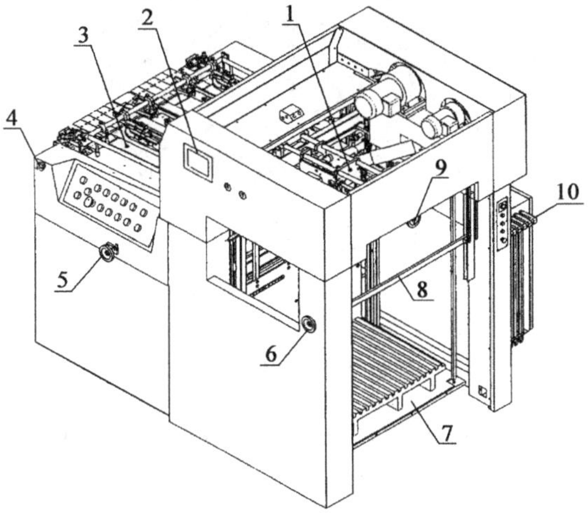

1—飞达；2—人机界面；3—输纸平台；4—侧规调节螺母；
5—纸张调节手轮；6—飞达高低调节手轮；7—主给纸台；
8—副给纸横杆；9—飞达前后调节手轮；10—插纸杆

图 4-2-7　输纸部主要部件

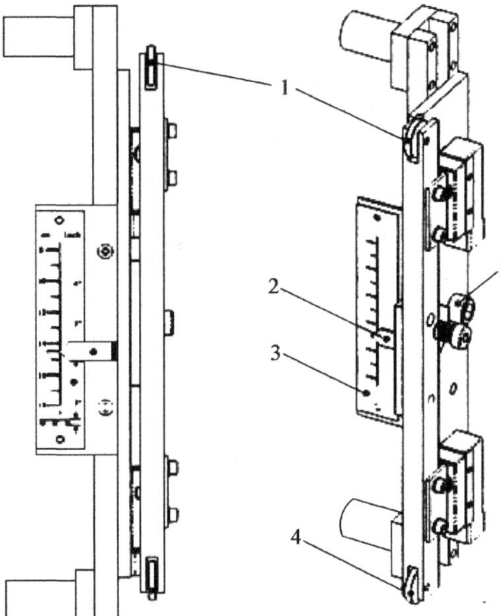

1—上滚轮；2—指针；3—刻度牌；4—下滚轮；
5—调节螺钉

图 4-2-8　堆纸高度调节

根据堆纸板的不同厚度，可通过松开调节螺钉 5 来调节指针 2 对准刻度牌 3 的刻度，以适应所用堆纸板的高度。调节完毕，锁紧螺钉。

调节完毕，用手动升摇把开关将放好堆纸的主给纸台手动升起。当堆纸板接近飞达压脚时，纸台应停止上升，但能保证最后一张纸被飞达送走。

注意：一定要根据堆纸板的高度调节上滚轮 1 的位置，如果调节不当，可能会使堆纸板撞到飞达。

（3）纸张的堆积

① 给飞达供纸的方法：如图 4-2-9 所示，根据纸张幅面设置预堆纸幅面，松开调节手柄 3，移动活动规矩 4，使刻度（纸张幅面）对准固定靠板 1，锁上调节手柄 3。

将堆纸板以可调定位旋转，开始堆纸，每次取纸约为 40mm 厚，按照已设定好的固定靠板 1 作基准堆积。

用液压手推车将堆好的纸堆推到机器的主给纸台上，左右方向（侧规方向）使机器的对中线与纸张中线对齐放置，或者与副纸台上的纸边对齐，如图 4-2-10 所示。

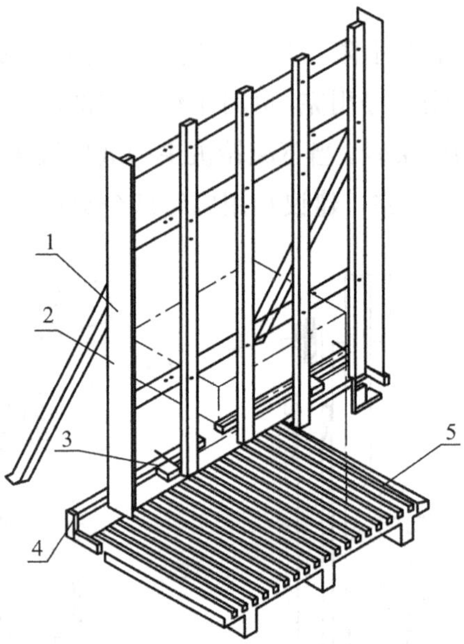

1—固定靠板；2—纸堆；3—调节手柄；

4—活动规矩；5—堆纸板

图 4-2-9　供纸位置调节

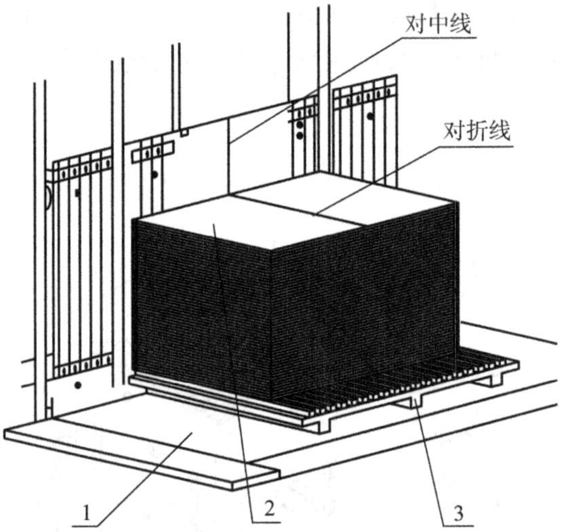

1—主给纸台；2—纸堆；3—堆纸板

图 4-2-10　堆纸示意图

纸张尺寸相差 5mm 以上的纸应分开堆纸烫印，纸堆不平整会直接影响机器的工作效率和产品的质量。

② 纸堆调整：由于烫印版或纸堆安放的误差，常常需要调整纸堆侧规方向的位置。纸堆左右移动装置可实现随时调整，按动左右移动按钮，即可实现纸堆侧规方向的调整。

主给纸台降至地面时，纸堆左右不可调节，主纸台纸堆位于中心。只有将纸堆升起大于 50mm 后，方可调节左右。纸台的左右移动为 ±20mm。

由于纸张湿度的变化，纸张常出现荷叶边现象。变形的纸张不利于机器的正常工作。为便于飞达送纸，常用垫纸斜块来调整纸张的平整度。

（4）不停机送纸系统

不停机送纸系统是指主给纸台和副给纸台能连续交替使用，在不停机的状态下将纸张不间断地输送给叼纸牙排。

① 操作步骤：机器在生产过程中，为了连续送纸，采用不停机送纸系统更换纸堆。

A．将副给纸横杆 8（见图 4-2-7）放于两个支撑架内。

B．使用给纸控制面板上的“副升降”开关，把副给纸系统降到最底端。

C．连续生产中，主给纸台上升到一定高度时，机器将报警提示操作者必须再送入新的纸堆。当纸堆底部超过副纸台横杆时，插入插纸杆。

D．操作副给纸横杆，使之可以接触到插纸杆，此时主副给纸台将一同自动上升。

E．操作主给纸台，使之降到最低位置。

F．取走给纸板，送入新的纸堆。

G. 使主给纸台上升到纸堆碰到纸杆，降低副给纸台，使新纸堆确实支撑起旧纸堆后，使用纸堆自动上升系统。

H．将插纸杆抽出放回原处，并将副给纸台降低到最低位置。

至此，机器送纸完成一个周期。若有需要，按照上述方法重复操作即可。

② 插纸杆的使用：插纸杆 10（见图 4-2-7）的使用数量，取决于纸张幅面的大小、重量和强度，排列的方法是尽可能保持纸堆的上平面平行，不影响飞达吸嘴的正常工作。

抽取插纸杆时，必须小心迅速地取出插纸杆，不要使纸堆上平面发生突然的变化。常用方法是先拔出中间两根（约 1/4 长度），再将其他的剩余插纸杆全部抽出。

（5）飞达（输纸器）

飞达的主要作用是采用吸气的方式从纸堆的上平面将纸张从纸堆中分离出来，并等间距地往前输送，保持与主机的烫印时间相匹配。

飞达各部件（见图 4-2-11 和图 4-2-12）需要按纸张的幅面和厚度来调整，恰当的调整会使送纸平稳。

图 4-2-11　纸张分离机构结构

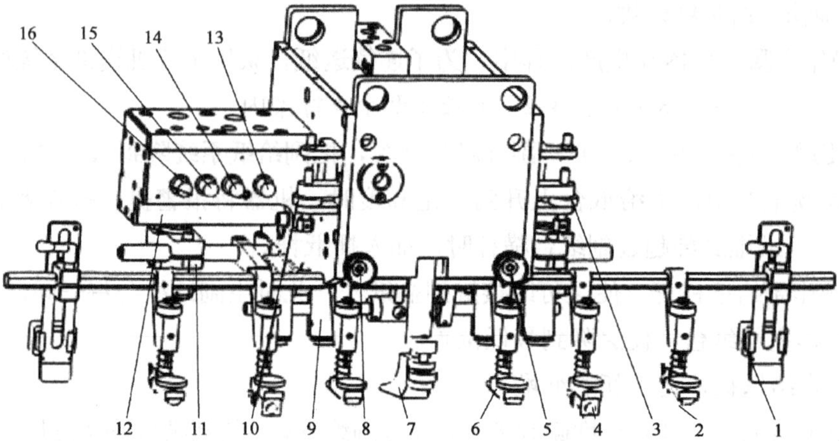

1—压纸块；2—毛刷组件；3—送纸吸嘴上下调节组件；4—辅助吹松气嘴组件；5—第一吸嘴前后倾斜旋钮；6—压纸钢片组件；7—压脚及吹气嘴组件；8—送纸吸嘴左右倾斜旋钮；9—分纸吸嘴；10—送纸吸嘴上下调节组件；11—送纸吸嘴；12—分气阀；13—送纸吸嘴气量控制旋钮；14—分纸吸嘴气量控制旋钮；15—压脚及送纸吹嘴气量控制旋钮；16—吹气嘴气量控制旋钮

图 4-2-12　纸张分离机构调节

① 飞达（输纸器）位置的调整

A．点动机器，将飞达停在飞达压脚处于最低位置。

B．向下扳动开合螺母手柄 2（见图 4-2-13），将飞达拖至大于预定纸张幅面位置后，向上扳动手柄（合上开合螺母）。将堆好的纸堆上升至纸堆预定位，注意纸堆不要顶上飞达。旋转飞达前后调节手轮 1，使飞达压纸脚压至最低时压纸脚压住纸边约 15mm，锁紧手轮。

C．旋转飞达高低调节手轮，粗调飞达高度，使飞达压纸脚刚好接触纸堆。

D．低速运转机器（飞达运转），将纸台设置为自动升，在运转状态下精调飞达，保证纸堆低于前挡纸板 5 ～ 10mm。

E．调整飞达附件（毛刷、压纸片等）至合适的位置。

② 飞达部件功能与调节

飞达部件的分布以相对机器中线对称放置，如图 4-2-14 所示。

A．压纸块组件。防止纸张移动，安置于纸张后缘两侧，其挡板靠住纸张拖梢或距纸边约 1mm。当压纸脚没压到纸堆时，可防止纸张向后移动，与疏松吹气嘴配合，使纸堆上层纸张形成空气垫，利于分纸。放置压纸块时，要保证其能上下顺利滑动。适用于一般纸张或厚纸板，瓦楞纸可移开不用。

B．分纸毛刷组件（见图 4-2-15）。帮助第一张纸从纸堆分离，其毛刷前端稍稍压住纸堆的后端。

C．辅助疏松吹嘴。将纸堆上层的纸张吹松，使上层的纸张之间产生空气垫，有利于纸张的分离。吹气嘴距离纸边缘约为 10mm，如图 4-2-16 所示，将上层 10 余张纸吹松即可。辅助吹气量大小可由吹气嘴气量控制旋钮 16（见图 4-2-12）来调节。

1—调节手轮；2—手柄

图 4-2-13　纸张分离头的前后调整

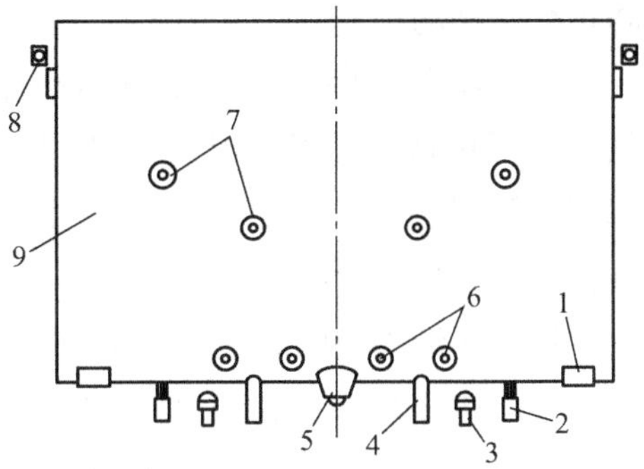

1—压纸块；2—分纸毛刷；3—辅助疏松吹嘴；
4—分纸钢片；5—压脚；6—分纸吸嘴；
7—送纸吸嘴；8—侧挡板；9—纸张

图 4-2-14　飞达部件分布

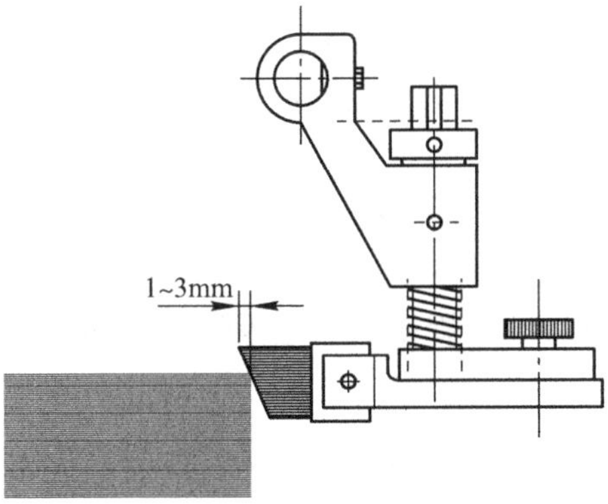

图 4-2-15　分纸毛刷组件

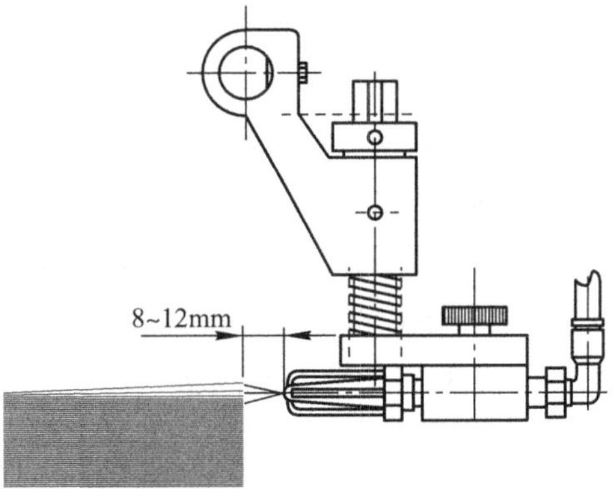

图 4-2-16　辅助疏松吹嘴组件

D. 分纸钢片组件（见图 4-2-17）。分纸钢片帮助纸张分离，防止双张出现。分纸钢片轻轻压住纸张拖梢 3 ～ 6mm 即可，以纸张被分纸吸嘴顺利吸起为宜。薄钢片适合薄纸，厚钢片适合卡纸。

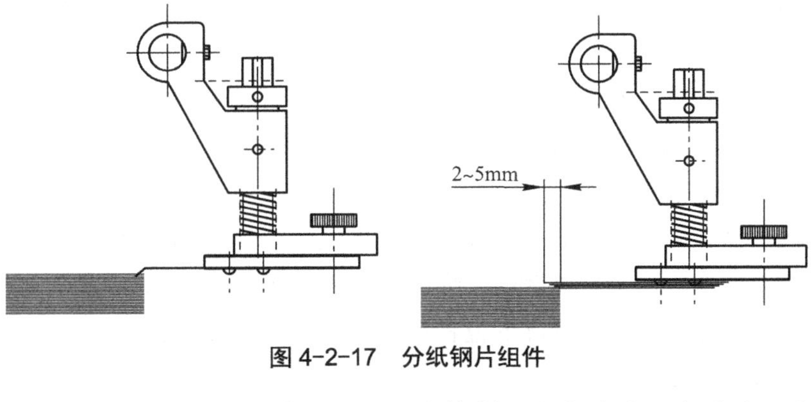

图 4-2-17　分纸钢片组件

E. 压纸脚。纸台在自动升状态时，压纸脚控制纸台自动升。分纸时，通过吹气在纸张下面形成空气气垫，将第一张纸与纸堆分离，有利于送纸；送纸时，压纸脚压住纸张，防止纸张移动。

由于纸张不断送出，纸堆的高度越来越低，当纸堆低到压纸脚快压不着纸时，压纸脚就会触动自动升起开关，使纸堆再度上升到位，如此周而复始地动作。

调节压纸脚上的高度调节螺母 1（见图 4-2-18），使分纸吸嘴距纸堆 2 ～ 4mm。由于纸张存在变形等情况，为适应纸边，可适当调整纸堆挡纸板的高度，也可适当调节该螺母。

压纸脚吹气量大小由压脚及送纸吹嘴气量控制旋钮 15（见图 4-2-12）控制。气压大小可由真空泵气压调节阀来调节，气压表放置在操作边输纸外罩上。

1—调节螺母；2—压纸脚

图 4-2-18　压纸脚调节

F．分纸吸嘴。分纸吸嘴是将纸张分离出纸堆并交接给送纸吸嘴。通常，当分纸吸嘴至最低时，分纸吸嘴与纸堆要有 2 ～ 4mm 间距，这样有利于纸张分离，而不容易出现双张现象。

当纸堆表面呈倾斜或波浪状时，调整吸嘴前后倾角旋钮，保证吸嘴与纸面平行。逆时针转，吸嘴向走纸方向倾斜。

分纸吸嘴和送纸吸嘴有两种不同形式的橡胶吸盘。平面式吸盘适合一般的纸板和较厚的纸板；曲面式吸盘适用于薄纸。分纸吸嘴的真空吸力可由气量控制旋钮和真空气泵气压调节阀来调节。

G．送纸吸嘴。送纸吸嘴的主要作用是从分纸吸嘴接过纸张，平稳地送至接纸轮。接纸轮压住纸张时，送纸吸嘴立即松开纸张。动作时间应配合恰当，否则会往回带纸，引起送纸不稳。

送纸吸嘴的位置可根据纸张幅面进行调整，将最外边的两个吸嘴座的夹紧螺丝旋松即可调整位置。

送纸吸嘴的真空吸力可由送纸吸嘴气量控制旋钮 13（见图 4-2-12）和气泵气压调节阀来调节。外侧送纸吸嘴的高度位置可通过调节螺母实现。送纸时，若纸张出现歪张，可通过调节歪张调节螺母校正，逆时针转，纸张向左。

H．侧吹气嘴。侧吹气嘴的主要作用是辅助纸张分离及侧挡纸。依照纸张大小调整侧吹气嘴位置，纸张堆齐后，将侧吹气嘴挡板推至距纸边 3 ～ 5mm 位置锁紧。气量可由其上气量调节阀调节。侧吹气嘴高低位置可调，上下活动顺畅即可。

（6）输纸平台及部件

① 输纸部件。输纸平台以鱼鳞式的方式连续不断地输送飞达送出的纸张。台面上的部件应根据纸张的不同进行调整，如图 4-2-19 所示。

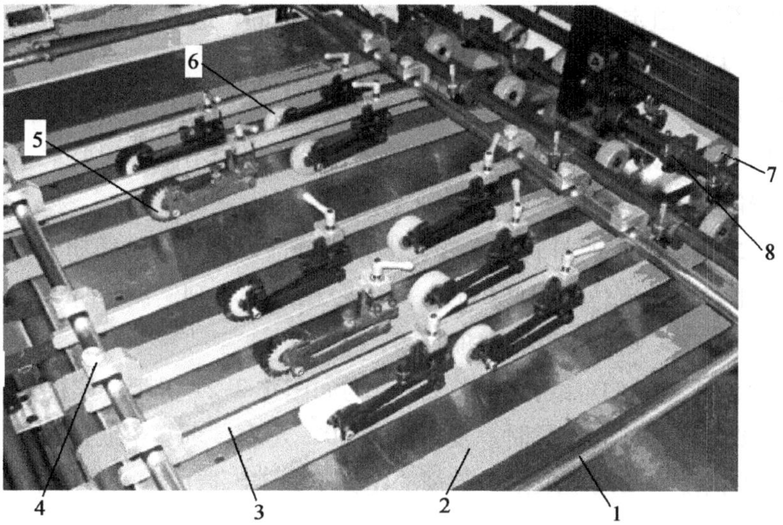

1—输纸框；2—送纸皮带；3—支撑杆；4—紧固螺钉；5—压纸毛轮；6—压纸轮；7—接纸轮；8—调节螺钉

图 4-2-19　输纸部件结构

A．送纸皮带。送纸皮带是纸张前进的动力。为了保证送纸稳定，送纸皮带的线速度要一致。

B．支撑杆。支撑压纸轮、压纸毛轮等部件。由紧固螺钉 4 固定在输纸框 1 上。根据纸张幅面调整放置位置，以便压纸轮压在送纸皮带 2 上。

C．接纸轮。接纸轮依据纸张幅面决定其摆放位置。通常，将接纸轮 7 压在纸张 2/3 幅面的间距位置，可松开螺钉 8 来调整。

为了保证纸张输送时纸张能对齐，每个接纸轮压纸的压力要一致。通过调节并锁紧螺钉 8 实现压力一致。注意：机器在运转中，严禁将手放在接纸轮与接纸滚筒之间。调整接纸轮必须在停车状态下操作，以免造成危险。

D．压纸毛轮。压纸毛轮放于第一张纸拖梢，纸张在前规定位时，压纸毛轮借助送纸皮带的动力，刷动或压住纸张拖梢，使纸张靠牢前规防止纸张回弹。

放置压纸毛轮时，应将毛轮的切线刚好接触纸张拖梢，毛轮又有向前转动的动力。压纸毛轮的压纸力要适宜，以保证将纸张刷到位又不使纸张凸起为宜。

压纸毛轮有两种，软毛轮适用于薄纸，硬毛轮适用于卡纸和瓦楞纸。

E．压纸轮。压纸轮均匀对称地压在纸张上面，每个压纸轮的压纸力均可调节，良好的压纸力可使送纸稳定。其中两个压纸轮压在距第一张纸（到前规定位状态）尾纸 1mm 的位置（不压住第一张纸），保证纸张能稳定送到前规定位。

输纸平台上的所有运动部件均应放置在送纸带上。压纸轮、压纸毛轮及压纸传送带的压纸力，均可通过调节螺钉来调节。

F．导纸片。固定在输纸框前端，用于为纸张导向。导纸片有长有短、有厚有薄，适用于不同纸张。

G. 压纸导杆。固定于输纸框上，与走纸方向相同，起导纸作用。压纸导杆适用于平整的纸张，导杆高低可调。

② 送纸皮带调整。由于纸张的不同，在输纸过程中可能出现纸张打滑的程度不同，纸张到达前规的时间就会不同。为了适应纸张到达前规的不同时间要求，可通过调节送纸皮带调时手轮实现。

如图 4-2-20 所示，顺时针转动手轮，纸张晚到前规；逆时针转动手轮，纸张早到前规。通常，纸张在前规定位的时间越长，对纸张稳定越有利。调节时应注意：过早，纸张会撞到侧规；过晚，则纸张没有定位时间。

③ 纸张到位减速机构。纸张到位减速机构如图 4-2-21 所示。该机构采用齿轮连杆机构，能实现纸张快到前规定位时，皮带降速 40% 左右，可避免纸张在高速传输中因速度太快和纸张的挺度不足而使纸张在前规的定位不稳定，造成定位精度不达标问题。

图 4-2-20 纸张调时手轮

图 4-2-21 纸张到位减速机构

2. 双张检测器的调节

双张检测器主要由一对压轮、一个控制轮、一个微动开关及一个调节螺母组成。当出现双张或多张时，位于中间的一个压轮抬起转动，并碰到上面的控制滚轮，两轮因摩擦转动而拨动微动开关，使之发出信号，机器停止，实现自动检测双张、多张。

（1）双张检测器的工作原理

MK920YMI 型烫印机双张检测器是根据单张纸和双张纸厚度的不同来进行检测的，其工作原理如图 4-2-22 所示。当凸轮 5 由低面向高面转动时，经滚子 16、摆杆 9、滑座 13、调节螺钉 14 使摆杆 2 顺时针摆动，检测轮 3 上抬让纸；当凸轮 5 高面向低面转动时，在拉簧 4 的作用下，摆杆 9 左摆，摆杆 2 失去调节螺钉 14 的作用下摆，使检测轮 3 对纸张的厚度进行检测。

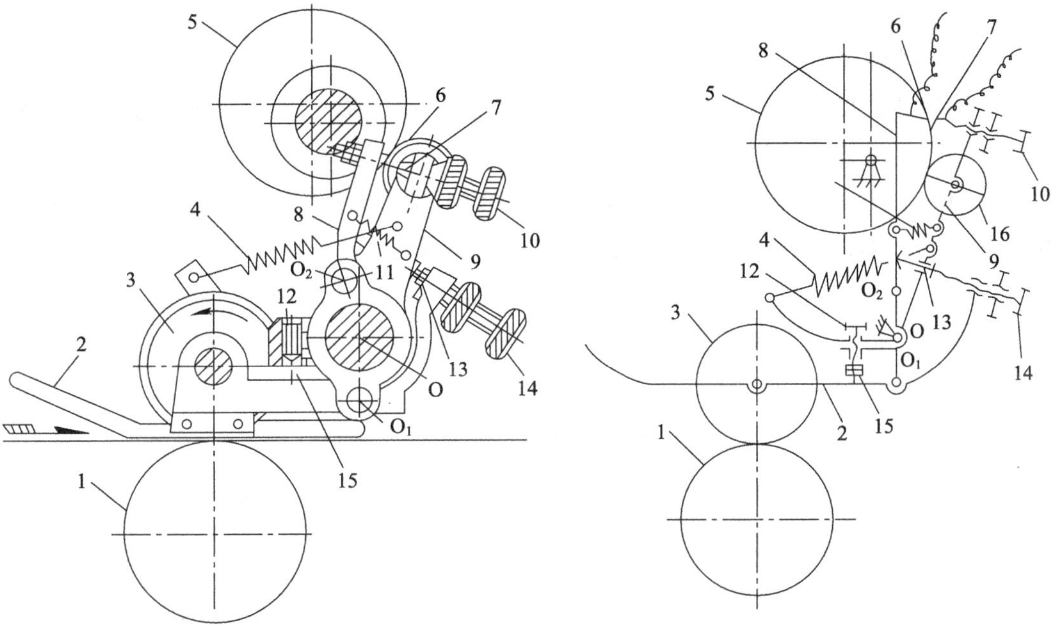

1—送纸轴；2—摆杆；3—检测轮（压纸轮）；4、11—拉簧；5—凸轮；6、7—触头；8、9—摆杆；
10—调节螺钉（触点间隙大小）；12—调节螺钉（调节压纸轮与送纸轴压力大小）；
13—滑座；14—调节螺钉；15—压簧；16—滚子

图 4-2-22 MK920YMI 型烫印机双张检测器的工作原理

（2）双张检测器的调节

双张检测器的调节方法如图 4-2-23 所示。调节时，先依据输纸步距和纸张纵向长度进行计算、判断，然后进行调节。例如，常说的“三过四不过”，即为允许 3 张纸通过，4 张及 4 张纸以上就必须检测出双张或多张故障。通过旋动调节螺母改变滚轮之间间隙，使上下两个压轮之间刚好能够通过 3 张纸，而改为 4 张纸时就会带动微动开关。

图 4-2-23 MK920YMI 型烫印机双张检测器的调节

3．纸张定位机构的调节

（1）前挡规（前规）

前挡规是纸张定位的重要部件，纸张在被牙排叼走前，前挡规确保每张纸的叼口边都处于相同的位置（误差范围内）。在走纸方向，前规可调整范围为8mm，允许纸张叼口空白为9～17mm，标准叼口为13mm。MK920YMI型烫印机配备4个分别可调的前挡规，并装有四组光电检测电眼，检测纸张到达前挡规的状态。

如图4-2-24所示，4个前挡规固定在前规摇板5上，跟随摇板摆动。当纸张接触前挡规时，摇板抬起位于最高位置，同时牙排叼口张开。当牙排叼口咬住纸张后，摇板向下摆让纸张通过。

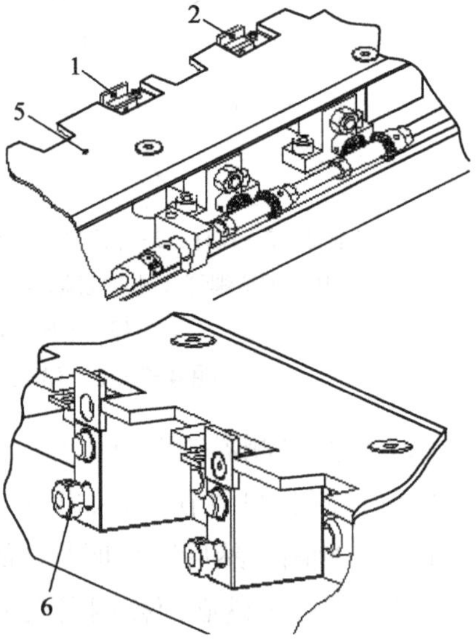

1、2、3、4—前规；5—前规摇板；6—调节螺母

图4-2-24　前规调节机构

前挡规共4个，从操作侧至传动侧依次排列。前挡规1～2（操作侧）和前挡规3～4（传动侧）可由调节手轮分别进行调节。4个前挡规可适应不同幅面大小的纸张，通常只需使用其中两个前挡规即可，生产时根据纸张幅面选择使用。

调节前规调节手轮可精调前规位置。旋转手轮1（见图4-2-25），可同时调节前挡规1～2（操作侧前规）（见图4-2-24）；旋转手轮2（见图4-2-25），可同时调节前挡规3～4（传动侧前规）（见图4-2-24）。手轮逆时针旋转，叼口空白减小，反之增大，如图4-2-25所示。前规电眼很容易被灰尘弄脏，应经常清洁电眼。

（2）侧规

侧规是纸张定位的重要部件。纸张在被牙排叼口叼走前，侧规确保每张纸的侧边都处于相同的位置（误差范围内）。侧规的调节直接影响纸张侧边的定位精度，可根据纸张的厚薄、挺度等情况，调节侧规各个调节部位。

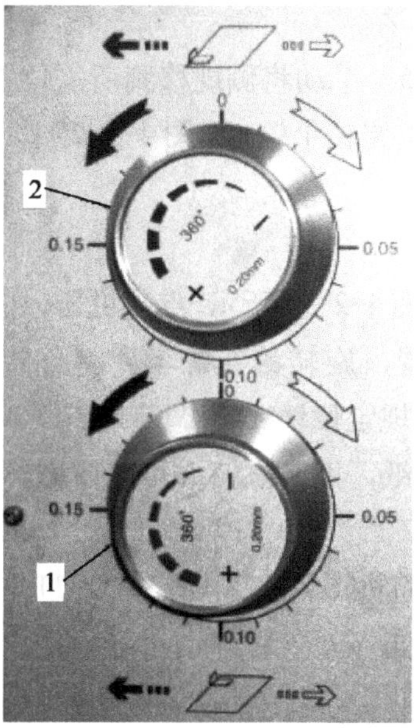

1—操作侧前规调节手轮；2—传动侧前规调节手轮

图 4-2-25 烫印机前规调节手轮

烫印机的操作侧与传动侧分别配备有推规和拉规两用侧规。该侧规可方便地实现拉规和推规的随时转换。拉规适用于薄纸和卡纸，并分别配备有薄纸和卡纸用的压纸弹簧；推规适用于厚卡纸和瓦楞纸。

① 侧规工作原理（见图 4-2-26）

A．拉规。当纸张到前规定位时，压纸轮 9 压住纸张拉至侧规定位块 11 端面实现对纸张的定位，拉规有光电检测电眼，检测纸张的侧面是否到位。

B．推规。当纸张到前规定位时，侧定位块 11 将纸张推出实现对纸张的定位。

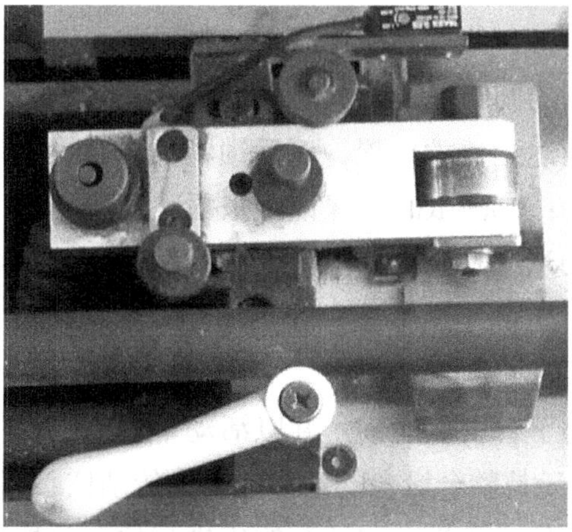

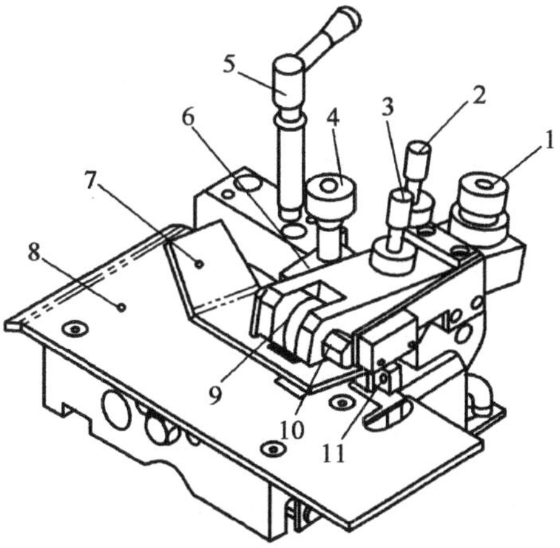

1、2、3—调节螺钉；4—滚花螺丝；5—调节手柄；6—推规的推块；7—压纸板；
8—侧规板；9—压纸轮；10—偏心轴；11—侧规定位块

图 4-2-26 侧规工作原理

② 侧规位置调整

A．粗调。放松可调手柄 5，手动将侧规移到所需位置。

B．细调。锁紧可调手柄 5，旋转手轮（见图 4-2-27）实现侧规的微量调节。

图 4-2-27　侧规调节手轮

③ 拉规与推规的转换

A．由拉规转换为推规 如图 4-2-26 所示，点动机器，将侧规停在压纸轮 9 压纸位置，旋转滚花螺丝 4 将移动块调起，使其完全脱离开侧规定位块 11，调节螺钉 3 将压纸轮 9 调起，使其压不着纸，调节螺钉 2 可以使机器运转压纸轮 9 不动。

B．由推规转换为拉规：将机器停在侧规定位块 11 推纸推到最远的位置，旋转滚花螺丝 4 将移动块降下并完全顶住侧规定位块 11。

C．压纸轮位置调整：压纸轮 9 由一个轴承固定于偏心轴 10 上，调节偏心轴 10 可调整压纸轮 9 与纸张的位置。调节螺钉 3，可实现压纸轮 9 的高低位置和压纸时间长短的变化；调节螺钉 2，可实现机器运转时压纸轮 9 不动。

调节偏心轴时，可调节压纸板 7 与侧规板 8 的间距，通常 2 ～ 3 倍的纸张厚度即可。

D．压纸轮拉纸力调整：压纸力的大小应满足纸张稳定移动且纸张上不留任何痕迹。调节螺钉 1，可实现拉纸力大小的变化；拧开调节螺钉 1 更换其中压缩弹簧，可实现拉纸力大小的变化。

E．侧规定块：侧规定块 11 由两个零件组成，定位面可调，可适应纸边不呈 90° 情况。

所有调节螺钉调节完毕，应将其上的螺母锁紧，以免松动。

（3）压纸板

压纸板的作用是使纸张顺利导入牙排叼口，并适当压住纸张使其平整。压纸板的运动由凸轮带动。进纸处上压纸板与前规摇板的间距可以由偏心轴调节，先将机器停于牙排开牙位置，松开螺母，调节偏心轴使间距达到要求位置，而后锁紧螺母。烫印时，不同纸张对间距的要求不同，通常设定间距为：①薄纸时，保证纸张平整不起凸，纸张顺利到达前挡规的情况下，间距调至最小；②卡纸时，保证两张纸顺利通过即可；③瓦楞纸时，一张纸能顺利通过。

4．主机（烫印）部的调节与操作

主机（烫印）部是通过牙排间歇和活动平台上下运动，并以活动平台与固定平台的短暂接触，实现纸张压凸或烫印功能。该单元是整台设备的动力与机构传动核心部分。

纸张由输送带送到主机部时，第一次定位（牙排前定位）的牙排叼住在前挡规定位的纸张，移至第二次定位（牙排后定位）机构进行二次定位，并将纸张停于活动平台上，活动平台向上运动接触固定平台，完成烫印材料的烫印动作后复位，牙排将纸张再次传送至下一单元定位。

（1）主机部操作顺序

① 打开机器，将烫印压力降到压力原点；②打开烫印计算机控制柜，使主机电加热系统按设定工作温度加热（如果只做模切活件，则不用加热，只需将烫印计算机控制柜电源打开即可）；③将机器停在活动平台最低点；④利用翻版架将烫印版固定于蜂窝板上，将准备好的蜂窝板推入主机并锁紧；⑤利用翻版架，准备烫印版配套的烫印下垫板，将准备好的横切下垫板推入主机并锁紧；⑥在点动状态下，通过逐步设定烫印压力调节机构的压力数值，粗调烫印压力，使机器得到初步的工作压力；⑦在翻版架上，用补压纸反复调整烫印压力区域的压力，使印品各点压力均衡达到要求；⑧根据印品的幅面，调整前规、侧规及烫印版等位置，使横切刀线或烫印位置达到要求位置。

主机部的准备工作顺序是相对的，常常需要反复操作或与其他单元的工作交错进行。

（2）间歇传动机构

间歇传动机构（见图 4-2-28）是指实现叼纸牙排动停交替的间歇运动机构。实现这一动作的核心部件是分割器 1，它是一个独立的单元。连续转动曲轴传出动力，通过同步带 2 传至分割器输入轴，分割器输出轴实现间歇运动，分割器通过扭力限制器带动牙排传动链轮，实现叼纸牙排的间歇运动。

1—分割器；2—同步带；3—张紧轮；4—螺钉；5—动力轮

图 4-2-28　间歇传动机构

顺时针旋转张紧轮支撑轴，可调节同步带的张紧力。每半年需要检查同步带的张紧力。

（3）烫印压力调节机构

烫印压力调节机构（或称调压机构）如图 4-2-29 所示，可实现机器工作时烫印压力大小的调整。其工作原理：电机通过蜗轮减速机 1 驱动链轮实现滚珠丝杠的直线运动，滚珠丝杆 2 带动主机内部传动机构实现活动平台的垂直位移，从而实现烫印压力的变化。链轮逆时针活动，压力增大。滚珠丝杆水平移动 2.5mm，活动平台垂直移动约 0.1mm。调节范围由限位开关和近接开关双重控制，最大压力换算成重量不能超过 200 吨，机器配备有压力过载保护装置。

当活动平台位于压力区域时，禁止升降压，不正确的调整可能会造成机器损坏。

1—蜗轮减速机；2—滚珠丝杆

图 4-2-29　烫印压力调节机构

（4）活动平台

活动平台是实现模切或烫印过程的重要部件。机器运转时，活动平台在垂直方向做上下往复运动。活动平台在最高点的一段范围为压力区域，在该区间停车并调整压力是比较危险的，机器闷车就易发生在该区间。活动平台向下运动的一小段区间是操作机器的常用区间，但机器停在活动平台最低点时，易损坏模切版框。

（5）翻版架

翻版架固定于主机上，调整工作时可用来放置模切版框、蜂窝板及模切下垫板的辅助部件。

① 蜂窝板版框在翻版架上的使用

A. 烫印版框的拖出：如图 4-2-30 所示，将机器停在活动平台最低点，打开安全门，松开版框锁紧扳手 1（逆时针旋转），将锁紧块 2 松开、转动，抓住版框把手 3，将板框拖出至版框两侧上的缺口对准插销，将插销完全插入缺口。拖动版框时，不要用力过猛，版框拖出后，一定要将插销插入版框（蜂窝板）上的缺口，以免滑落造成危险。

1—版框锁紧扳手；2—锁紧块；3—版框把手；4—定位块

图 4-2-30 锁版机构

B. 烫印版框的翻转：如图 4-2-31 所示，蜂窝板和版框非常重，搬运时需要起重工具，如果手工搬运，需要两人以上。将版框扶好后，将插销拔出版框缺口，并取出推销，垂直搬动版框，拿走烫印版框背面的垫板。将插销 2 完全插入版框缺口，将两侧的下垫板支撑滚轮架 1 收回，拉动推销 3，向下翻转版框使版翻转 180°，确认推销 4 已将版框卡住。翻转时应注意安全，速度不要太快，以免造成危险。

1—支撑滚轮架；2—插销；3、4—推销

图 4-2-31 翻版架结构

C. 版框的推入：版框的推入是在版框处于其操作把手正对着操作者的情况下操作。将垫板插入烫印版框背面，如图 4-2-30 所示，将插销从烫印版框缺口中拔出，利用版框把手 3 将版框推入主机，使版框定位块 4 完全插入定位槽中。顺时针旋转版框锁紧扳手 1，将锁紧块 2 压住定位块 4 锁紧，关上安全门。

② 第一烫印线。第一烫印线指最靠近叼口的烫印版靠近叼口的侧边。如图 4-2-32

所示，一般情况下，烫印版2靠着尼龙导向条安装在蜂窝板上，则烫印版边距蜂窝板边最少为58mm，因此第一烫印线到前线边的距离范围为17～26mm。当进行横向走箔烫印时，特殊产品为节省纸张，第一刀线需要与第一烫印线重合。这种情况可将尼龙导向条拆除，此时烫印版边距蜂窝板边最小为50mm。一定要保证以上要求尺寸，烫印版太靠前安装，可能会压住牙排叼口而造成危险。

1—蜂窝板；2—烫印版；3—定位块

图4-2-32　烫印版结构

③ 下垫板。烫印下垫板组件是由23.5mm厚的合成纤维板、3mm厚的钢板和1.2mm厚的模切钢板组合而成。该钢板可两面使用，增加其使用寿命。做烫印产品时，建议不要使用1.2mm厚的模切钢板，因为压凹凸、烫印压力过大和加热温度过高，易使1.2mm厚的钢板变形而造成机器损坏。

4mm的钢板主要适用于烫印，可将1.2mm和3mm的钢板换成4mm的钢板使用。做压凹凸产品时，由于底模较厚，因此可去除1.2mm钢板只使用3mm钢板。

④ 叼纸牙排。烫印机有7根牙排，由牙排传动链条带动，形成封闭的循环。牙排以动停交替的运动方式运转，牙排停时进行定位叼纸，运动时将纸张移至下一工位。如图4-2-33所示，定位块1为侧定位面，连接块3为前定位面，每根牙排要保证连接块3能与定位块1相对滑动。调整调节螺钉2，可调节每根牙排的精度。

排布纸张时，应尽可能使叼纸牙叼住纸张的两侧边，这样，纸张在运动过程中比较稳定，烫印后纸张不容易散纸。有时由于纸张幅面原因，纸张按牙排对中放置会使纸张两侧边较长距离无法被叼住，此时可把纸张偏置。

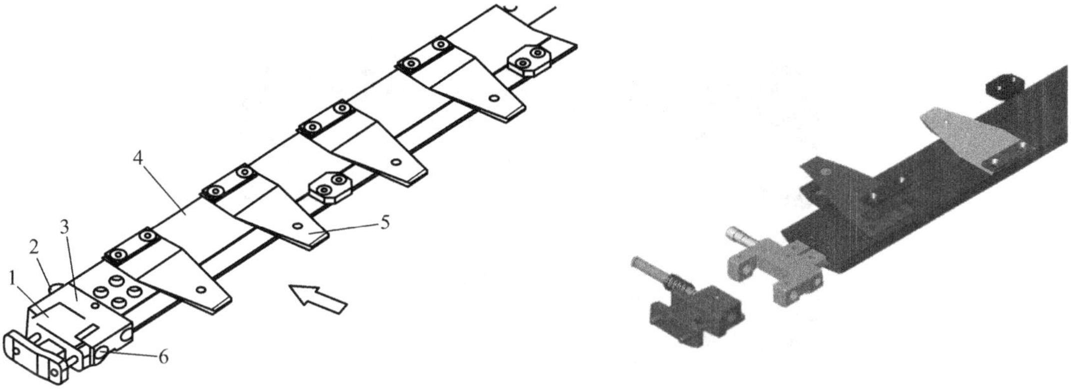

1—定位块；2—调节螺钉；3—连接块；4—牙排体；5—叼纸牙排；6—导柱

图 4-2-33　牙排结构

⑤ 补压。由于各个零件的制造误差，不可能只通过压力调节机构整体调节而实现每个烫印块的压力都达到要求。因此，在粗调压力使 80% 的烫印块能正常烫印后，还需利用补压纸仔细地对部分区域进行精细补压。

A．补压垫板纸的制作。取一张幅面与烫印版相同、厚度为 0.1 ～ 0.15mm 的纸作为补压垫板纸，先用胶带将其平整地固定在烫印版框背面，再在其上平铺一张复写纸，然后盖上铝垫板。

将版框推入机器后，逐渐调整压力，使纸张上 80% 的烫印块能正常烫印。拖出版框，掀开铝垫板，取出复写纸，即可看到补压垫板纸上已印有烫印块的痕迹。

B．补压。根据烫印后纸张痕线的情况，在补压垫板纸上的对应位置粘贴补压纸（厚度为 0.03 ～ 0.08mm）。补压过程需要反复多次，才能达到满意的效果。如果有局部较连续的区域的压力未达到要求，可剪一张相似大小的补压纸粘贴于该区域。

为提高工作效率和烫印版的使用寿命，建议选用专用补压纸。

5．烫印系统的操作与调节

烫印系统是实现铝箔（电化铝）热烫印的装置，包括电加热系统和铝箔控制系统两部分。MK920YMI 型自动模烫机具有纵向（与走纸方向平行）走箔（见图 4-2-34）和横向（与走纸方向垂直）走箔（见图 4-2-35）两种走箔方式。横向走箔方式能够有效地节省铝箔。

（1）电加热系统

加热板安装于固定平台上，通过控制烫印电脑控制柜上的温控器，可实现其温度的控制。加热板的温度通过蜂窝板导热至烫印版，温度调节为 40 ～ 180℃。

（2）烫印版

烫印版由锌、黄铜、钢、铜或表面镀镍青铜制成，非金属材料不适合制作烫印版。表面镀铬可以提高烫印版的使用寿命。烫印版图案面（与铝箔接触面）必须平滑，否则其表面上的划痕都会转印到印品上。烫印版四周必须按图制作，以便其牢靠地固定。

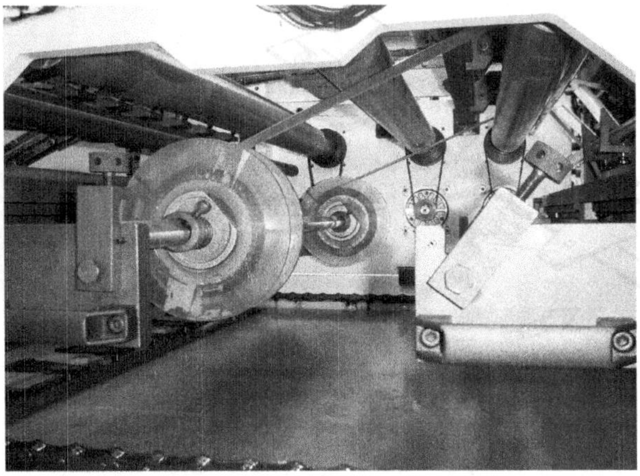

图 4-2-34　MK920YMI 型自动模烫机纵向走箔装置

图 4-2-35　MK920YMI 型自动模烫机横向走箔装置

烫印版上的浮雕图案应尽可能避免凹凸落差过大，否则会给图案细节的转印带来难度。根据机器的结构，要求烫印的厚度为 7mm 或 6.5mm。烫印版的空白（非图案）区域要去除，控制其与图案面落差为 1 ～ 1.5mm。图案轮廓线太尖锐，很容易割断铝箔，可用水砂纸打磨。

（3）底模

① 准备底模。如图 4-2-36 所示，底模 2 是用环氧树脂或相似的合成材料制成。此外，补压还需要薄纸（补压纸）和复写纸。为了补压，需要将底模方便地掀起和固定，以便在底模下面垫补压纸 3，可以用耐热胶带 1 将底模粘住。补压纸固定于底模下面。复写纸是为了制作补压纸模用，补压纸模可方便确定补压位置。

② 制作补压纸模。根据烫印版在蜂窝板上的位置，将补压纸平铺在下垫板上，用胶带将长边粘住。在补压纸张和下垫板之间再垫上底模（平板）或与底模相同厚度的纸张，穿好电化铝后，开机。逐渐升压，使补压纸上完全烫上图案。裁剪补压纸多余的部分，将裁好的补压纸用胶带粘贴在下垫板上。

③ 平板烫印底模。平板烫印底模用 0.5 ～ 0.8mm 厚的环氧树脂板制作而成，根据烫印版的尺寸裁剪适当幅面的底模，粘贴在补压纸模上。调整压力，直至达到满意的烫印压力。

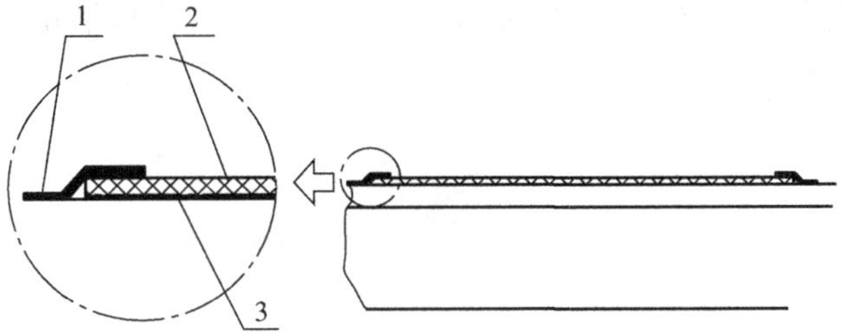

1—耐热胶带；2—底模；3—补压纸

图 4-2-36 底模结构

④ 凹凸烫印底模（配定位销）。凹凸底模片基厚度为 0.8mm，凹凸底模有两种固定方式：一种可以用双面胶将底模纸粘贴在下垫板上，而在钢板底下补压；另一种可以用双面胶将底模粘贴在下垫板的片基上（0.3mm 厚的聚酯片）。固定底模时，要核对烫印版上定位销的数量，保证没有多余定位销遗落在主机里面。

（4）铝箔走向

① 纵向铝箔走向。如图 4-2-37 所示，纵向四轴高位送箔系统由伺服电机驱动送箔，最多可选配 6 轴，放箔最大直径为 250mm，节省换箔时间，且纵向送箔方式可切换为纵向拉箔方式。

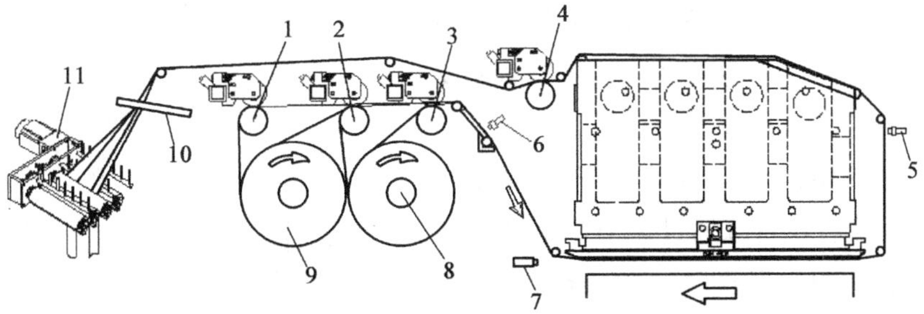

1、2、3、4—送箔轴；5—断箔检测；6—全息检测；7—剥离吹气管；

8—放箔架；9—铝箔卷；10—铝箔转向杆；11—收箔毛刷

图 4-2-37 纵向走箔示意

② 横向铝箔走向。如图 4-2-38 所示，横向送箔系统由伺服电机驱动送箔，放箔最大直径为 200mm，操作方便。

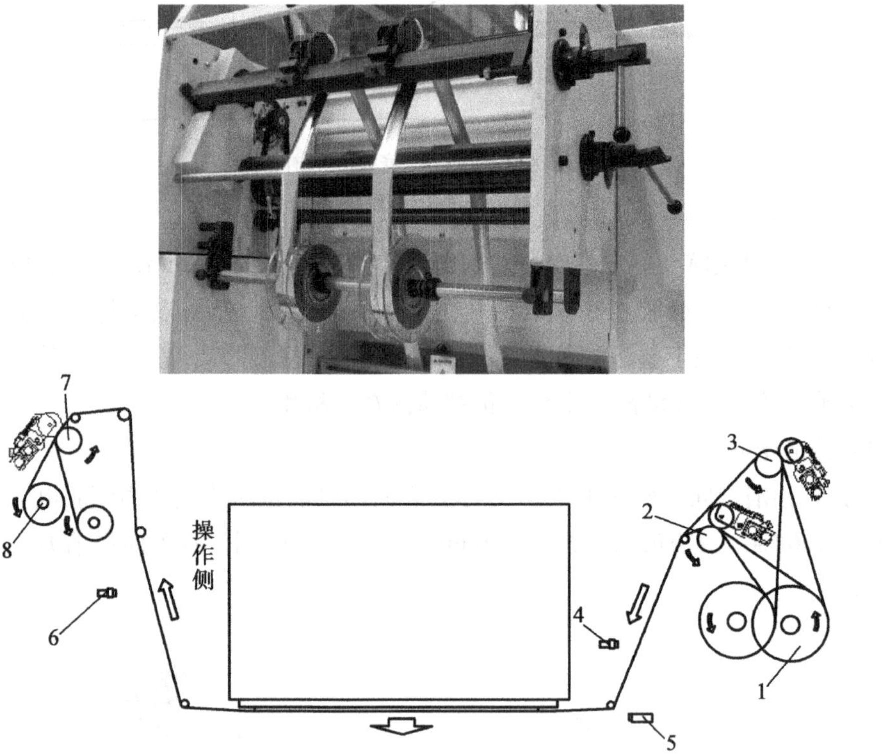

1—放箔卷；2、3—送箔轴；4—铝箔检测；5—剥离吹气管；6—断箔检测；7—收箔轴；8—复卷轴

图 4-2-38 横向走箔示意

③ 穿送铝箔。牙排运转到中间位置（如牙排停在 250° 附近）停机。关闭主电源，将铝箔放入机器放箔架，用穿箔工具按铝箔走向手工穿送铝箔，并将送箔前胶辊和收箔胶辊放置在合适的位置，压紧铝箔。

（5）胶辊和分切刀架

① 胶辊压力调节。胶辊分为宽、窄两种，根据铝箔的宽窄选择。如图 4-2-39 所示，锁紧螺钉 1 将胶辊固定于方管 4 上，调节螺钉 2 可改变胶轮 3 压铝箔的压力。

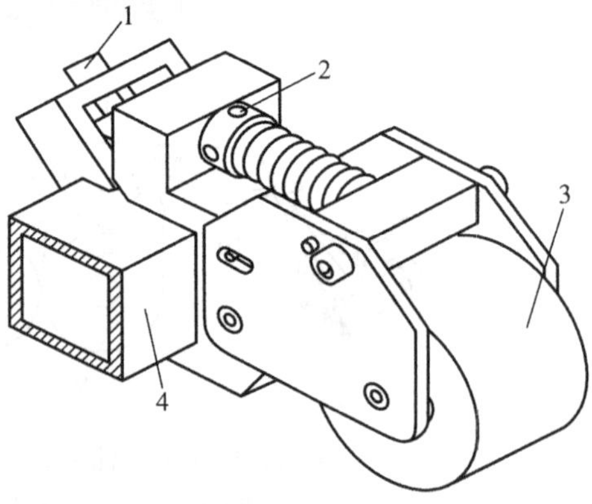

1—锁紧螺钉；2—压力调节螺钉；3—胶轮；4—方管

图 4-2-39 胶辊调节机构

② 收箔胶辊的抬起。纵向收箔胶辊和横向的送箔、收箔胶辊可以通过调节手柄被全部抬起或压紧收箔轴。如图 4-2-40 所示，垂直于墙板上下翻转手柄 1，可以将升降滑杆 2 推进或拔出，实现胶辊在压紧位置和抬起位置的锁紧或松开。升降滑杆 2 被排出，为松开位置，

此时平行于墙板方向将手柄1旋转180°（顺时针或逆时针），可实现胶辊抬起或压紧动作。反之，无法旋转。

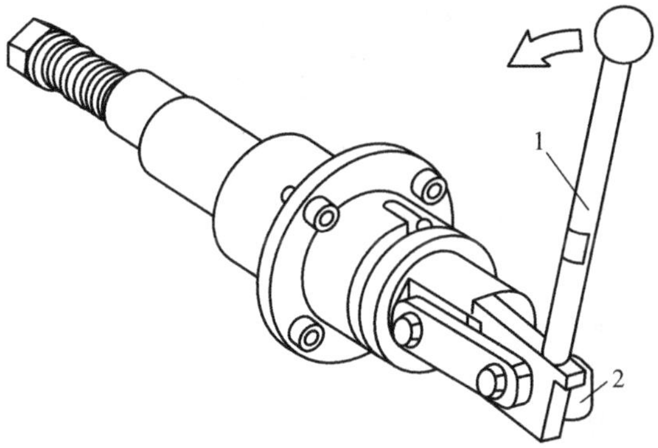

1—手柄；2—升降滑杆

图 4-2-40　收箔胶辊升降机构

③ 分切刀架。分切刀架与收箔胶辊固定于同一根方管上，用于分切宽幅面的铝箔，使铝箔便于回收。如图 4-2-41 所示，按住刀架上的调节按钮 1，并上下移动可伸缩分切刀 2 的高低。穿铝箔时，一定要将分切刀 2 缩进刀架内，以免被分切刀割伤。

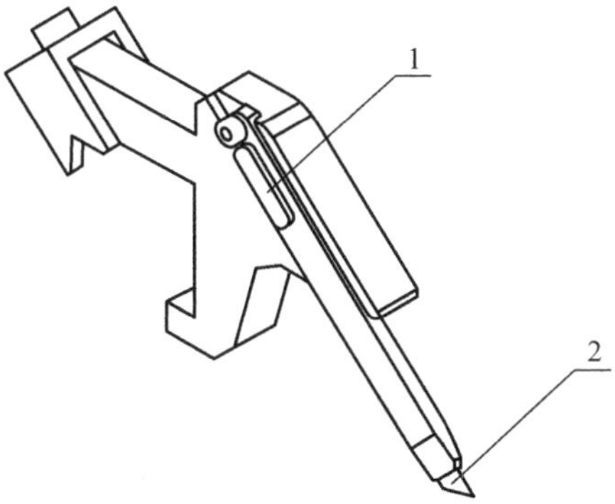

1—调节按钮；2—分切刀

图 4-2-41　分切刀架结构图

（6）放箔架

放箔架位于纵向铝箔控制单元，有两层导轨，装烫印箔时，可以将放箔架拉出机器外，在机外安装放箔装置，如图 4-2-42 所示。

① 普通放箔装置。普通放箔装置（见图 4-2-43）是利用挡片对铝箔卷端的摩擦力实现铝箔的张力控制。弹簧 5 压得越紧，张力越大，通过移动挡圈，可改变弹簧压紧力。普通放箔装置可以安放宽度为 20 ～ 910mm 的铝箔，挡片 1 适用于 1 英寸铝箔卷芯，挡片 2 适用于 3 英寸铝箔卷芯。

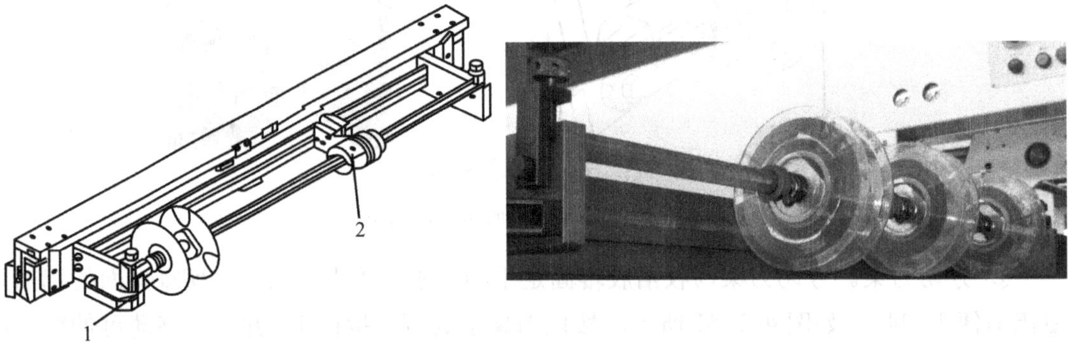

1—普通放箔装置；2—阻尼放箔装置

图 4-2-42　放箔架结构

② 阻尼放箔装置。阻尼放箔装置（见图 4-2-44）是利用其内部摩擦片的摩擦力的改变实现铝箔的张力控制。调整螺母 4 实现张力变化，芯轴 1 适用于 1 英寸铝箔卷芯，芯轴 2 适用于 3 英寸铝箔卷芯。该装置只适用于 20 ～ 80mm 宽的铝箔卷。

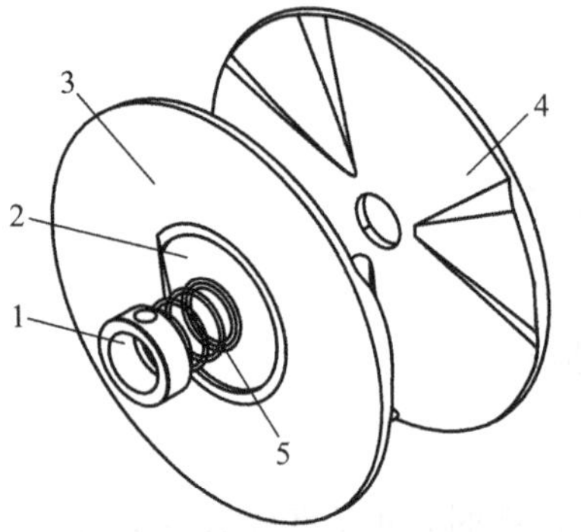

1、2—挡片；3、4—挡圈；5—弹簧

图 4-2-43　普通放箔装置结构

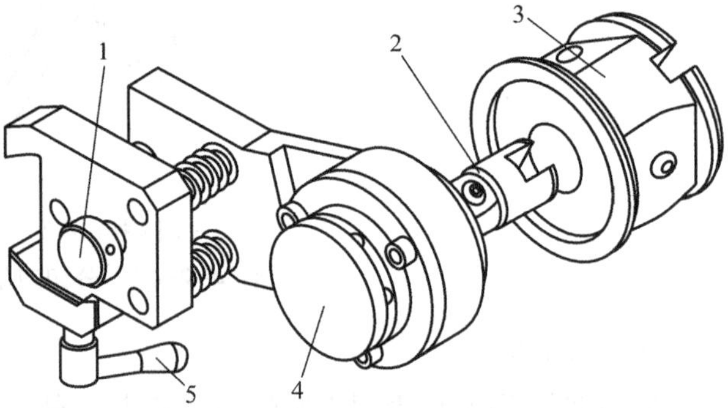

1、2—芯轴；3—滚轮；4—调节螺母；5—锁紧手柄

图 4-2-44　阻尼放箔装置结构

（7）吹平剥离装置

吹平剥离装置有利于烫印时纸张与铝箔的分离，在一个烫印周期，吹嘴有两次吹气动作。烫印前吹气，有利于纸张的平整，称为吹平；烫印后吹气，有利于纸张与铝箔

的剥离，称为剥离吹气。每个吹气嘴可单独开关，如图 4-2-45 所示，用气嘴开关 1 钩住阀芯 2，向外拔出，吹气嘴打开；反之，吹气嘴关闭。剥离吹气的气量调节阀位于操作侧烫印单元，两个高压阀分别控制吹平和剥离的气量。如图 4-2-46 所示，将控制旋钮 1、2 拔出，逆时针旋转，气压表显示值减小，气量减小；反之，气量增大。

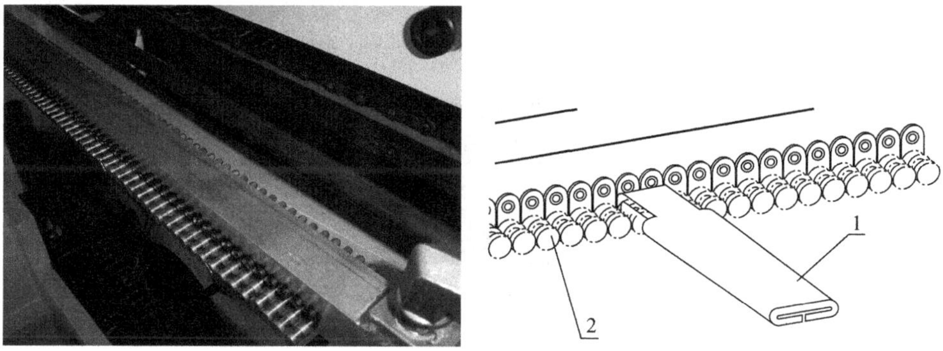

1—气嘴开关；2—阀芯

图 4-2-45　吹气气嘴调节

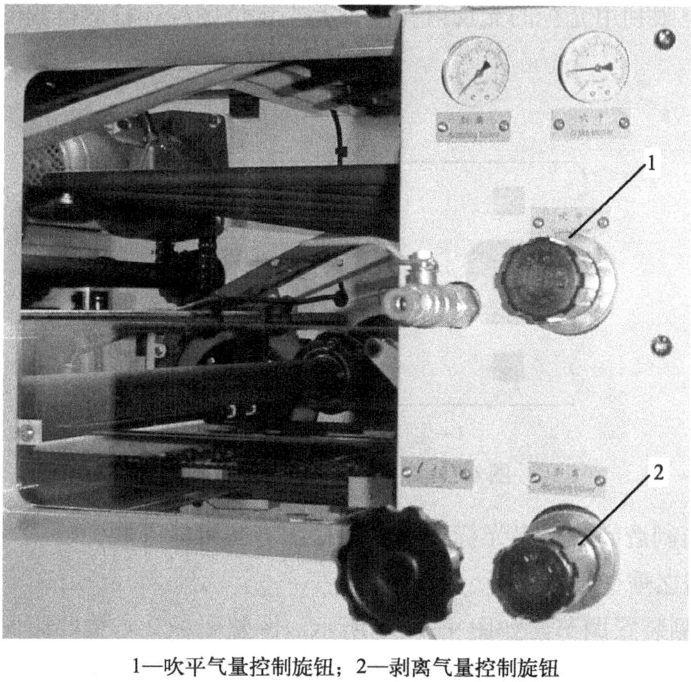

1—吹平气量控制旋钮；2—剥离气量控制旋钮

图 4-2-46　剥离吹气调节

（8）收箔装置

烫印机的收箔装置有毛辊装置和复卷装置两种，MK920YMI 型烫印机使用的是毛辊收箔装置，如图 4-2-47 所示。将废铝箔从两根毛辊穿过，利用立柱将每条铝箔分开，利用毛辊对铝箔的摩擦力实现铝箔的回收，回收的铝箔是凌乱的。

图 4-2-47　毛辊收箔装置

（9）全息检测装置

① 全息烫印原理。烫印过程中，检测电眼扫描全息定位光标 1 间接地给印刷图标 2 的位置定位，使印刷图标 2 与蜂窝板上的烫印版位置重合，实现精确的定位烫印，如图 4-2-48 所示。检测电眼利用光标的光反射亮度反差来定位图标。检测电眼的光线要求与铝箔面成 45° 照射。

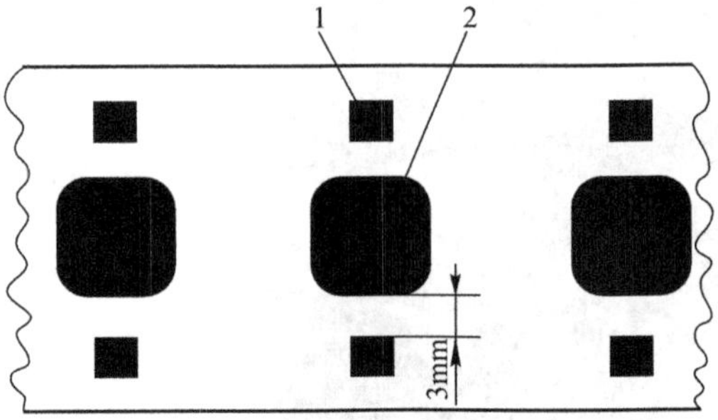

1—定位光标；2—印刷图标

图 4-2-48　印刷图标与定位标记

不同的铝箔制造商，全息光标 1 的电眼检测方向可能不同。检测方向要么顺着铝箔的方向，要么与之垂直。

② 全息检测装置调节。如图 4-2-48 所示，调整图标 2 与烫印版图案位置重叠，需要移动检测电眼的前后位置来调整（调节走纸方向）。利用调光按钮采集光标亮度，定位图标。如图 4-2-49 所示，松开螺钉 1，可将电眼架沿横向整体移动；松开螺钉 6，可将电眼向铝箔前进方向移动，用于粗调光标的位置；适当松开螺钉 6，调节螺钉 7 可精调光标位置；松开螺钉 3，转动电眼固定架，可将电眼以 90° 为单位旋转。电眼有多个方位可选择，适用不同的光标方向。适当松开螺钉 3，调节螺母 2，可调节电眼与铝箔的距离；松开螺钉 4，可调节电眼与铝箔面的夹角。

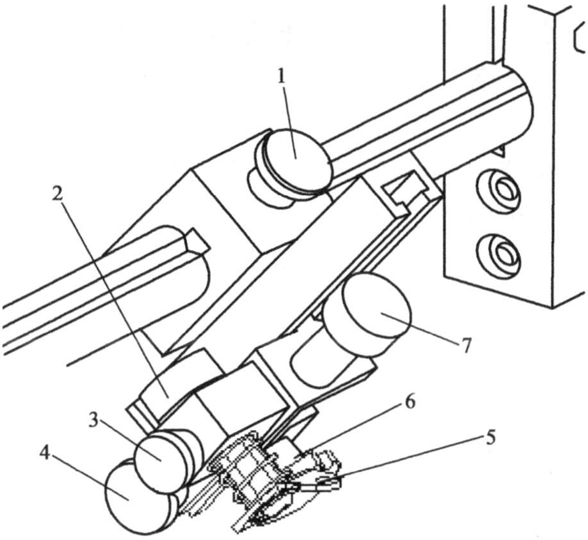

1、3、4、6、7—调节螺钉；2—调节螺母；5—电眼

图 4-2-49　全息电眼调节

6．收纸部的调节

收纸部的功能是将经烫印后的纸张整齐地收集成堆，并记录产量。当牙排叼着纸张进入收纸部时，压力可调的收纸制动毛刷压住纸张的拖梢，让纸张降速，当牙排运行到位时，叼纸牙将被打开，纸张落到纸堆上，纸张被前齐纸机构 2、后齐纸机构 1 和侧齐纸机构 3 在两个方向上弄整齐，如图 4-2-50 所示。纸堆高度由纸堆超高检测光电装置控制。当纸堆到达一定高度时，会自动下降。

1—后齐纸机构；2—前齐纸机构；3—侧齐纸机构

图 4-2-50　收纸机构

（1）前齐纸机构

前齐纸机构是一运动机构，每下落一张纸，齐纸片撞击一下纸张前口，使纸张整齐。同时，从齐纸方管中吹出空气，使纸张平整下落。吹气量大小可调节调压阀来改变。

（2）后齐纸机构

后齐纸机构的位置可根据纸张幅面进行调整。收纸时，后齐纸片始终挡住纸张拖梢。后齐纸机构的前后位置可根据纸张宽度来旋转压纸毛刷调节手轮进行调整，如图 4-2-51 所示。

图 4-2-51　后挡纸板调节手轮

（3）侧齐纸机构

侧齐纸机构分别位于传动侧和操作侧。每下落一张纸，侧齐纸片撞击一下纸张侧边，使纸张整齐。如图 4-2-52 所示，松开锁紧手柄 1，左右移动侧齐纸板 2，可调整侧齐纸机构的收纸幅面。

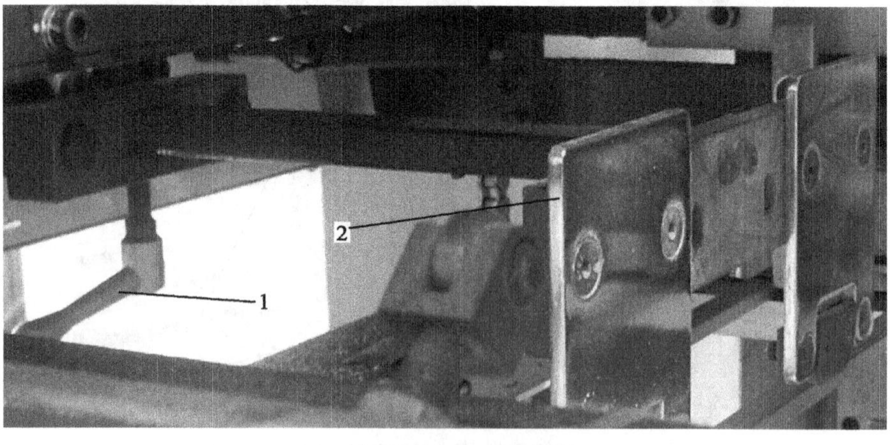

1—锁紧手柄；2—侧齐纸板

图 4-2-52　侧挡纸板调节机构

（4）副收纸框

副收纸框的操作方法：①当主收纸堆快收满时，将副收纸框推入机器；②用操作面板上的主收纸台控制开关，使之下降到地面；③移走纸堆，重新摆好堆纸板；④使主收纸台上升至纸堆距副收纸框约30mm处，停止上升；⑤抽出副收纸框，使纸堆落入主收纸台上，如此循环实现不停机收纸。

（5）收纸制动毛刷

由于纸张运动的惯性，纸张在停止运动的瞬间会向前冲，为了使纸张保持平整，调节收纸制动毛刷是必要的。速度越快，要求毛刷压纸的制动力越大。因此，机器运转过程中也要适当调整毛刷。用毛刷调节手轮（见图4-2-53）来调整毛刷对纸张的压力。逆时针旋转，毛刷抬起，制动力减小；顺时针旋转，毛刷压下，制动力增大。

图4-2-53　毛刷调节手轮

7. 人机界面

人机界面功能可以实时显示机器的运转信息，为操作者提供故障诊断信息，提高排除故障的能力。MK920YMI型烫印机的人机界面显示屏位于操作侧输纸部，如图4-2-54所示。

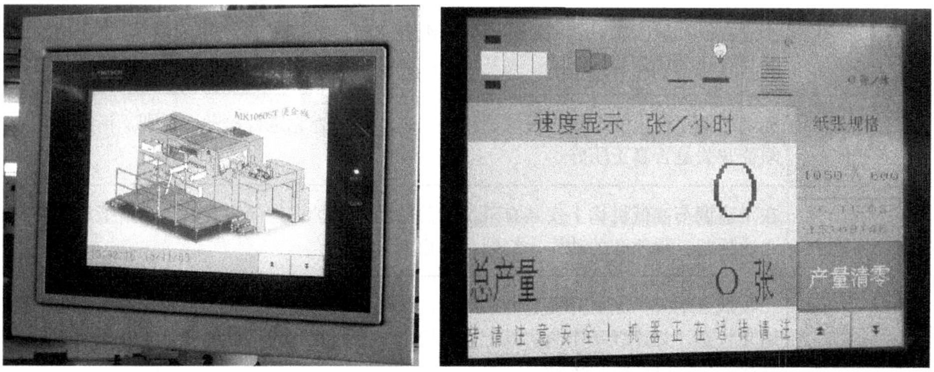

图4-2-54　MK920YMI型烫印机的人机界面

（1）基本画面介绍

① 开机画面。通电后，人机界面立即显示“天津长荣印刷设备股份有限公司”的商标、机器的型号及公司的服务热线电话。另外，还有“模切”和“烫印”工作方式切换按钮，请开机前注意选择。

② 机器运转速度与产量画面。机器正常运转时，人机画面自动切换到该画面。画面显示当前机器的运转速度和产量。

③ 故障显示画面。机器在停车无故障状态下，画面显示“正常停车”。当机器发生故障时，画面自动显示当前的故障画面，提示故障原因和故障点的大概位置，以便及时处理。按下该画面上的“帮助”按键，即可出现一文字画面（帮助画面），在此较详细介绍处理故障的办法。

④ 给纸堆和收纸堆显示画面。此画面可以显示收纸堆和给纸堆高度示意，同时还有“产量计数清零”按钮，按此按钮 6s 以上，可以将产量计数清零。

⑤ 机器累积运转时间画面。此画面显示记录机器总共运转时间。

（2）机器故障介绍（人机界面帮助内容）

人机界面显示各故障画面的含义及故障排除方法如表 4-2-2 所示。

表 4-2-2　人机界面显示各故障画面的含义及故障排除方法

提示内容	含义及故障排除方法
前窗	前窗没关或限位开关未压好
后窗	后窗没关或限位开关未压好
落纸	空车（积纸）光电开关动作表示有纸进入模切或烫金工位；计数光电开关动作表示纸张模切或烫印后被正常送出来了。如果只有纸进入模压部，则说明有纸遗落，这种情况称为“落纸”。此时请认真检查是否有纸落在模压或烫金部，如果有请及时处理；如果没有，请检查前规摇板下面的积纸光电及出纸处的计数光电开关是否工作正常
版台不到位	版框没有锁好或限位开关未压好
输纸安全门	输纸安全门没关或限位开关未压好
积纸	造成积纸的原因有三：一是输纸台送纸有问题，纸张未正常到前规；二是积纸空车检测光电开关有问题或表面不清洁；三是防积纸调时信号的角度设定有问题（该项不能随便修改）
钢板抽出	如果活动平台上的下垫板没有真正抽出来，请检查它是否松动；否则，请检查相应检测点的限位开关是否真正压好
给纸超高	在飞达调节高低机构上安装有限位开关，是为保护飞达而设置的。当给纸堆太高时，纸台将飞达顶起，限位开关动作，给纸台停止上升
收纸超高	“收纸自动降”光电开关遮光动作后，收纸台自动下降一段距离，这时该光电开关应该得到通光状态，如连续动作两次以上光电还是处于遮光状态，此时即为“收纸超高”。出现这种情况，机器立即停止运转

续表

提示内容	含义及故障排除方法
牙排错位	主要是由于同步带跳齿或断裂、抱套松动、半轴断裂、扭力异常等原因造成。特别提醒注意的是：在查明故障原因之前千万不要点车，否则是非常危险的，有可能把牙排压坏，严重损坏机器
扭矩异常	一是确实机器的扭矩发生异常，扭力限制器出现脱离情况，请查明故障原因后将扭力限制器复位；二是扭矩检测开关有问题
双张	检查是否真正有送纸双张出现，如果无双张出现，调整双张控制器以及检测开关
气压不足	空气压缩机未打开，或者压缩空气的压力太低（低于 0.3MPa），不能使压力开关动作
收纸乱纸	收纸完毕纸张未被收齐而越过齐纸板，遗留在开牙杆上或再次被牙排叼走
烫印操作面门	烫印操作面门没有关，如果门已经关了，检查其保护用的限位开关是否压好
主机异常	主电机变频器报警，请按变频器报警内容做处理
油压不足	机器润滑油的压力未达到 0.2MPa。检查油路和油压开关是否正常
横向送箔安全防护罩	横向送箔防护罩没有关。如果防护罩已经关了，检查其保护用的限位开关是否压好
急停	请检查急停按钮是否被压下
前规不到位	当发生前规不到位故障时，首先检查前规角度设定有无问题（该项不能随意修改）
操作面侧规	当使用操作面侧规时，输纸台上的纸出现歪斜，此时出现操作面侧规不到位故障。如果输纸正常，检查电眼工作是否正常
传动面侧规	当使用传动面侧规时，输纸台上的纸出现歪斜，此时出现传动面侧规不到位故障。如果输纸正常，检查电眼工作是否正常
手动盘车	有人在盘车；否则请检查“手动盘车”检测开关是否动作
热继电器报警	检查热继电器是否有跳脱
电池电压过低	尽快更换 PLC 电池
烫印部托板	烫印部托板没有放好
平台处安全门	安全门没有关好或者限位开关没有压好
机顶门	机器顶部的安全门没有关好，或者限位开关没压好
断箔	检查是否有铝箔断裂；否则查看一下使用的断箔检测开关是否关掉
未找到光标	防伪烫印时找不到光标会出废品
机器超压	机器压力过大，已超出所允许范围
收废箔处金箔断	收废箔装置处的金箔断

续表

提示内容	含义及故障排除方法
传动面安全门报警	安全门没有关好或者限位开关没有压好
超温报警	实际烫印温度超过设定的温度
链条检测	链条的实际波动情况超出设定
金箔快用完	注意更换金箔

任务三　烫印常见故障分析与排除

任务描述

烫印是一道复杂的工艺，影响烫印效果的因素有很多，常见故障也有很多类型，熟悉这些故障的产生原因并掌握分析排除方法，能够高效生产高品质产品。通过本任务的学习，学生能了解烫印常见的几种故障现象类型，并能分析和高效排除这些故障，获得质量合格产品，提升生产品质。

知识目标

1. 熟悉烫印常见故障现象。
2. 了解烫印。

技能目标

1. 能够分析烫印常见故障的原因。
2. 能够处理烫印常见故障。

一、烫印不上（或烫印不牢）

烫印不上或烫印不牢，即电化铝箔不能理想地转移到承印物表面或电化铝箔不能与承印物很好地黏附，这是电化铝箔烫印中最常见的故障之一。导致烫印不上或烫印不牢的原因主要有以下几种。

1. 印刷品底色墨层含有蜡类物质

电化铝箔烫印不上或烫印不牢，首先要从烫印的印刷品底色墨层上找原因。烫印工艺要求，被烫印的印刷品油墨中不允许加入含有石蜡的撤黏剂、亮光浆之类的添加剂。

因为电化铝的热熔性胶黏剂即便是在高温下施加较大的压力，也很难与这类添加剂中的石蜡黏合，因而导致烫印不上或烫印不牢。调整油墨黏度，最好加放防黏剂或高沸点煤油，若必须增加光泽，可用19号树脂代替亮光浆。

2．印刷品底色墨层太厚

实践表明，油墨层薄的印刷品烫印电化铝比较容易，厚重的墨层表面则很难烫印。这是因为，厚实而光滑的底色墨层会将印刷纸张纤维的毛细孔封闭，阻碍电化铝与纸张的吸附，使电化铝的附着力下降，因而导致电化铝烫印不上或烫印不牢。所以，在工艺设计时，要为烫印电化铝创造条件，使烫印电化铝部位尽量少叠墨，特别要禁止三层墨叠印。对于深色大面积实地印刷品，印刷时可采取深墨薄印的办法，即配色时，墨色略深于样张，在印刷时，墨层薄而均匀，这样既可以达到所要求的色相，同时又满足了电化铝烫印的需要。

3．印刷品底色墨层晶化

印刷过程中，由于油墨干燥速度过快，在纸张表面会结成坚硬的膜，轻轻擦拭会掉下来，这种现象称为“晶化”。墨层表面晶化是印刷时燥油加放过量所致。尤其是红燥油（溶液状钴燥油），会在墨层表面形成一个光滑如镜面的墨层，无法使电化铝在其上黏附，因而烫印不牢或烫印不上。所以需烫印电化铝的印刷品，在印刷时应避免使用红燥油，必须使用时，其用量不得超过0.5%。

4．电化铝箔型号选用不当

科学合理地选用电化铝箔是增加烫印牢度、提高烫印质量的先决条件。烫印工艺对于材料型号、性质的选用应持科学态度，既要防止千篇一律，又要防止盲目追求进口价高的倾向。国产及国外生产的不同型号的电化铝都存在不同程度的差别，每一型号的电化铝都与一定范围的被烫印物相适应，电化铝选用不当，无疑对烫印牢度有直接影响。目前，被烫印物大致可以分为四类：白纸、印刷品、漆布及塑料，同时又可以分为大面积烫印、实地、网纹、细小文字、花纹烫印等几个档次。在选用电化铝材料时，除了要参照电化铝的适用范围，还要对上述被烫印物的具体情况进行考虑。

5．烫印温度及压力不够

只有当烫印温度、压力合适时，才能使电化铝热熔性膜层胶料起作用，从而很好地附着于印刷品等承印物表面。反之，压力低、温度不够必然会导致烫印不上或烫印不牢。

上述几种导致烫印不上或烫印不牢的原因，在操作中应针对故障具体分析。当发生烫印不上故障时，排除方法如下。

① 应检查印刷品墨层中是否含有蜡类物质。若有，只能采用991号亮光撤淡剂加2%白燥油（分散型钴燥油）再罩印一次的被动方法去解决，以使油墨层表面改性。

② 如果印刷时没有加入含有蜡类物质的添加剂，就要检查电化铝箔选用是否合适。若选用不合适，就要及时更换黏附力强、质量好的电化铝箔；若电化铝箔选用合适，则应适当提高烫印温度和增加烫印压力。

避免烫印不上或烫印不牢故障发生的措施：①要保证印刷过程中不使用撤黏剂、亮光浆等含有石蜡的附加剂；②避免使用红燥油；③避免印刷墨层太厚和多次叠印。

二、反拉

反拉也是较常见的一种烫印故障。所谓反拉，是指在烫印后不是电化铝箔层牢固地附着在印刷品底色墨层或白纸表面，而是部分或全部底色墨层被电化铝拉走。在生产实际中，反拉与烫印不上从表面看不易区分，反拉往往被误认为烫印不上，但两者却是截然不同的故障。若不加分析地将反拉判断为烫印不上或烫印不牢，盲目地提高烫印温度和压力，甚至更换黏附性更强的电化铝箔，则会适得其反，使反拉故障越发严重。因此，首先应把反拉与烫印不上严格区分开来。区分的简单方法是：观察烫印后的电化铝基膜层，若其上留有底色印墨的痕迹，则可断定为反拉。

产生反拉故障的主要原因如下。

1．印刷品底色墨层没有干透

烫印电化铝不同于一般的叠色印刷，它在烫印过程中存在着剥离力，这种剥离力要比油墨印刷时产生的分离力大得多。印刷品上的油墨转印到纸面后，只有充分干燥才能在纸面上有较强的附着力，在墨层没有完全干燥之前，电化铝烫印分离时的剥离力要远大于墨层的固着力，这样底色墨层便会被电化铝拉走。因此，电化铝烫印工艺要求印刷品表面的油墨层必须充分干透，以保证其在纸面上很好地固着。

2．浅色墨层上过多使用了白墨作为冲淡剂

操作中常常会感到印刷品的深色墨层比淡色墨层容易烫印，这是因为，淡色墨多用白墨冲淡调配而成。由于白墨的颜料颗粒较粗，它们与连结料之间的结合力很差，印刷后油墨的连结料易被纸面吸收，而颜料易浮在表面产生粉化，常常用手便可擦掉。这种状况是很难烫印的，电化铝不能被分离下来黏附于纸面，反而粉化层会被电化铝带走。

避免反拉故障的措施如下。

① 掌握印刷品印刷后到烫印电化铝的间隔时间，这就要求印刷时要控制好燥油的加放量。需烫印的印刷品，在印刷时燥油的用量要比无须烫印的印刷品适当增加（比如，红燥油的用量可控制在 0.5% 左右），但不能过量，以防墨层出现晶化和乳化，同样会给烫印带来麻烦。

② 禁止印刷时单独用白墨作为冲淡剂，由于白墨的冲淡效果不错，完全不使用是不可能的。折中的办法是把991号撤淡剂与白墨混合使用，但白墨的比例应控制在60%以下。

③ 在工艺允许的情况下，为避免反拉（包括烫印不上）故障的发生，最好在底色墨层的烫印部位在制版时就留出空白，使烫印电化铝不与墨层黏合，而与留出的空白黏合。

当烫印出现反拉故障时，如果是由于产品墨层不干所致，应将产品置于通风、干燥处，适当推迟烫印时间即可。如果是由于底色墨层粉化或白墨加放过量所致，可以用 991 号亮光撤淡剂加 3% 白燥油先罩印一遍，然后再进行烫印。

三、其他烫印故障

其他烫印常见故障及解决方法如表4-3-1所示。

表4-3-1 烫印常见故障及解决方法

故障现象	产生原因	解决方法
烫印字迹发毛	1. 烫印温度过低 2. 烫印压力不够 3. 烫印版表面不平 4. 衬垫太软 5. 烫印基材表面粗糙	1. 适当提高烫印温度 2. 适当增大烫印压力 3. 减小烫印版单块面积（改为单联加工）或增加印版局部垫片厚度 4. 更换衬垫，使印版和衬垫平整接触 5. 不宜烫印细线图文或小字
烫印图文的光泽度差或变色	1. 烫印温度过高 2. 烫印压力过大 3. 油墨不干，连结料挥发的影响 4. 接触有机溶剂	1. 降低烫印工作温度 2. 烫印时要连续作业，尽量少打空车和减少不必要的停车，以防电热板持续升温 3. 校正实际工作温度与仪表显示值误差 4. 尽量使油墨干燥，避免接触有机溶剂，以减少对染色层的溶融分解
烫印图文不完整	1. 电化铝箔拉得过紧 2. 烫印压力过轻 3. 印版压力不均 4. 烫印版制作精细度不够 5. 电化铝箔选用不当 6. 基材表面粗糙不平	1. 调整电化铝箔张力控制使其供料、收卷拉力适度 2. 适当增加烫印压力 3. 改用硬衬垫，保持厚度一致，使压力均匀，或调整垫片，保持印版压力均衡 4. 修整烫印版 5. 选用适用的电化铝箔 6. 当基材表面粗糙不平时，可进行表面净化处理，或适当加大烫印压力，提高温度
糊版	1. 电化铝箔卷材安装松弛 2. 揭纸方法不当 3. 烫印温度过高 4. 电化铝箔镀铝层过厚 5. 烫印压力过大 6. 烫印版制作不良	1. 适当调整压卷辊的压力和收卷辊的拉力 2. 改用正确的揭纸方法 3. 适度降低烫印的工作温度 4. 选用镀铝层适当的电化铝箔 5. 适度降低烫印工作压力 6. 更换烫印版
同一块版烫印后效果不同	1. 图文面积过大 2. 印版热量不匀 3. 印版压力不匀	1. 改用组合式印版，分次烫印 2. 调整印版垫片厚度，使各部位热量、压力达到均匀一致
相同材料烫印时好时坏	1. 材料质量不稳定 2. 烫印机放料速度控制不稳使电化铝时紧时松 3. 烫印机压力调节螺母松动，使压力不稳定 4. 电热板控制出故障	1. 改用质量稳定的材料 2. 检修电化铝箔放料辊、压紧辊，使运转平稳、压力均衡 3. 检修并调整固定压力的固定装置 4. 排除电热板故障

续表

故障现象	产生原因	解决方法
烫印后漏底	1. 烫印基材表面有纹理且较深 2. 烫印工作温度低 3. 烫印工作压力小	1. 适当增加烫印的工作温度 2. 适当增加烫印的工作压力
金卡纸难以烫印	1. 已印有金属色，表面光滑，渗透性差，油墨难以附着和干燥 2. 油墨量大且喷粉过多	1. 在烫印处印一层薄薄的底色 2. 选用适当的烫印工作温度及压力 3. 烫印版要用铜版
在UV光油或水性上光油结膜烫印时出现“气泡”	1. 上光涂料固化或干燥不够 2. 印刷油墨干燥不够 3. 纸张含水量较大	1. 必须对印品进行干燥，才可防止烫印时水分蒸发而聚集在上光涂层与电化铝箔之间 2. 适当放慢烫印速度，使水分挥发
在涤纶卡纸（纸张与PET的复合品）上烫印效果不佳	1. 丝网印刷油墨墨层厚 2. 丝网印刷制出的UV磨砂、折光、冰花等特种纹理与电化铝箔的接触面过小	1. 油墨干燥后烫印 2. 尽量在制作丝网网线版时，对需要烫印的部位进行镂空处理 3. 选用高附着力的电化铝箔
飞金	电化铝箔附着力差	选换附着力强的电化铝箔
用凹版烫印后，凸起的印迹不突出或凸痕不牢	1. 烫印压力不当 2. 凸版相对应效果不佳	1. 调整加大压力 2. 适当修垫底版烫印处，使凹版和相对应的凸版接触到位，表面光滑平整
烫印织绒类材料时滑版	因绒毛耸立而致	用二次烫印法解决，第一次用助黏料将耸立绒毛压下粘住，第二次烫印时再使用电化铝箔
软塑料面无法烫印出立体效果	烫印压力不够	用二次烫印法，第一次将电化铝箔烫印转移到基材表面，第二次温度稍低，压力稍大，烫出立体成型效果

任务四　烫印机的清洁与保养

任务描述

设备的维护保养工作对机器的使用寿命及产品的正常生产和质量保证起到很重要的作用。通过本任务的学习，学生可了解烫印机清洁与维护保养的要点和保养流程，能够对烫印机进行正确保养和维护。

知识目标

1. 了解烫印机的清洁保养要求。
2. 熟悉烫印机的保养要点。

技能目标

1. 能规范完成烫印机的清洁保养工作。
2. 能够对烫印机进行正确的保养和维护。

一、清洁

地板、工作台、机台和机器内部都必须定时清洁和保养。油脂、机油和其他滑润的物质都必须及时清除干净。保持机器和周围环境的整洁卫生，不要将工具或任何物件遗留在地板、机台和机器内，防止造成设备和人身的伤害。

二、保养

应对烫印机做好下列保养工作，并测绘机器易损件，提供机器备品配件。

（1）烫印机的外保养：更换机器的机身润滑油，对机器内外进行清洁。清洗机器油毡，保证无屑而且无垢。清洗机器油泵有关的部件，保证机器油路畅通。

（2）机器的注油器：拆卸机器进行清洗、修复或是更换机器零件，清洗机器油管，保证油管畅通。

（3）烫印机气缸：拆卸机器活塞、活塞环，根据机器情况，修复或更换。清洗烫印机气缸内壁和机器水夹层，检查机器镜面，发现痕迹应立即修复。清洗机器缸盖、填料装置等。

（4）烫印机的检查：校正各气压表、烫印机油压表，要求准确而且灵敏。清洗减荷阀，检查、更换它的易损件。检查烫印机清洗压力调节器。

（5）烫印机的冷却：清洗水箱、烫印机的冷却器、烫印机的冷却塔，冷却管去除水垢并进行水压的试验。

（6）烫印机的电气检修：修电气箱，修整电气线路，修复或更换老化的电气元件。电动机更换润滑脂及碳刷。使电气符合设备完好标准要求。

只有具有电气维护资格的人员经授权许可后，方可打开电气柜或烫金计算机控制柜进行电气维护操作。任何打开电气柜或烫金计算机控制柜的柜门的操作均必须先将柜体总电源关闭。

（7）烫印机性能检查：校正烫印机的水平度，检查烫印机修复的精度。测试装配试车的压力，应达到设计的要求。修后达到设备完好标准的要求。

项目四思考题

1．电化铝烫印箔的结构是什么？每层的作用是什么？

2．烫印的工艺流程是怎样的？

3．烫印温度、速度、压力会对烫印质量产生什么影响？

4．比较平压平、圆压平、圆压圆烫印机的工作原理及特点。

5．冷烫印的工艺流程是怎样的？

6．烫印机定位机构的作用和调节方法有哪些？

项目五
模切压痕技术

任务一　认识模切压痕加工工艺

任务二　模切机的操作与调试

任务三　模切压痕常见故障分析与排除

任务四　模切机的维护与保养

任务描述

模切压痕技术可以对各类印刷品的表面进行加工，使其呈现各种各样的形状。模切压痕不仅对印刷品的最终质量和效果起着重要作用，同时可以在很大程度上提高印刷品的艺术效果，并且赋予印刷品新的功能，已成为印刷品增值和促销的重要手段。通过本项目的学习，学生可了解模切压痕工艺技术，掌握模切压痕技术要领，能够完成模切机操作。

知识目标

1. 掌握模切机飞达部分的工作原理和调节方法。
2. 掌握模切机定位机构的工作原理和调节方法。
3. 掌握模切机双张检测器的工作原理和调节方法。
4. 了解模切机清废部分的工作原理。
5. 掌握模切机盒片分离装置的工作原理。
6. 掌握模切机叼口分离装置的工作原理。
7. 掌握模切机模切压痕常见故障原因及处理方法。
8. 掌握模切机的维护与保养方法。

技能目标

1. 能够调节模切机的飞达各部件。
2. 能够调节模切机的定位机构。
3. 能够调节模切机的双张检测器。
4. 能够安装和调节模切机的清废部件。
5. 能够调节模切机的盒片分离装置。
6. 能够安装和调节模切机的叼口分离装置。
7. 能够处理模切压痕常见故障。
8. 能够对模切机进行正确日常保养和维护。

素质目标

1. 培养学生动手操作能力。
2. 培养安全生产意识、环保意识及技术创新思维能力。
3. 培养规范操作意识、团队合作意识、安全生产意识及环保意识。

任务一　认识模切压痕加工工艺

任务描述

模切压痕技术适用于各类印刷品的表面加工，特别是各种档次的纸箱、纸盒、商标、艺术品的表面加工，同时也可用于对皮革、塑料等材料进行模切和压痕加工。通过模切或压痕，除可以制成各种各样的平面和直线型产品之外，还可以制作各种各样的立体和曲线型产品，使产品的形状、造型更加美观、精致。

经过模切压痕的产品可以利用成型机器使产品成型，减轻操作人员的劳动强度，提高生产率。通过本任务的学习，学生可了解模切压痕的技术特点、应用方向，能够进行产品模切压痕工艺技术的设计与选择。

知识目标

1. 掌握模切压痕工艺的基本原理。
2. 熟悉模切压痕工艺流程。
3. 了解模切压痕技术发展趋势。
4. 了解数字模切工艺原理及关键技术。

技能目标

1. 能够识别模切压痕工艺。
2. 能够为产品合理选择模切工艺方法。

利用钢刀、钢线排成模版，通过压印版施加一定的压力，将印刷品（或纸张）轧切成所要求的形状的工艺过程，称为模切压痕。

印刷品通过模切或压痕，除可以制成各种各样的平面和直线型产品之外，还可以制成各种各样的立体和曲线型产品，使产品的形状、造型更加美观、精致。包装产品通过模切压痕工艺可制成精美箱盒；书籍封面经过压痕处理，使书背平整美观；塑料皮革产品经过模切压痕可以做成各种容器或用具。

一、模切压痕加工的原理

在模切压痕机的模版上，按照被模压产品（如各种包装纸盒）设计的展开图嵌装钢刀片和钢线，通过模版与装有印品或纸板的压印板的相对运动，可模切成预定的形状或者压出痕迹。

在模压加工中，印品或纸板表面既有压痕的形变，又有模切的裂变。在变形区域中，有的区域主要是拉伸变形；有的区域主要是压缩变形；而有的区域在某些方向上主要是拉伸变形，在另外方向上主要是压缩变形。

如图 5-1-1 所示，在整个压痕加工过程中，印刷品或纸张先经过弹性变形阶段，即纸张、纸板内部纤维和填料等发生弹性变形，后随着压痕加工压力的增加，进入预破坏区的形成阶段，即压痕成型阶段。此时，由于在钢刀、钢线附近的应力集中并变大，使纸张内部纤维和填料局部被破坏，从而导致在印刷品表面或纸板上出现压痕。对于模切来说，变形并未到此为止，还要伴随着施加压力的进一步增加，进入脆性破坏阶段，即切断阶段，进而将印刷品或纸板的某些特定部位切断。

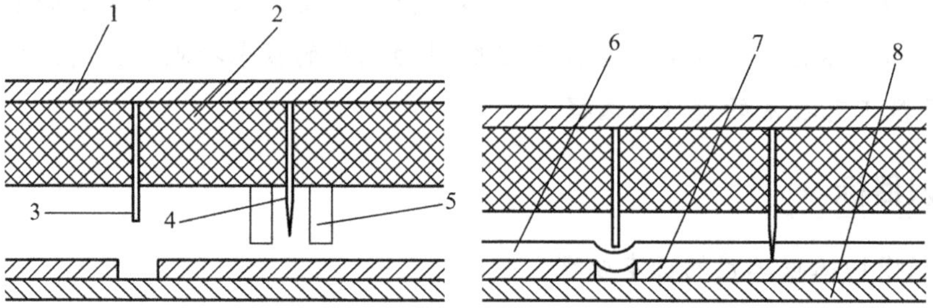

（a）脱开状态　　（b）压合状态

1—版台；2—模版；3—压痕线；4—模切刀；5—橡胶条；6—纸制品；7—压痕底模；8—压板

图 5-1-1　模切压痕原理

二、模切压痕的工艺流程

模切压痕的工艺流程：设计打样→制作模切版→装版→调整压力→塞橡皮条→垫版→模切压痕→清废→出成品。

1．模切版制作工艺

模切版的制作，俗称排刀，是指将钢刀、钢线、衬空材料等按照规定的要求，拼组成模切版的工艺操作。模切版制作分为刀模版制作和底模版制作两部分。刀模版由模版、模切刀、压痕线和模切胶条等构成，底模版由底模钢板和压痕底模构成，其制作的一般过程为绘制模切图→切割模版→装模切刀和压痕线→开连接点→粘贴胶条→试切垫版→制作压痕底模版→试模切签样投产。

（1）绘制模切图

根据要求设计模切版版面，版面设计包括：①确定版面的大小，应与所选用设备的规格和工作能力相匹配；②确定模切版的种类；③选择模切版所用材料及规格。

设计好的版面应使模切版的格位与印刷格位相符；工作部分应居于模切版的中央；线条、图形的移植要保证产品所要求的精度；版面刀线要对直，纵横刀线互成直角，并与模切版侧边平行；断刀、断线要对齐等。

模切图是印刷后的整版纸盒展开图，是模切版制作第一个关键环节。如果印刷制版工序采用的是整页拼版系统，则可以在印刷制版工序直接输出模切图，这样可以保证印刷版和模切版有统一标准。在纸盒印刷版工序中，如果采用的是胶片手工拼版，那么在模切制版工序就需要根据印样排版的实际尺寸绘制模切图。在绘制模切图的过程中，对于安装模切刀和压痕线的位置，应按国家纸箱制图标准明确标出。

模切版设计是包装折叠纸盒生产的关键环节，直接影响到产品的质量和成本。设计时需考虑多种因素，例如盒坯排列方式、搭桥、模切工艺等。

① 排版设计。为了降低成本，就要考虑尽可能提高原料纸板利用率。要想办法利用同样面积的纸板生产尽可能多的合格纸盒，但这并不等同于如何在模切版上排布尽可能多的盒坯，因为纸板的纹向限定了盒坯的摆放方向，所以只能考虑在同一方向上进行盒坯之间的拼接。盒坯在模切版上的排列方式受到纸盒尺寸、盒坯的轮廓形状等多个因素的影响。

A. 盒坯的平排（见图 5-1-2）。平排是一种较为简单的排列方式。当盒坯的轮廓较为平直时，盒坯与盒坯的拼接较为简单，只需平行排列即可。

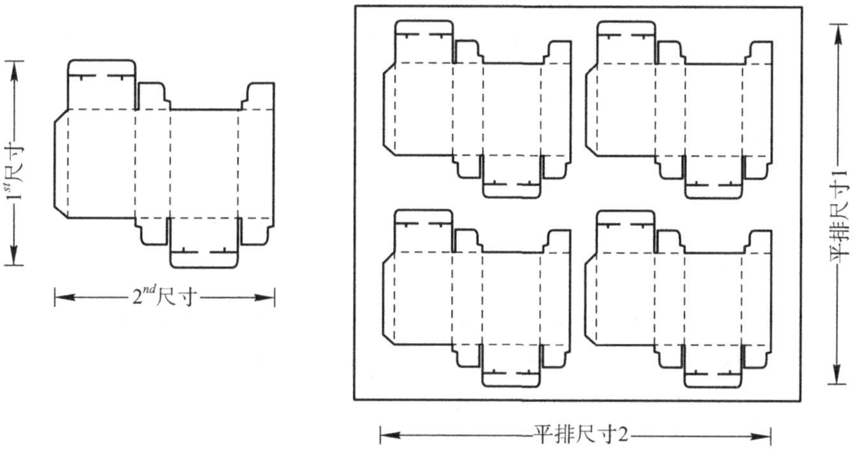

图 5-1-2　管式纸盒盒坯的平排

B. 盒坯的拼接。在大多数情况下，盒坯轮廓形状不是平直的，这就要求盒坯与盒坯之间进行套拼，以提高纸板利用率。套拼的关键在于充分利用盒坯轮廓的凸出与凹进部分进行对接。排列在模切版内的盒坯各有一端无法进行拼接，只有另一端可以与其他盒坯进行拼接。

② “过桥”。在绘制过程中，为了保证在制版过程中模切版不散版，要在大面积封闭图形部分留出若干处以上不要锯断，这一位置通常叫作“过桥”。“过桥”宽度对于小块版可设计成 3 ～ 6mm，对于大块版可留出 8 ～ 9mm。“过桥”是为了在模切后到清废前的一段时间内，切好的纸盒不会从纸板中脱落下来，而清废时，纸盒与废弃物又易于

分离，因此“过桥”的部分不能太大或太多，否则就失去了过桥的意义。可以说，搭桥的好坏直接决定了模切工艺能否顺利进行。

“过桥”的数量也决定了模切刀的长度。显然，“过桥”的数目越少，每一段刀具的平均长度越大，刀具也越容易弯曲变形，在生产使用过程中就越容易损坏，这对模切工序能否顺利进行有很大影响。长的刀具意味着在模切生产过程中，可能会造成生产线更加频繁的停机来更换刀具。出于以上考虑，可在模切版中适当增加“过桥”来解决这些问题。增加“过桥”的数目，可以缩短模切刀的长度，使模切刀的强度增加，不易弯曲变形。而且由于每一段模切刀的长度缩短，热胀冷缩的程度也相应降低，因此对模切精度的影响也降低了。

为使模切版的钢刀、钢线具有较好的模切适性，在产品设计和版面绘图时，应注意以下问题。

A．开槽开孔的刀线应尽量采用整线，线条转弯处应带圆角，防止出现相互垂直的钢刀拼接。

B．两条线的接头处，应防止出现尖角现象。

C．避免多个相邻狭窄废边的连接，应增大连接部分，使其连成一块，便于清废。

D．防止出现连续的多个尖角，对无功能性要求的尖角，可改成圆角。

E．防止尖角线截止于另一个直线的中间段落，这样会使固刀困难，钢刀易松动，并降低模切适性，应改为圆弧或加大其相遇角。

（2）模版材料与切割方法

① 模版材料

模切底版要质地坚硬、不易变形、耐压性强，表面须经防水阻隔和磨光处理，黏合采用环保胶水，不开裂、不翘边、表面平整、易于加工。在圆压圆模切中，还要求弧板具有高精度的厚度公差和表面曲率，以保证镶入模切版的刀、线尺寸准确。

模版使用的材料有木质多层胶合板、高密度板、电木板、纤维塑胶板、钢质板等，目前以木质多层胶合板最为普遍。木质多层胶合板的厚度一般为 18 ～ 20mm，木质以用硬木胶合板耐用度较高。这种材料受环境温度和湿度变化的影响较大，易产生变形，尺寸不稳定，影响模切压痕精度。纤维塑胶板不受温度和湿度变化的影响，尺寸稳定性好，是较好的模切压痕版材，需要专用的设备加工，成本较高。钢质模切压痕版精度高，不变形，但加工较复杂。

② 常用切割方法

A．锯床切割。锯床切割为现在模版线缝加工的主要加工方法，锯床是利用锯条的上下往返运动来工作的，用特制超窄锯条在模版上加工出可装模切刀和压痕线用的窄缝，超窄锯条的厚度等于相应位置模切刀或压痕线的厚度，常用厚度为 0.7 ～ 2.0mm、宽度为 1.5 ～ 3.0mm 的锯条，锯床上配有电钻，可以在模版上钻孔，钻孔后，可以通过孔在版上穿过锯条进行切割。现在的锯床系列产品根据使用的场合和制版种类不同，规格齐全且功能完善。锯床配有吸尘系统，可以把锯切的锯末自动收集，锯条可以进行电动装夹，大版面锯床的工作台面上配有气浮系统，可以使大版面锯割轻快灵活。近年来，CAD/CAM 技术业已应用于模切版的制作，其原理是利用 CAD/CAM 技术和计算机控制技术，控制锯床完成切割，开槽质量有较大提高。

B. 激光切割。激光切割是在由计算机控制的激光切割机上进行的，如图 5-1-3 所示。它是以激光作为能源，通过激光产生的高温对底版材料进行切割。进行激光切割时，首先需要将整版模切轮廓图输入计算机，由计算机控制底版的移动，用激光进行切割。但在切割过程中需要的参数较多，如材料质量参数，板材厚度，激光输出功率，辅助气体的种类和压力，喷嘴的直径、口径，材料与喷嘴的距离间隙，透镜的焦距，焦点的位置以及切割速度等。因此，在实际生产中，借鉴以往经验来确定加工效果是极其重要的。激光切割的主要不足是激光切割机价格昂贵，切割成本较高，从而使模切版制作成本较高，因此，这种模切版一般由专业厂家生产，用户直接定做。

图 5-1-3　激光切割

（3）装模切刀和压痕线

模版切割完成后，要根据所模切纸盒相对位置来安装模切刀和压痕钢线。为了保证模切质量，首先应选择质量较好的模切刀具和压痕钢线。

① 模切刀具。模切刀具又称钢刀或啤刀，利用锋利的刀具刃口将纸板切断，得到所要求的纸盒坯料形状。切口要光滑，不允许粘连。

钢刀是模切版的主要材料，应具有锋利、耐磨损、弯曲方便等特性。

根据生产要求，常用钢刀的高度一般为 23.8mm，不干胶纸模切用钢刀的高度为 7mm、8mm 和 9.5mm，特殊用途钢刀（高刀）的高度为 30 ～ 50mm。钢刀的厚度常用 0.71mm，也有 0.53mm、0.71mm、1.05mm、1.42mm 和 2.13mm 等，钢刀的厚度单位也用点（线）表示，上述厚度对应的点（线）分别为 1.5 点、2 点、3 点、4 点和 6 点。

根据模切材料的不同，钢刀材料分为硬性、中硬性和软性三种，根据需要灵活选用。钢刀的软硬指刀体部分，钢刀的刃口都很硬。硬性钢刀适用于模切很硬、难切的物品，如电路板、橡胶板，对较软的物品，如纸张、塑料也适用。中硬性钢刀适用于模切不干胶纸、贺卡、名片、纸板等。软性钢刀适用于模切胶片等。

由于被模切产品形状各异，需要将钢刀弯成各种各样的形状，因此钢刀要具有弯曲特性。硬性钢刀弯曲特性较差，中硬性钢刀弯曲特性较好，软性钢刀弯曲特性最好。软性钢刀刃口经淬火处理，既有优良的弯曲特性，刃口又保持锋利，适合于多方面用途及难切材料。图 5-1-4 为钢刀弯曲形状。

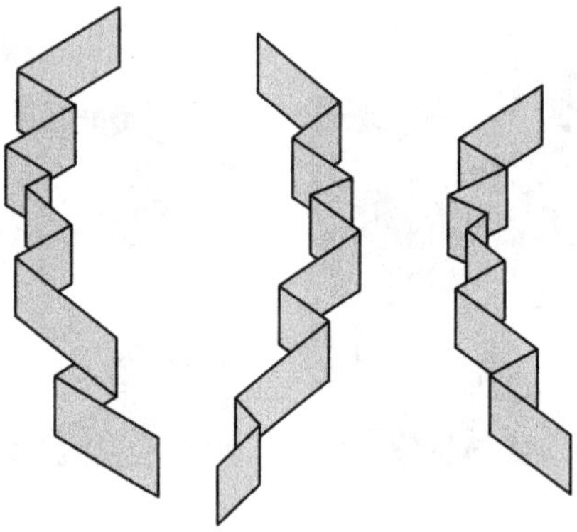

图 5-1-4　钢刀弯曲形状

② 压痕钢线。压痕钢线又称钢线，在模切版上用于完成纸盒折叠处的压痕工作。压痕线的制造材料要具有耐磨损、弯曲度大等特性。良好的压痕线，要求压痕的圆头对称居中且光滑，从两侧到顶端过渡均匀，以保证印刷品表面压痕后保持原有的平整性与光泽度。

压痕线的高度可根据刀片的高度、被模切材料的厚度及质量来确定，如图 5-1-5 所示，通常采用下面的公式进行计算。

压痕线的高度 H_2=（模切刀高度 H_1 - 模切材料的厚度 D_2）± 修正值

修正值是根据不同纸质确定的，一般在 0.05 ～ 0.1。纤维较长的纸数，抗拉伸性强，可采用高一点的压痕线；较脆的纸张，要相应降低压痕线的高度。当模切要求较高时，可用“大头线”；当纸板质量较差时，可用“尼龙压痕线”，其安装简单，价格低廉，高度也可以调整。圆压圆模切具有较大的伸缩空间，使压痕线高度的选择更加容易。一般轴向的压痕线比圆周方向的要略高一点。计算压痕线时，必须将刀片切入底辊的深度考虑在内。

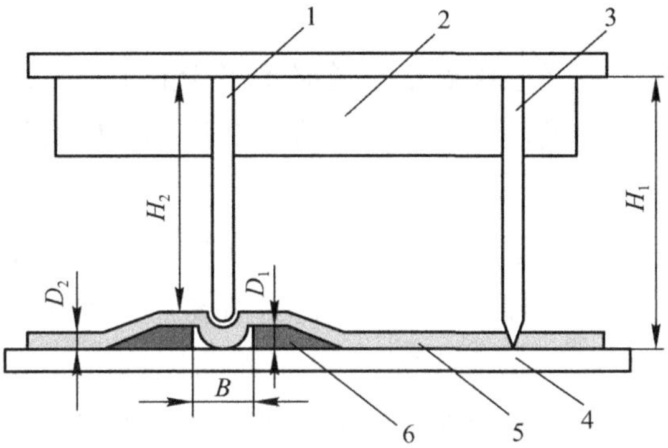

1—压痕线；2—模版；3—模切刀；4—压印版台；5—卡纸；6—压痕底模

图 5-1-5　压痕线高度的确定

③ 模切刀和压痕线的安装。首先要按照每段盒型刀线的长度，将模切刀和压痕线进行裁剪、弯曲成相应的长度和形状。可用来对模切刀和压痕线加工的专用设备主要有刀片裁剪机、刀片成型机（弯刀机）、刀片冲孔机（过桥切刀机）、刀片切角机等。

刀片裁剪机用于对模切刀和压痕线进行裁剪。首先要量出模切版上所需要钢线的长度，在刀片裁剪机上有挡规可对钢线进行长度定位，在挡规定位好以后，要将模切版上所有同样长度的钢线一次性裁剪完成，再量取第二段长度，重新进行挡规定位，这样可有效地提高工作效率。

刀片成型机（弯刀机）用于对模切刀或压痕线的圆弧或角度的精确成型。每台设备上都有成型各种常用圆弧和角度的专用模具，来对刀线进行弯曲成型。刀线的成型位置和弯曲程度都有相应的挡规进行定位，可以保证在同一版面的相同圆弧和角度的通用性，使操作更加方便迅速。

刀片冲孔机（过桥切刀机）用于在模切版上过桥部分装刀线时，在模切刀或压痕线背部冲出和过桥同样宽度与模版同样高度的过桥孔，可以保证顺利装刀。

在制作模切版时，在两模切刀的垂直相交处，因为横向模切刀刃口处刀刃斜面的存在，垂直模切刀断面如果切割成直线会造成垂直相交处切不断的现象，刀片切角机就是解决两模切刀垂直相交处切不断的问题的。通过刀片切角机的切割，模切刀端面刃口部可自动切出一个尖角，正好和横向模切刀刃口斜面相对，可以有效地进行两模切刀垂直相交处切断。对于厚度为 0.45mm，高度为 7 ～ 9.5mm 的不干胶标签，模切刀的刀片成型和裁剪有专用刀片成型裁剪机，该设备同时有刀片成型部分和刀片裁剪部分。专用模具更加精巧、实用，最适合标签刀对细小的圆弧和角度等形状进行加工。

刀片裁剪成型以后，安装时要求将切割好的模版放在平台上，将一段加工好的刀线前进部朝下，对准相应模版位置，用专用刀模锤打上部刃口，将刀线镶入模版。需强调的是，安装刀线必须用专用刀模锤或木锤，刀模锤头部采用高弹橡胶制成，在打击刀线刃口时，可以保证不伤刃口。

（4）开连接点

在模切版制版过程中，开连接点是一道必不可少的工序。连接点就是在模切刀刃口部开出一定宽度的小口，在模切过程中，使废边在模切后仍有局部连在整个印张上而不散开，以便于后续走纸顺畅。

开连接点使用的专用设备是刀线打孔机，即用砂轮磨削，而不应用锤子和錾子去开连接点，否则会损坏刀线和搭脚，并使连接部分容易产生毛刺。连接点宽度有 0.3mm、0.4mm、0.5mm、0.6mm、0.8mm 和 1.0mm 等不同的规格，常用的规格为 0.4mm。连接点通常打在成型产品看不到的隐蔽处，成型后外观处的连接点应越小越好，以免影响成品外观。另外，还应注意不要在“过桥”位置开连接点（“过桥”位置模切刀是悬空的）。

（5）粘贴海绵胶条

钢刀和钢线安装后，为了防止模切刀在模切压痕时粘住纸张，并使走纸顺畅，要在刀线两侧粘贴弹性海绵胶条。弹性海绵胶条在模切中所起的作用非常重要，它直接影响模切的速度与质量。一般来说，海绵胶条应高出模切刀 3 ～ 5mm。在不同模切机上，应根据模切的速度和模切活件及各相关条件，选用不同硬度、尺寸、形状的海绵胶条。选择弹性海绵胶条时，可遵循以下原则。

① 硬性海绵胶条多放在模切刀口下沿的空当处，软性海绵胶条多放在模切刀下或模切刀与模切刀之间的缝隙之中。

② 模切刀之间的距离如果小于 8mm，则应选择硬度为 HS600 的海绵胶条。

③ 模切刀之间的距离如果大于 10mm，则应选择硬度为 HS250（瓦楞纸板）或 350（卡纸板）的海绵胶条。

④ 模切刀与钢线的距离如果小于 10mm，则应选择硬度为 HS700 的拱型海绵胶条；如果大于 10mm，则应选择硬度为 HS350 的海绵胶条。

⑤ 模切刀的打口位置使用硬度为 HS700 的拱型海绵胶条，用于保护连接点不被拉断。

⑥ 模切胶条距离刀线的理想距离为 1 ～ 2mm。

（6）试切垫版

模切版加工完成后，首先要将模切版装在模切机上进行试切，若试切试样局部正常，而有一部分切不断时，就要在局部范围进行垫版，也叫“补压”。垫版就是利用 0.05mm 厚的垫纸板粘贴在模切版底部，对模切刀进行高度补偿。当局部垫版后仍有个别刀线模切不透时，就要进行位置垫版。位置垫版就是用窄条垫版直接粘在模切刀底部进行刀线高度补偿。这一工序对模切质量和速度也有着直接影响，并且对操作工人的经验和技术要求较高。

通过以上几个工序，模切版的制作就基本完成了，制作好的模切版便可以上机生产了。但在正式生产之前，还必须经过制作压痕底模（以利于压痕的形成，常用方法有手工粘底模法和贴压痕模法等）、试模切、客户签样等步骤，才能进行正式生产。

2．装版

装版前，先校对已经做好的模切版，观察是否符合设计稿的要求。然后检查钢线（压线刀）和钢刀（模切刀）位置是否准确；开槽开孔的刀线是否采用整线，线条转弯处是否为圆角；相邻狭窄废边的连接是否增大了连接部分，使其连成一体；两线条的接头处是否出现尖角现象；是否存在尖角线截止于另一直线的中间段落的情况等问题。

模切版一旦出现上述问题，应立即通知制版人员进行修正，以避免更多时间上的浪费。将修正后的模切版安装固定在模切机的版框内，并按规定位置定位。

3．调整压力、粘贴橡皮条和垫版

（1）调整压力、粘贴橡皮条

调整版面压力，先要调整钢刀的压力。垫纸后，先开机压印几次，以便把钢刀碰平，然后用大于模切版版面的纸板进行试压，根据钢刀切在纸板上的切痕，采用局部或全部逐渐增加压力或减少衬纸层数的方法，使版面各刀线压力达到均匀一致。

通常，钢线比刀线低 0.8mm（因为瓦楞纸板楞型的不同，纸板厚度差别较大，应根据实际情况调整），为使钢线和钢刀均获得理想压力，应根据所模切纸板的性质对钢线的压力进行调整。垫纸的厚度通常根据被模切纸板的厚度来计算，即

垫纸的厚度＝钢刀高度－钢线高度－被模切纸板的厚度

一般来说，橡皮条应高出模切刀刃 1.2mm，橡皮条与刀线的距离以 1 ～ 2mm 为宜，因为如果橡皮条距刀身很近安装，则它在受压后不能向刀身方向膨胀，只能向另一方向膨胀，造成向两边拉纸，模切刀还未切断纸张，已被橡皮条拉断，易产生纸毛。

（2）垫版

模切压痕版可以从模切压痕机的压印机构中自由装卸，可按需要调换或安装。它的定位机构很精确，每次装卸都不影响位置精度。为使印版的钢刀或钢线刀口各点获得均匀的模切压痕压力，版面要保持平整、光滑、整洁。采用垫刀和垫线的方法可以使压力均匀，保证模切压痕质量。

垫版是在模切压痕版下面垫上一层或数层纸或纸板，使版面钢刀、钢线压力均匀。检查横切版压力是否均匀可采用如下方法。

① 试压。用大于模切印版版面的纸板（可选用 400 ～ 500g/m^2）和 60g/m^2 的牛皮纸覆在模切版版面上，进行试压。压痕浅的地方压力轻，应进行垫版；压痕深的地方压力大，不需要垫版或少垫版。

② 涂墨。用墨辊在模切压痕版版面上涂墨，墨迹深的地方为版面高点，也是压力大的点，无须垫版或少垫版；墨迹浅或无墨迹的地方为版面低点，也是小压力点，必须垫版。

③ 压复写纸。将模切压痕版版面压在复写纸上，复写纸下面铺上白纸，观察白纸上的复写印迹。复写印迹深的地方为大压力点，复写印迹浅的地方为小压力点。检查出模切压痕版钢刀和钢线的压力情况后，用局部或全部逐渐增加或减少（挖去）牛皮纸层数

的方法，使版面压力均匀。模切的钢刀和压痕的钢线因高度不同，刃口不在同一平面上，要分别调整压力。所有钢刀的高度调整一致，所有钢线的高度调整一致。模切压痕版中，压力过分轻的钢刀或钢线，可以在印版后面相应位置增垫薄铁条或薄铁皮，以调整其压力。

钢线垫好后再试压，并检查产品表面各钢线的压痕和钢刀的模切情况，再做必要的压力调整，使版面压力符合质量要求。

4．模切压痕、清废、出成品

前述工作完成后，应先模切出样张进行全面检查，看各项指标是否符合要求。待专职检验人员签样确认后，即可进行批量生产。在生产过程中，操作人员应不定期进行自检，主要是和样张进行比较，看是否存在问题并及时进行解决。对模切后的产品，应先去除多余的边料，然后对有毛刺的边缘进行打磨，使其光洁。随后对成品进行挑选检查，剔除残次品，最后点数、包装、验收、入库。

三、模切压痕技术的发展趋势

近年来，我国印刷机械制造业尤其是印后机械取得了长足的进步。其中，模切烫印设备犹如印机领域一颗璀璨的明珠，由最初几乎单一的立式平压平模切机，到引进仿制，再到自主研发，并逐渐具备创新能力和拥有自主知识产权。

平压平模切机是目前应用最广泛、最普遍的类型，也是国内外生产厂家生产最多的机型。国内的有上海亚华、唐山玉印、北人集团、河南新机集团、北京胜利伟业印刷机械有限公司等生产厂家；国外有瑞士 BOBST、德国 IMG、日本 ASAHI、美国标准纸盒机械公司、西班牙 IBERICA、韩国 YoungShin 机械有限公司、日本 IIJIMA 以及海德堡等生产厂家。平压平模切机可以用于各种类型的模切，既能人工续纸半自动模切，又能全自动高速联动模切；既能模切瓦楞纸板、卡纸、不干胶纸，又能模切橡胶、海绵、金属板材等。

立式平压平模切机，俗称“老虎嘴”，一说其工作时类似嘴的咬合动作，二说其工作起来不安全，容易伤人，因而得名。这也形象地说明了立式平压平模切机的工作特点。立式平压平模切机在结构上主要分为机身和压架两大部分，模切版台装在机身上。按照其动作方式，可分为单摆式和双摆式。单摆式是指模切时压架摆动，机身不动（版台不动），版台与压架下部先接触，上部后接触，模切结束时上部先离开，下部后离开。这样受力时间不同，且受力不均，因此使用越来越少，慢慢被淘汰了。双摆式是指模切时机身和压架都有动作，接触之前压架平版和版台是平行的，之间的接触形式是平行移动，因此压力大而均匀。目前生产的立式平压平模切机大部分属于此种类型。立式平压平模切机根据自动化程度，又可以分为半自动和全自动两种类型。目前国内生产的立式平压平模切机主要是半自动的，模切通过机器完成，而给纸和收纸是靠人工完成。由于生产质量和生产效率与操作者的熟练程度有关，且容易发生安全事故，所以美国等发达国家已经明令禁止使用这种设备了。因为国情所限，国内该种设备的使用还比较普遍，生产的厂家还比较多，因价格便宜，产销量较大。

国内外已经开发出全自动立式平压平模切机，从给纸、模切或烫印到收纸，全部自动完成。国内比较典型的设备是北人集团开发的TYM750烫印模切机。该机具有模切和烫印两种功能，整个模切和烫印过程从给纸、模切或烫印到收纸，全部自动完成，操作简便，自动化程度高，广泛应用于纸张、卡板纸的烫印、压凸和模切，也可以应用于一些其他承印材料的模切和烫印。

卧式平压平模切机有平张纸和卷筒纸两种给纸方式，除了模切之外，还可以有清废和烫印功能。卷筒纸给纸方式的卧式平压平模切机主要用于不干胶标签及商标等印刷品的模切。平张纸卧式平压平模切机是使用最广泛且技术发展最快的机型，制造厂家比较多，国外知名厂商如瑞士博斯特、德国海德堡等，国内如北人集团、上海亚华、台湾有恒、唐山玉印、胜利伟业等，市场竞争比较激烈。主要特点是模切压力大，模切范围广，从0.1mm厚的白板纸到5mm厚的瓦楞纸，都可以模切。

目前，模切设备和模切技术正向以下几个方向发展。

1．数字化信息技术的不断应用

目前印刷技术已经进入数字信息时代，同样数字信息技术也逐渐应用到模切设备上。模切机数字化主要有两种途径：一种是数字化接口技术，即JDF技术在模切机上的应用，主要用于数据信息的接收和反馈；另一种可以理解为无版模切，即由印前系统的图文数据直接控制切割头，对印张进行模切，适应短版的个性化模切活件。

2．自动化、智能化、多功能化

模切机的多个可编程控制器之间的数据通信；LCD智能操作显示屏，人—机对话；利用光导纤维传感器检测光标，精确定位；数字伺服；全息铝箔表面张力控制；烫印全息机械精密制造技术等都将不断运用。除了模切之外，还要求能够烫印和自动清废。以北人集团公司的TYM750烫印模切机在美国使用为例，每个工人可以同时管理四台设备，从给纸、模切或烫印到收纸，全部自动完成，用户不要求绝对的高速度，但是要求稳定可靠。

3．联机模切

联机模切主要指联机平压平模切和联机圆压圆模切。

联机模切的特点是速度快、精确度高，可以大大提高生产效率，缩短生产周期，降低生产成本。联机平压平模切最高速度可达到每小时2万次以上，远远高于单张纸模切。由于其使用的模切版与单张纸平压平模切使用的相同，制造工艺简单，成本低，目前大量使用于中、长版包装产品的印后加工中，市场前景普遍看好。

联机圆压圆模切主要应用在品种单一、大批量的印后加工上，其主要特点是对已印好的卷筒纸板进行烫印、压模、模切、清废等一系列操作，从而将印张一次性加工成最终产品。联机圆压圆模切的生产速度和模切精度普遍高于联机平压平模切，目前最高速度可达 180m/min，圆压圆模切机组的最高速度甚至能达到 300 ～ 350m/min。联机圆压圆模切避免了因多道印后加工引起的表面蹭脏、烫印定位不准、废品率高等一系列质量问题，同时减少了设备投资和占地面积，节省了大量的操作人员，缩短了生产周期。尽管联机圆压圆模切具有一些联机平压平模切并不具备的优势，但由于其刀具成本较高，模切版制造复杂，因此在国内的推广和应用受到很大的限制。目前，联机圆压圆模切只是在国外被越来越多地采用。

4．磁性模切和激光数字模切

（1）磁性模切

在欧美发达国家，磁性模切以其技术的先进性、使用的灵活性和高精度等优势，在不干胶标签、模内标签、包装盒等产品的模切加工中得到了相当广泛的应用，特别适合小批量、多订单产品的模切加工。随着个性化消费成为趋势，以及消费者环保意识的加强，无毒环保油墨的柔性版印刷所占的比例会越来越高。

（2）激光数字模切

发达国家在 20 世纪 70 年代初就开始研发应用激光数字模切新工艺。50 年来，工艺技术不断完善，加工速度不断提高，应用范围不断扩展，优势越来越彰显。由于无须模具，只要编写程序，激光束就能按程序模切。激光数字模切的优点：①可以在加工开始前的最后一分钟决定和改变模切的形状和深浅，方便个性化、小批量加工；②不仅准确性高，还可补偿印刷与印后加工误差；③效率高，加工速度基本能与数字化印刷的速度相匹配，形成联机生产；④激光蚀刻无压力，加工后的材料上不留痕迹，便于压敏型商标的剥离；⑤卷筒到卷筒式的激光蚀刻加工系统还可作间歇式重复加工，即由激光束按编程化的图案信息进行间断重复加工，不仅可用于传统的商标、不干胶标签及证卡等的模切，还可制作浮雕、异型孔和潜影效果等具有防伪功能的模切。

四、数字模切技术

1．数字模切原理

随着数字印刷技术的发展，消费市场对中短版、个性化、可变数据的需求越来越多，数字模切技术应运而生。其原理就是按照产品图形的路径，利用激光光束在其表面进行汽化切割，材料边缘已被蒸发掉，因此不需要将产品进行再次打磨平滑等手工处理，节省了生产时间。数字模切工艺的模切过程无须制版，直接由计算机控制模切头移动，对模切图案的更改灵活多变，可以实现个性化可变数据模切，尤其是在模切的前一刻也依然可以实现模切图案的修改，大大缩短了工作周期。

2．数字模切特点及应用

普通模切工艺原理简单、投资少、适用范围广、模切速度高，一直受到印刷包装企业的青睐，主要应用于包装产品的轮廓模切和折线压痕，对复杂图案的模切受到限制，套准精度也有待进一步提高。另外，模切版调整灵活性差，需要大量空间存储模切版。

雕刻版模切原理同普通模切一样，不同的是雕刻版可以实现复杂图案的模切，模切精度可达 ±0.03mm，既可以实现包装产品的轮廓模切和折线压痕，也可以模切复杂图案，适用于剪纸、艺术镂空、包装盒异型开窗等领域。磁性模切技术具有与普通圆压圆模切相同的模切效果和速度，由于其模切版为分体式，在更换模切图案时可以只更换磁性模切刀，降低制版成本，提高换版速度。磁性模切版精度采用同心度误差进行衡量，现在磁性模切滚筒的同心度误差可达 ±2 ～ ±5μm。

数字模切采用印前系统直接控制模切成像，省去了制版工序，降低了成本，提高了效率。由于其可实现个性化、可变数据、复杂图形的模切，且模切分辨率达 0.2 mm，细节部位模切材料直接汽化，无须清废，在复杂图案模切中得到广泛的应用，主要应用于不干胶标签及证卡的模切，还可以实现半切透，使印刷品表面产生浮雕感，起到防伪作用。拖刀式数字模切机的模切速度已经达到 1000mm/s，可实现全切透、半切透、多角度开槽等效果，并且模切数据修改方便灵活，一般用于中短版订单或模切打样。

（1）数字模切的特点

① 高品质、高精度

随着模切技术和激光技术的发展进步，把两者结合起来，利用激光取代传统的模切刀模有着明显的优势。激光模切机属于全自动激光切割，无振动偏差，精度高且稳定。无须制作刀模，由计算机直接控制激光进行切割，并且不受图形复杂程度的限制，可以满足传统刀模无法完成的切割需要。

② 无须换版、效率高

由于激光模切技术是由计算机直接控制的，无须更换刀模版，可实现不同版式活件之间的快速切换，节省了传统模切的刀模更换和调整时间，尤其适合短版、个性化模切加工。激光模切机具有非接触式特点，换活快，生产周期短，生产效率高。

③ 简单易用、安全性高

可以在计算机上完成切割图形设计，各种图形参数设定基于软件自动生成。因此，激光模切机易学易用，对操作者的技能要求相对较低。设备自动化程度高，减小了操作者的劳动强度，同时，切割时无须操作者对活件进行直接操作，安全性好。

④ 可重复加工

由于激光模切机可以存储计算机编制的切割程序，所以当再次生产时，只需调出相应程序即可进行切割，做到重复加工。

⑤ 可实现快速打样

由于激光模切机是由计算机控制的，可实现快速的模切打样。

⑥ 成本低

激光模切技术的成本主要包括设备成本和设备使用成本，而传统模切技术的成本包括制作刀模成本、打样设备成本、传统模切设备成本、人工调整成本、时间等待成本等。对于传统模切技术，制作刀模成本非常昂贵，对很多中小印刷企业来说，印后刀模制作成本少则 3 万～ 5 万元 / 年，多则 10 万～ 15 万元 / 年，还需要有经验的模切工人进行专业的安装与调整。相比之下，激光模切技术的成本很低。激光模切机维修率极低，关键部件激光管的使用寿命在 2 万小时以上，假设该设备按一年工作 300 天，每天工作 8 个小时计算，则其使用寿命约为 8 年。激光器的更换也非常便捷，半个工作日就能完成更换，并且每组费用仅 2 万元。除了用电之外，没有了各种耗材、各种辅助设备以及各种不可控的耗废，激光模切机的使用成本几乎可以忽略不计。

⑦ 应用材料广泛

非金属材料，如不干胶、PP、PE、PVC 等，以及一些金属材料，如铝箔、铜箔等，都可以用激光模切机实现模切。

⑧ 激发创新力

激光模切释放了设计师们的灵感，结合裁剪工艺技术应用，用软件在计算机上直接完成三维立体展示，在制作前便可预览，避免了设计缺陷及生产过程中的差错，省时省力。在设计稿件至成品落地的整个制作过程中，可根据需求反复制作、修正，且不需要特殊的工具和技术人员。由于没有刀模的限制，设计师的创作空间也得到了极大的扩展。

⑨ 防伪保护

数字激光模切技术还可用于打击假冒产品。模切代码可以补充包装上印刷的保护元素，甚至可以更换保护元素。使用激光可以在瓦楞纸板包装上模切或雕刻符号、图形、字母等，如图 5-1-6 所示。每个包装单元都可以拥有自己的唯一代码，以证明商品的真实性。

图 5-1-6　包装上的模切代码

（2）数字模切的应用

数字模切技术不仅适用于包装印刷，还适用于商务印刷和标签印刷，如图 5-1-7 所示。在日化用品、电子电器、医疗药品、食品饮料等行业，其包装产品对激光模切的需求尤为明显。此外，它还可以用于防伪，例如制作浮雕、异型孔和潜影效果等。国外防伪行业在 1997 年时就曾尝试使用激光模切制作浮雕效果，而邮票行业则尝试用其进行邮票打齿孔，这是机械打孔所无法模仿的，同样能起到防伪作用。图 5-1-8 所示为激光数字模切制作。

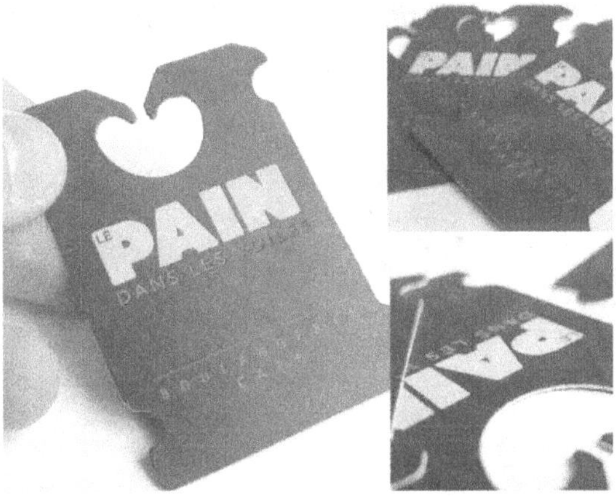

图 5-1-7　数字模切在标签上的应用

图 5-1-8　激光数字模切制作

3. 数字模切工艺

（1）激光模切

数字模切是指激光模切和拖刀式切割，但通常主要是指激光模切。激光模切是利用高能量密度的激光线束对原材料表面进行局部照射，形成汽化沟槽，完成模切的一种工艺。激光模切的精度高，主要是因为加工过程由计算机控制，切割稳定，没有振动偏差，程序编程的加工精度可达 ±0.05mm，且对产品图像的复杂程度没有限制。激光模切的工作原理是使印前系统的图文数据直接控制模切头，利用激光将材料烧蚀汽化。由于激光模切在模切过程中无须模切版，因此属于非接触式模切，模切时不会产生压力，可有效避免被模切物的切口处变形等问题，提高模切抗压性能。此外，激光模切不仅可以实现全透模切，还可以实现轻度划痕、半透模切等，并且可以在模切过程中随时修改数据，缩短作业更换时间，提高交货速度。

因为激光模切不需要制作模切版，所以速度快、效率高，在进行大篇幅的模切作业时，不受模切版的限制，而且非接触式的工作方式使其比普通制作模切版的模切方式速度快一倍以上，可节约人工成本，缩短生产周期，大大提高了生产效率。此外，激光模切操作简单，只需在计算机上事先设定好切割刀缝，便可由软件自动生成各种刀缝的参数，操作人员只需经过简单的培训后，即可进行实际操作。同时，激光模切机还可以储存切割程序，只需调用程序即可再次进行重复加工。需要注意的是，激光模切时会释放大量的热量，在高温的作用下纸制品容易发生碳化，从而发黑起毛边，影响纸包装的成品效果。

激光模切具有很高的模切精度，重复误差可达 0.07mm，甚至还可以补偿印后加工固有的不精确。在制作精度要求较高的复杂图案时，由于激光模切采用汽化的方式切割图案，对图案中小于 2mm 的精细部位，可以使承切材料完全汽化，无须清废，解决了模切过程中精细部位清废难的问题。

当然，任何技术都很难做到完美，目前激光模切技术还具有局限性，如经过激光模切的产品，由于承切物的碳化，在切口会出现发黄、有残留物等现象，模切过程中易出现切口倾斜不垂直、压痕效果不饱满等问题。激光模切产品效果如图 5-1-9 所示。

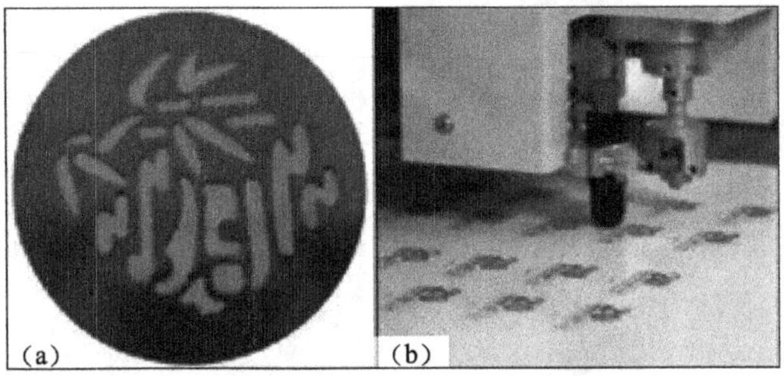

图 5-1-9　激光模切产品效果

在采用激光模切工艺时，要尤为注意以下几点。

① 材料的选择

在材料的选择上，非金属材料如各类铜版纸、亚光纸、合成纸、PP、PETD 薄膜等标签材料，以及一些金属材料如铝箔、铜箔等，都可以用激光模切机实现模切。

② 激光器功率的调节

如图 5-1-10 所示，激光模切机由收放料机构和激光模切系统两部分组成，其收放料机构与传统模切机一样，只要调节好收放料的张力即可，而激光模切系统在模切时，需要注意调节其激光器的功率大小，这点尤为重要。因为模切不同的材料，所需调节的功率不相同；材料切全穿和切半穿，所需调节的功率不相同；同一种材料，不同的模切速度，所需调节的功率也不相同。一般情况下，模切速度越快，调节的功率越大；模切速度越慢，调节的功率越小。

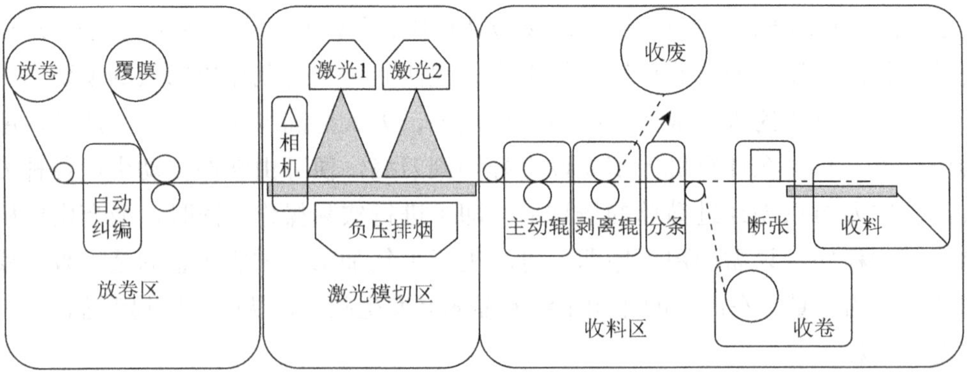

图 5-1-10　激光模切机结构

③ 激光系统软件的兼容性

以温州点成机械有限公司的激光模切机为例，该机的激光系统软件可以兼容多种计算机系统，如 WinXP 32 位、64 位，Win7 32 位、64 位，Win8 32 位、64 位等，可适用 CorelDRAW、CAD、Photoshop、Word、Excel 等与 Windows 系统兼容的软件。

（2）拖刀式平板模切工艺

拖刀式数字模切工艺的加工精度最高可达 0.1 mm，模切速度已达到 1000 mm/s，对于瓦楞纸板、厚纸板等材料的半断裁切、全断裁切、多角度开槽等均可完美实现。拖刀式数字模切工艺的模切数据修改灵活，适用于中短版订单，在纸包装模切加工领域得到了广泛应用。在计算机的控制下，安装有特制刀具的模切头按照印前设计图案路径移动，完成模切。针对不同的模切效果和活件材质，采用振动刀具、半刀工具、飞刀工具和多角度开槽工具等不同种类的模切刀具，可以满足瓦楞纸、不干胶、纺织品、玻璃纤维等不同承切材质需求。多角度开槽工具还可以实现瓦楞纸、厚纸板等较厚承切材料的多角度弯折开槽。

拖刀式平板模切工艺的加工精度达 0.1mm，可实现承切材料的全断裁切、半断裁切、完美压痕、绘图等功能，在柔性线路板、导电胶带等电子材料及不干胶、薄膜、瓦楞纸、丝织物等领域得到广泛应用。

4. 数字模切的切割形式

目前，数字模切采用的切割形式主要有两种：激光蚀刻和机械式雕刻头模切。

激光模切是根据计算机内待加工包装盒展开图样的数字信息，控制激光头和被加工材料的相对移动，利用聚焦形成的高功率密度激光束将切割部位加热至汽化温度，从而在材料上形成窄的连续切缝和压痕的过程。激光模切具有非接触、无工具磨损、速度快、精度高、自动化、加工范围广等优点，是目前发展较快且被普遍看好的模切技术。

机械式数字模切同样也是由被加工活件的数字信息控制切割刀头的运动，由切刀在材料上形成切痕，主要应用于盒型打样，其缺点是速度比较慢，不适用于联机加工。

在激光数字模切中，模切对象与激光束的相对运动可以由激光束的运动或者模切对象的运动形成，分别称为动光束系统和定光束系统。定光束系统在工作过程中光路固定，依靠工作台的运动实现对模切物的加工，由于工作台的运动速度不可能太高，因此定光束结构的加工速度受到很大限制。而动光束系统是将激光束的高速扫描，通过可补偿偏转角的聚焦镜将光束聚焦到工件表面，由于振镜的移动速度相对于工作台的移动速度要快得多，所以它的加工效率比定光束高，但由于振镜自身尺寸范围受到一定限制，模切面不可能太大。

5. 数字模切设备

数字模切设备是一种利用计算机程序控制刀具的切割设备，可以根据设计的图形在各种材料（如纸张、塑料、橡胶、皮革等）上进行高精度、高效率的切割。

（1）数字模切设备的特点

① 支持 CAD 和其他常见的设计软件，用户可以通过计算机进行设计和编程，实现多种切割模式和复杂图形的切割。

② 切割精度高，可以轻松完成各种形状的切割，精度可达到 0.01mm。

③ 采用特殊的切割刀具，可以实现多种切割功能，如切割、打孔、雕刻等，满足多种加工需求。

④ 操作简单，只需通过计算机编程和设定切割参数，即可完成切割任务，无须人工干预，减少了人力成本和误差。

⑤ 适用范围广，可以切割纸张、胶片、塑料、橡胶、软木等材料，广泛应用于包装、印刷、制鞋、皮具、模型等行业。

数字模切机可以大幅提高生产效率，降低成本，提高质量，并且可以根据不同需求选择不同的切割模式和切割材料，非常适合专业制造企业或个人使用。

（2）数字模切设备的分类

数字模切机根据不同的切割方式和材料，可以分为以下多种类型。

① 平板式数字模切机：也称为平切机，主要用于纸张、面料、皮革等软性材料的切割。它的切割刀具通过上下移动来切割，切割范围较小，但精度较高。

② 滚筒式数字模切机：也称为圆切机，主要用于印刷材料、自粘膜、橡胶等硬性材料的切割。它的切割刀具通过在滚筒上的旋转来完成切割，切割范围大，速度快。该类型数字模切机采用滚筒式结构，材料被放置在滚筒上方，随着滚筒的滚动进行切割。滚筒式数字模切机适用于批量生产管状和圆形产品。

③ 激光式数字模切机：利用激光束对材料进行烧蚀切割，主要用于金属、塑料、木材等硬性材料的切割，精度较高，但设备价格较高。

④ 贴标式数字模切机：该类型数字模切机是一种以贴标为基础设计的设备。通过特殊的贴标系统，可以对各种不同形状的材料进行高效、精确和快速的切割。贴标式数字模切机适用于制作贴标和贴纸产品。

⑤ 双工位数字模切机：该类型数字模切机是一种双工位的设备，可以实现同时对两种不同材料进行切割。双工位数字模切机提高了生产效率，适用于大规模生产和定制化生产。

⑥ 旋转式数字模切机：该类型数字模切机采用旋转式刀具结构，可以对材料进行 360° 的切割。旋转式数字模切机适用于需要高精度和高效率切割的产品。

⑦ 数控雕刻机：也称为数控开料机，主要用于对各种板材进行雕刻、开槽等加工。它的切割刀具可进行转换，可以完成各种材料的切割和加工。

⑧ 数字割纸机：主要用于纸质材料的切割，利用刀具对叠起来的纸张一次性进行大规模切割，适用于礼品包装、书本封面等生产。

总的来说，数字模切机按照其应用的材料和加工方式，可以进一步分类，而不同的数字模切机能够满足不同行业和工艺的需求。

（3）数字模切设备的操作

数字模切机是一种高科技机电设备，需要按照正确的操作流程使用。通常，数字模切设备按照如下详细步骤进行操作。

① 设备设置：将数字模切机先放置在平稳的地面上，然后打开电源开关，将切割刀具、压力轮、送纸轮等装置按照需要分别安装到设备上。

② 数据输入：将需要切割的图案或文本文件传输到计算机上，选择相应的图案或文字，通过连接计算机的软件工具将数据输入数字模切机中。

③ 切割参数设置：在数字模切机的设置面板上选择相应的切割参数，包括切割深度、切割速度、压力等，根据所需的材料和要求来进行设置。

④ 材料准备：将待切割的材料放置在数字模切机的工作平台上，并根据需要进行调整和定位，保证材料平整、不松动。

⑤ 开始切割：在完成以上步骤后，按下数字模切机上的开始按钮，设备将按照预设的参数进行切割操作。在切割过程中，需要注意设备工作状态并及时调整参数。

6. 实现数字模切的关键技术

在模切技术上应用激光技术，涉及光、机、电等技术及其融合，其中激光束的参数、机器与数控系统的性能和精度，都直接影响模切的效率和品质。因此，在模切机的研制和生产应用中，必须掌握和解决好以下几项关键技术。

（1）激光加工器的选择

激光按波段，可分为可见光、红外光、紫外光、X 光、多波长可调谐，也可分为固体、气体、液体、半导体和染料等几种类型，目前工业上常用的是红外激光及紫外激光，例如二氧化碳激光器 10.60μm 红外激光，氪灯泵浦 YAG 激光器 1.064μm 红外激光，氙灯泵浦 YAG 激光器 1.064μm 红外激光，半导体侧面泵浦 YAG 激光器 1.064μm 红外激光。不同的激光器，其性能和应用范围也不一样。对于模切加工，由于加工材料多为非金属（一般为纸板），因此首先需要选择能量易于被非金属吸收的激光器，其切割多采用汽化机制进行，以获得良好的切口质量并节约能量，这就需要具有较高的功率密度。其次，为了保证加工精度，其光斑直径越小越好，即激光器应具有良好的单色性和方向性，以有效减小切口的碳化程度。再次，由于模切的纸板有厚有薄，因此对激光器的焦点深度也有一定的要求，二氧化碳激光器可以作为模切加工较为理想的选择。对于较薄的材料，可用 100W 以下中小功率的二氧化碳激光器；对于较厚的材料，如多层胶木板的纸盒模版，可用 500 ～ 1000W 的二氧化碳激光器。

（2）光斑直径和焦点深度控制技术

在模切加工时，为了提高加工质量，产生比较窄的切缝，就应使光斑的直径尽量小。为了减小光斑直径，一般都需要用透镜聚焦。另外，工件都具有一定的厚度，因此就需要有不同的加工深度。

在数字模切过程中，存在着一定的技术问题。例如，不同承印物上会出现不同程度的烟尘，对某些深色底片，尤其是深色底板的承印物，会产生雾状物污染，如果承印物中含有大量增白剂，则承印物会有类似烧焦的痕迹，所以激光模切后会出现黄边的痕迹。

现在市场上出现了针对这种情况的新的专利解决方案，使用新的软件可以控制激光能量值和切割技术，这些都能解决大部分问题，但仍有部分承印物产生不同程度的类似情况。因此，用户要事先选择好材料，了解设备的使用限制，以便顺利完成生产。

任务二　模切机的操作与调试

任务描述

模切机的型号和类型很多，正确认识和掌握模切压痕工艺的技术要领，科学合理使用模切机，不仅可以减少或避免模切压痕故障的发生，减少产品的浪费，同时能够提高模切机的使用寿命。通过本任务的学习，学生能够掌握模切机的各组成部分，完成模切机各装置的操作与安装调试，同时掌握模切机的安全操作要领。

知识目标

1. 掌握模切机的基本结构。
2. 掌握模切机飞达部分的工作原理和调节方法。
3. 掌握模切机双张检测器的工作原理和调节方法。
4. 了解模切机清废部分的工作原理。
5. 掌握模切机盒片分离装置的工作原理。
6. 掌握模切机叼口分离装置的工作原理。

技能目标

1. 能够操作模切机。
2. 能够调节模切机的飞达各部件。
3. 能够调节模切机的定位机构。
4. 能够调节模切机的双张检测器。
5. 能够安装和调节模切机的清废部件。
6. 能够调节模切机的盒片分离装置。
7. 能够安装和调节模切机的叼口分离装置。

一、模切机的分类及工作原理

用来进行模切压痕加工的设备称为模切（压）机。无论是何种类型的模切（压）机，其结构均主要由模切版台和压切机构两大部分组成。模切版通过压力作用，将印刷品轧切成型，使印刷品的表面既有变形（压痕），又有裂变（模切），以便利用这种压痕将纸和纸板进行弯折。

模切压痕机可根据压印形式、模版放置形式及自动化程度进行分类。根据压印形式，可以分为圆压圆、圆压平、平压平模切压痕机，如图 5-2-1 所示；根据模版放置形式，可以分为立式和卧式模切压痕机；根据自动化程度，可以分为半自动和全自动模切压痕机。此外，有的模切压痕机还可以烫印，称为模切烫印两用机。

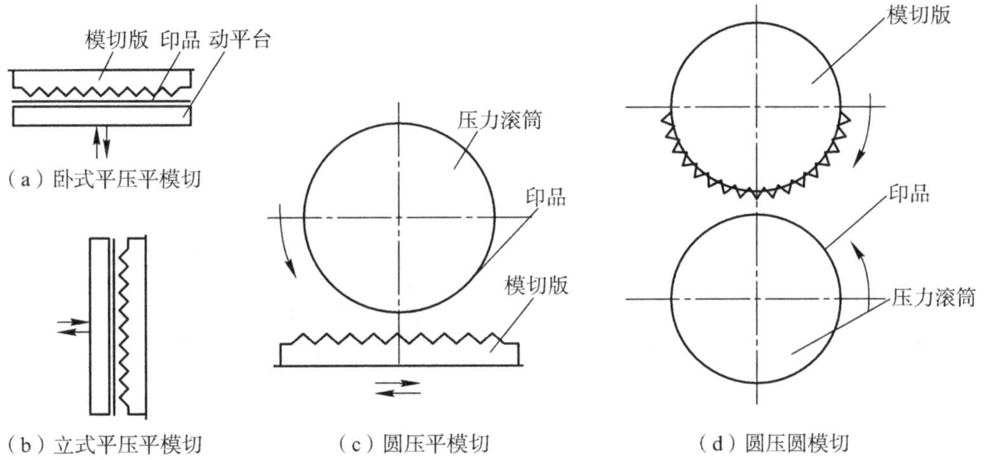

图 5-2-1　模切机分类

1. 圆压圆型模切机

图 5-2-2 为圆压圆型模切机工作原理。模切刀片为经过热处理和精加工的高级合金钢片，它与压痕嵌线装在与模切滚筒 3 曲率相同的弧形胶合板上，制成模版 4，再将其固紧在模切滚筒 3 上，砧辊 2 一般为钢辊或表面覆盖聚氨酯类塑料的钢辊。

模切时，纸板由链条或送纸机构从工作台上取走，先送入两个送纸辊 1 之间，再进入模切滚筒 3 和砧辊 2 之间进行模切，模切完成后由纸垛机收集起来。

圆压圆型模切机模切时，模切下的废屑常常粘连在模切滚筒上，影响下次模切的顺利进行。如果不让废屑与纸板完全脱离，在机下再逐件清除废屑，则要浪费大量人力。图 5-2-3 所示为一种安装有自动除屑装置的圆压圆模切机的工作原理。这种机器在模切滚

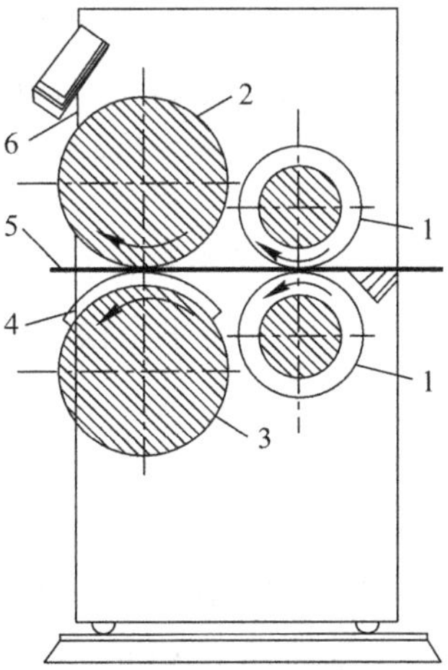

1—送纸辊；2—砧辊；3—模切滚筒；4—模版；5—纸板；6—刷子

图 5-2-2　圆压圆型模切机工作原理

筒 3 的上方增加了一个除屑滚筒，其上装有很多除屑针销 4，能自动将废屑推出，从而为解决圆压圆模切排屑这一难题开辟了一条有效的途径。

图 5-2-4 所示为圆压圆模切机模切示意。圆压圆模切是线接触模切，由于模切版是弯曲成曲面的，因此在制版和装版上就比较烦琐，技术难度比较大，制版成本也比较高，且模版安装精度要求高，但模切速度快，适合大批量生产。

圆压圆型模切机主要用于瓦楞产品的模切，目前的市场占有率较低。但随着技术发展进步，该模切机具有较好的发展前景，因为它符合未来印后加工机械化、联动化和自动化的要求，人们可以根据需要将模压机构和印刷机械连成一条生产线，实现联机化操作。这样能有效地减少劳动力的需求，缩短工艺流程，降低工艺过程中的损耗，从而提高生产效率，降低劳动成本，获得更大的利润。

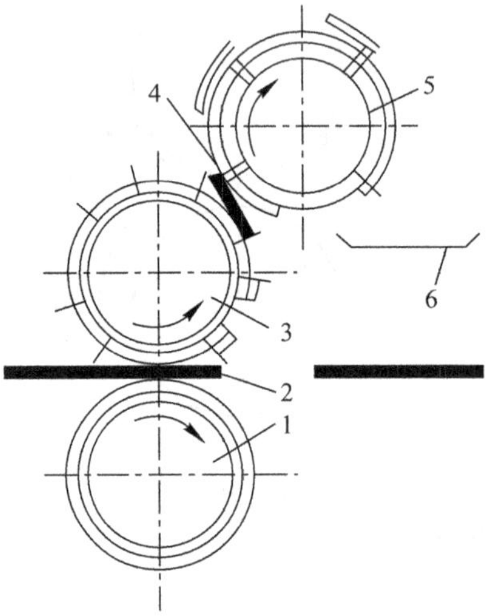

1—砧辊；2—纸板；3—模切滚筒；4—除屑针销；
5—除屑滚筒；6—废屑排送器

图 5-2-3　安装有自动除屑装置的圆压圆模切机工作原理

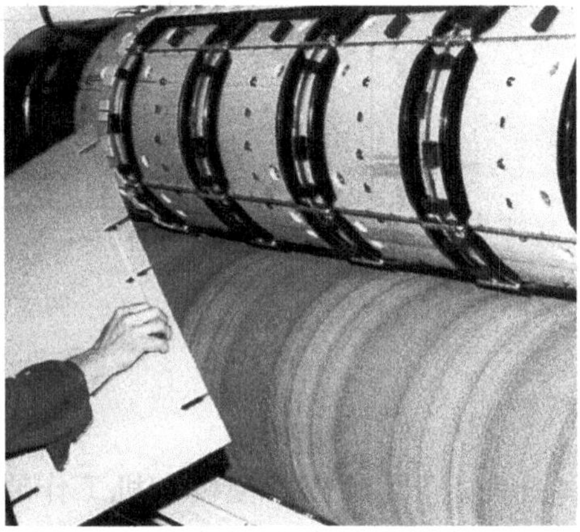

图 5-2-4　圆压圆模切机模切示意

2．圆压平型模切机

常见的圆压平型模切机（见图 5-2-5）多由平台凸版印刷机改装而来，版台装在可以往复移动的平台上，连续旋转的压印滚筒将纸板输入并施压完成模切。

图 5-2-6（a）所示为二回转式模切机工作原理，压印滚筒连续同向转两周，版台往复移动一次，完成一个模切工作循环，模切时压印滚筒下降，模切完毕，压印滚筒上升。图 5-2-6（b）所示为一回转式模切机工作原理，压印滚筒旋转一周，版台往复移动一次，完成一个模切工作循环，压印滚筒半径较大部分的表面进行施压模切，半径较小部分的表面与版台脱离接触，用于返回行程。此外，还有一种圆压平模切机，版框放在工作台上面的皮带上，手工将纸板放在版框上，当版框及其上的纸板经过施压滚筒时进行模切。

它的优点是结构简单、造价低，但占地面积大，主要用于要求不高的纸箱加工。

圆压平型模切机采用圆筒形的压力滚筒代替压板，故模切时不再是“面接触”，而是“线接触”，使机器在模压时所承受的压力较小，而且较均匀地分布在一段较长的时间内，因而机器的负载比较平稳，可进行较大幅面的模切。但由于压力滚筒与版台对滚时产生分力，容易引起刀线刃口的变形或移位。

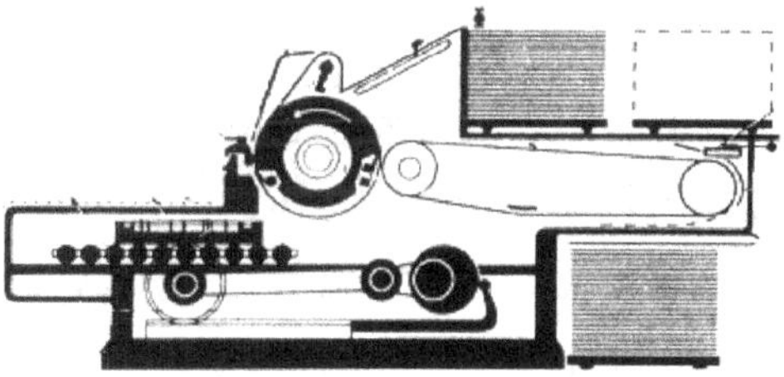

图 5-2-5　圆压平型模切机

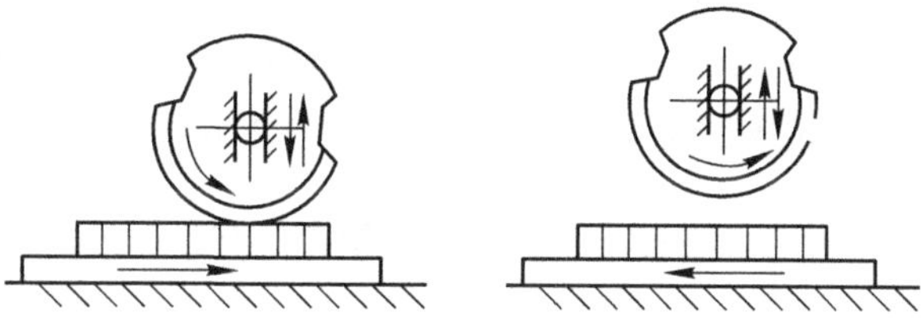

（a）二回转

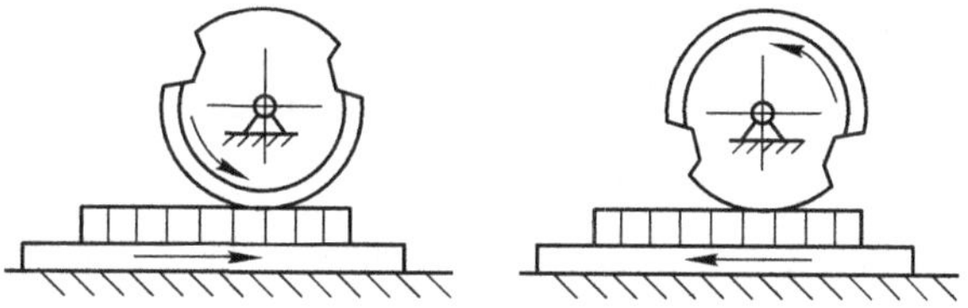

（b）一回转

图 5-2-6　圆压平型模切机工作原理

3. 平压平型模切机

平压平型模切机的模切版台和压切机构的形状都是平板状的，其工作原理如图 5-2-7 所示。模切版被固定在平整的版台上，被加工板料放在压板（下压盘）上，工作时，模切版台固定不动，压板通过曲轴连杆作用往复运动，使版台与压板不断地离合压，每合压一次，便实现一次模切。

常见的平压平型模切机有立式模切机和卧式模切机两种。

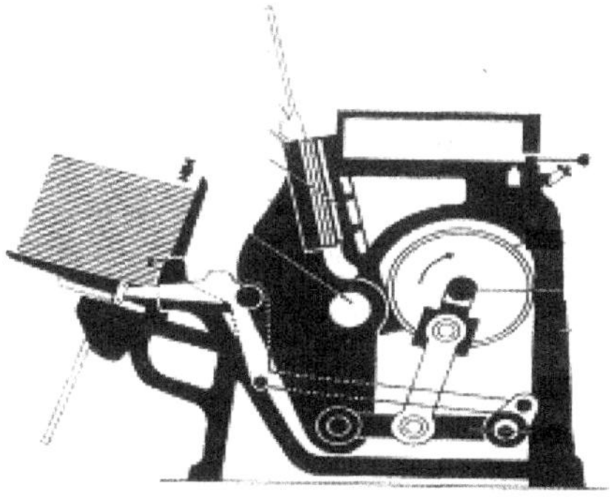

（a）立式平压平模切机

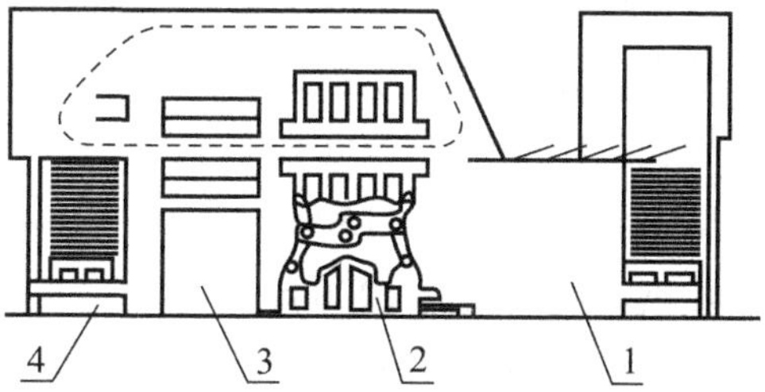

（b）卧式平压平模切机

1—输纸部；2—模切部；3—清废部；4—收纸部

图 5-2-7　平压平型模切机工作原理

立式平压平模切机具有设备结构简单、维修方便、易于操作和更换模切压痕版简单等优点，但是劳动强度较大，生产效率低，每分钟工作次数多为 20 ～ 30 次，常用于小批量生产的短版活。

卧式平压平模压机工作安全可靠，其自动化程度和生产效率都比较高，是平压平模压机中先进的机型。由于卧式模压机压板的行程较小，用手动放进或取出纸板是比较困难的，故通常都带有自动输纸系统，其总体结构与单张纸胶印机类似，整机由纸板自动输入系统、模压部分、纸板输出部分以及电气控制、机械传动等部分组成，有的还带有自动清废装置。这种机器非常适合微瓦楞纸箱、纸盒的成型加工。

二、卧式平压平模切机的调试

卧式平压平模切机的种类很多，本节以天津长荣印刷设备有限公司生产的 MK1050 型自动平压平模切机为例，讲解模切机各部分的功能与调试方法。

MK1050 型自动平压平模切机是天津长荣印刷设备有限公司开发制造的自动平压模切机，主要用于包装装潢工业中的纸盒、纸箱、商标的模切、压痕和冷压凸等，特别是各种高级精细的印刷品，如烟盒、酒盒、礼品盒、小家电盒、化妆品盒等，均可以在该机上进行凹凸压痕，以获得富于立体感、精致美观的印刷品。

该机从给纸、模切到收纸，均实现自动化，能自动检测、显示故障，具有不停机取样等功能，还具有模切压力大、套准精度高等优点。该机主传动系统安装有气动离合器，并具有制动装置，主链轮轴上装有扭力限制器（安全离合器）及多处安全检测电眼和安全装置等，可以最大限度地避免由于突发事件对设备及操作者所造成的损坏及伤害，保障人身和设备的安全。

MK1050 型自动平压平模切机具有以下主要技术参数。

最大用纸幅面：1050mm×750mm。

最小用纸幅面：450mm×370mm。

最大模切幅面：1040mm×740mm。

叼口空白：8 ～ 17mm。

纸张规格：90 ～ 2000g/m^2（卡纸）；0.1 ～ 2mm（卡纸）；≤ 4mm（瓦楞纸）。

最大压力（换算为重量表示）：250 吨。

最大工作速度：6500 张 / 时。

给纸高度：最高 1150mm。

收纸高度：最高 1000mm。

主电机功率：11kW。

整机功率：16.9kW。

整机重量：15 吨。

整机外形尺寸：4700mm×4500mm×2700mm。

气源要求：0.5 ～ 0.7MPa，＞ 0.37m^3/min。

MK1050 型自动平压平模切机采用了气动式输纸机，输纸机的操作与调试与本书项目四中“烫金机的操作与调试”的内容相似，在此从略。本节主要讲解 MK1050 型自动平压平模切机其他机构的操作与调节。

1．模切主机部分

MK1050 型自动平压平模切机主机部分由主传动系统、双肘杆施压机构、纸张后定位机构、叼牙排传动链间歇机构等组成，它是整台设备动力与机构传动的核心部分。

（1）模切机的主传动系统

如图 5-2-8 所示，MK1050 型自动平压平模切机主电机 1 为直流电机，它采用直流可控硅调速装置进行大范围的无级调速。通过皮带轮 D_1，经皮带传动大皮带轮 D_2，再经电磁离合器 2，将动力传给蜗杆 3，经与蜗轮 4 啮合减速，从而通过曲柄 5，肘杆 7、9 和连杆 8 连接动作带动活动平台 10 上下往复运动，实现主机的模切功能。曲柄 5 通过链条、凸轮和同步带轮等将动力分配至输纸部、牙排、收纸部，实现整机的动力传动分配。

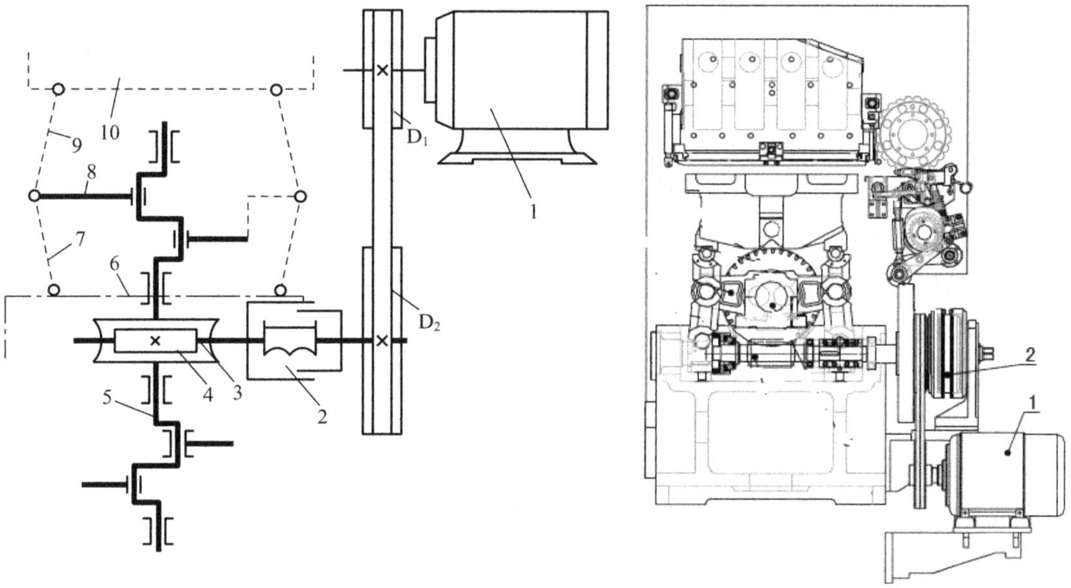

1—主电机；2—电磁离合器；3—蜗杆；4—蜗轮；5—曲柄；6—底座；
7—下肘杆；8—连杆；9—上肘杆；10—活动平台

图 5-2-8　MK1050 型自动平压平模切机的主传动系统及施压机构原理

（2）施压机构

模切机的施压机构是模切机上最主要的机构，而双肘杆施压机构是各种卧式平压平模切机中常用的增力效果显著的机构之一，如图 5-2-9 所示。因此，施压机构工作性能和运动规律的优劣，对整机的速度和稳定性有较大的影响。

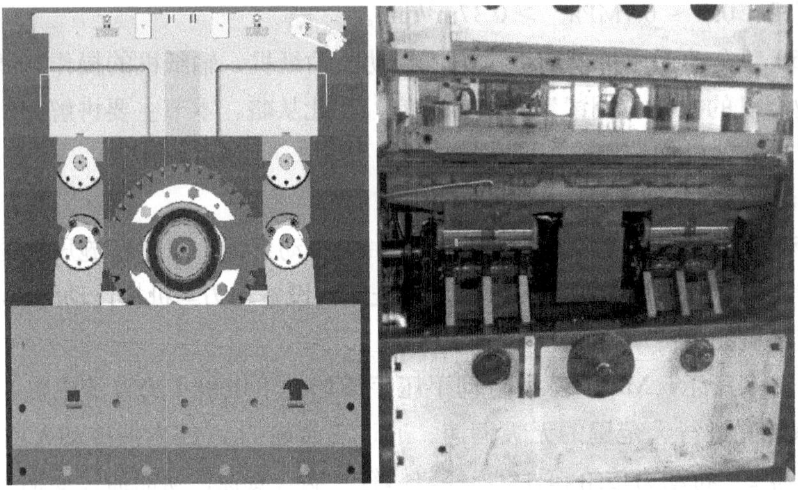

图 5-2-9　模切机双肘杆施压机构

① 双肘杆施压机构。如图 5-2-8 所示，双肘杆施压机构由曲柄 5、连杆 8、上肘杆 9、下肘杆 7 及底座 6 组成。动力由曲柄 5 传来，通过连杆 8 和上、下肘杆 9、7，驱动活动平台 10 相对于上平台上下往复运动，以便进行烫印或模切。该机构的特点是肘杆节过上下肘杆交接点的中心连线，因此，下平台往复两次过最高点，使下平台施加较大的力的时间延长一倍，从而保证了模切和烫印的质量。

在模切机整个运动周期中，在满足叼纸牙排自由通过的前提下，活动平台的自由行程越小，越有利于模切机速度的提高。理想状态下，模切机活动平台在整个运动过程中只做垂直方向的往复运动，并始终与上平台保持平行，而没有水平方向的偏移和倾斜。但由于双肘杆机构各构件之间由铰链相连，该结构就决定了平压平模切机的动平台不是直上直下往复运动。动态仿真也表明，活动平台在整个运动周期中并不是始终沿垂直方向往复运动，而是“左右摇摆，上下起伏”地完成一个个循环运动，其倾斜角和水平方向位移只在最高点位置附近和最低点处为 0，其他位置都不为 0。倾斜角和水平方向位移的大小在一个周期内呈现有规律的变化，其水平位移和倾斜角度越大，平台和导向滑块之间的作用力就越大。设计时，应在满足工艺要求的前提下，尽量减小活动平台的自由行程，降低其水平方向的偏移和倾斜角度，以提高模切速度、精度和整机的稳定性。

② 压力调节装置。压力调节装置用于调节上下平台之间的距离，使压力增大或减小。常见的是利用位于机器下部或上部的楔形板来调节模切压力。

如图 5-2-10 和图 5-2-11 所示，MK1050 型自动平压平模切机的压力调节装置由斜楔 6、滚珠丝杠副 2、减速链轮副等组成。当需要调节压力时，链轮逆时针转动手轮 4，小链轮 3 通过链条带动大链轮 7 转动，使得斜楔 6 沿上横梁 9 横向移动，动平台 8 随之垂直位移，上下平台之间的距离得到调节，导致压力增大。滚珠丝杆水平变化 2.5mm，活动平台垂直大约变化 0.1mm。压力调节范围由限位开关和近接开关双重控制，最大压力换算成重量表示不能超过 250 吨。机器配备有压力过载保护装置。

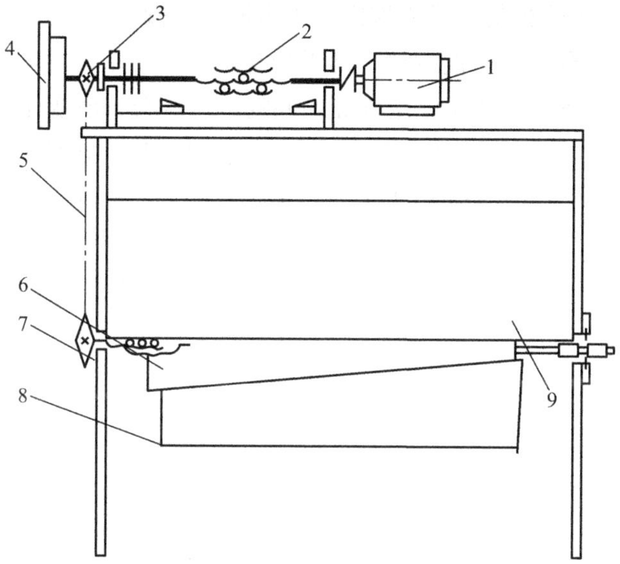

1—电机；2—滚珠丝杠副；3—小链轮；4—手轮；5—链条；6—斜楔；7—大链轮；8—动平台；9—横梁

图 5-2-10　压力调节装置原理

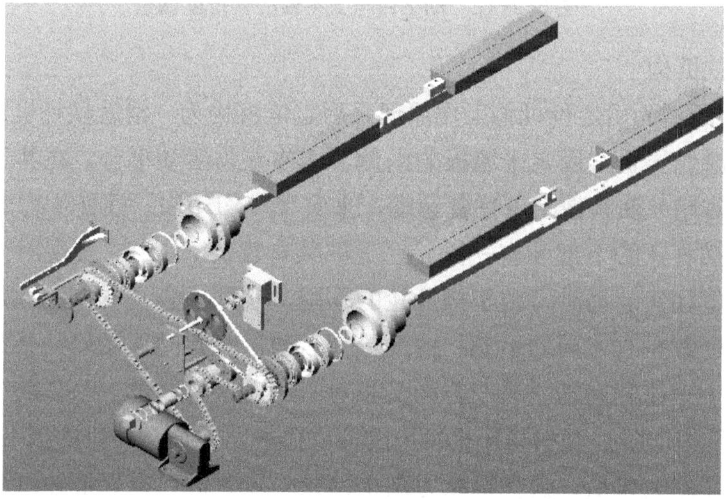

图 5-2-11　压力调节装置结构

如果发现歪张，歪张自动卸压装置会使平台自动增大距离，即呈离压状态，上下平台脱离接触。输纸恢复正常时，电气部分又控制使之恢复到原来的工作位置（原设定压力位置）。该机构有电气自锁装置，确保工作时压力恒定。

活动平台是实现模切过程的重要部件，当机器运转时，活动平台在垂直方向上下往复运动。活动平台在最高点的一段范围为压力区域，在该区间停车并调整压力是比较危险的，机器闷车就发生在这个区间。活动平台向下运动到最下的一小段区间为活动平台的最低点，该区间是操作机器的常用区间，当机器停在活动平台最低点时，可进行模切版框的推进或拖出、下垫板的推进或拖出、压力调节等操作。

③ 动平台与上平台的平行度调整。动平台与上平台两平面之间的平行度在出厂时已调整好，但是由于长期使用等原因，两平面之间的平行度会有所变化，当影响模切质量时，就需要对动平台进行调整，如图 5-2-12 所示。调整时，打开防护罩上的观察窗，用扳手转动调节螺母 4，通过螺杆 3 移动下楔板 1，使动平台的一个角上升或下降，达到使其与上平台平行的目的。

调节平行后，将调节螺母 4 紧固，然后将防护罩上的观察窗安装好，防止漏油和进灰尘。

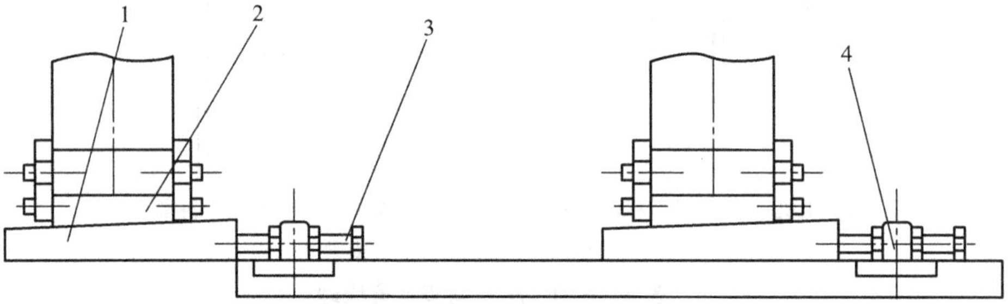

1—下楔板；2—上楔板；3—螺杆；4—调节螺母

图 5-2-12　动平台与上平台的平行度调整

（3）后定位机构

图 5-2-13 所示为后定位机构工作原理。后定位机构为一滑轨摆杆机构，其工作原理为：槽凸轮（滑轮导轨）固定于墙板的内侧，构件 3 为活动平台，在其下部有一个双肘杆机构（图中省略）使其做上下往复运动，来实现模切动作；摆杆 4 的支点 A 位于活动版台的末端，摆杆 4 的下部装有一滑轮，上部装有靠块 6，由它实现对牙排的定位；当活动平台做上下往复运动时，由于槽凸轮的作用，摆杆 4 会绕支点做往复的摆动，使靠块 6 相对于平台做左右方向的运动；槽凸轮与活动平台共同作用的结果是靠块 6 一方面要随着平台做上下往复运动，另一方面又相对于活动平台摆动。当靠块 6 的作用面运动接近垂直于输纸方向时，开始与牙排轴上的撞块接触，实施对牙排的第二次定位。

当后定位作用完成后，会在输纸方向上停止一段时间，以保证输纸牙排在这一方向静止不动，此时，上下版台对纸张进行模切。模切完成后，活动版台向下运动，后定位机构也会随之向下运动，并在拉簧 5 的作用下松开牙排。

（4）间歇传动机构

模切机在模切的瞬间，叼纸牙排是停止运动的，而其间歇运动是由间歇传动机构控制的。间歇传动机构有多种结构形式，如棘轮机构、槽轮机构、不完全齿轮机构等。三凸轮平行分度凸轮机结构如图 5-2-14 所示，具有运动特性好，启动、停止平稳，振动噪声小，结构紧凑，加工方便等优点，因而在卧式平压平模切机中应用十分广泛。动牙排传动链轮实现叼纸牙排的间歇运动。

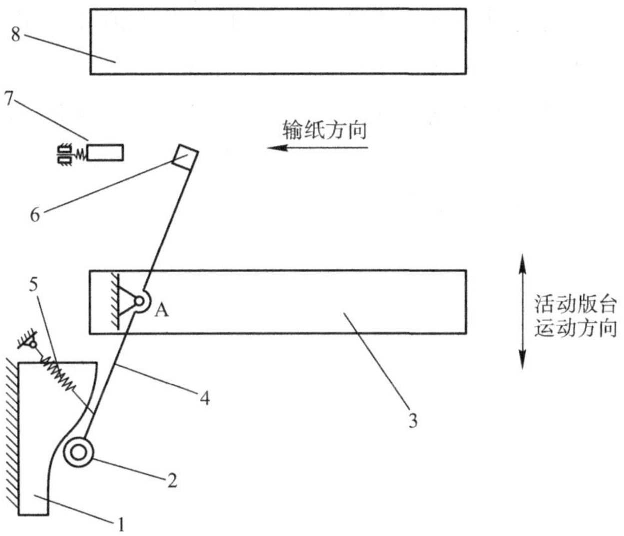

1—墙板；2—滑轮；3—构件；4—摆杆；5—拉簧；6—靠块；7—牙排；8—活动平台

图 5-2-13　后定位机构工作原理

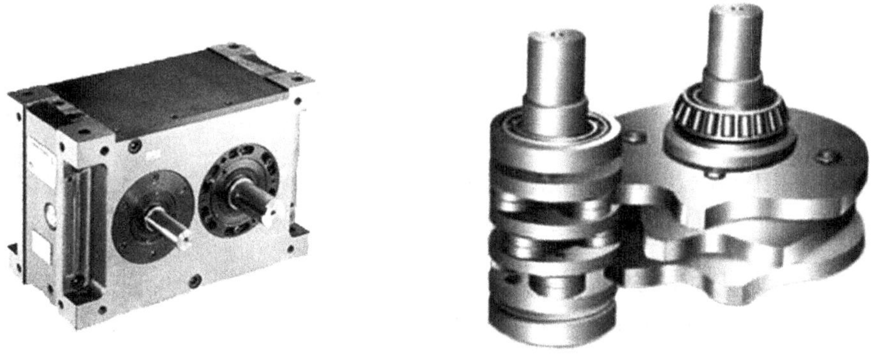

（a）分割器　　　　（a）分度凸轮

图 5-2-14　三凸轮平行分度凸轮机结构

2．清废机构

（1）清废工作原理

纸板模切后挂连的废纸板称为废料，也称尾料。只有将废料清除后，才能得到所需要的模切产品，以便进行下一步操作，如糊窗、糊盒等。

清废就是将模切后的废料与包装主体相分离，此工序也称为排废、去废。清废可以采用手工清废，也可以采用自动清废。手工清废因其生产效率低下，无法保证复杂的盒型尺寸精确度，故适用于模切批量不大的产品，一般不高于 10000 印。当模切批量很大时，可采用自动模切清废机进行自动清废，自动清废生产效率高，能保证盒型尺寸精确度，但因清废版制作复杂，带清废的模切机价格昂贵，所以限制了它的使用。

清废装置安装在模切机的模切部件与收纸部件之间，负责将模切下来的废料自动剥离和收集。目前，自动清废技术有 Marbasstip 清废和上下顶针清废两种。MK1050 型自动平压平模切机使用的是上下顶针清废技术，是通过上下顶针的配合让废料透过垫板，最后上下顶针分离完成清废，如图 5-2-15 所示。自动清废装置是由 4 个部分构成，即上清废框、中清废版、下清废框及分离版。上清废框带有清废钢条、清废销钉等装置，中清废版实为阴模胶合板，下清废框是安有下顶针的清废挂杆，分离版是一个与刀模轮廓图前边第一条钢条形状完全吻合的木条。

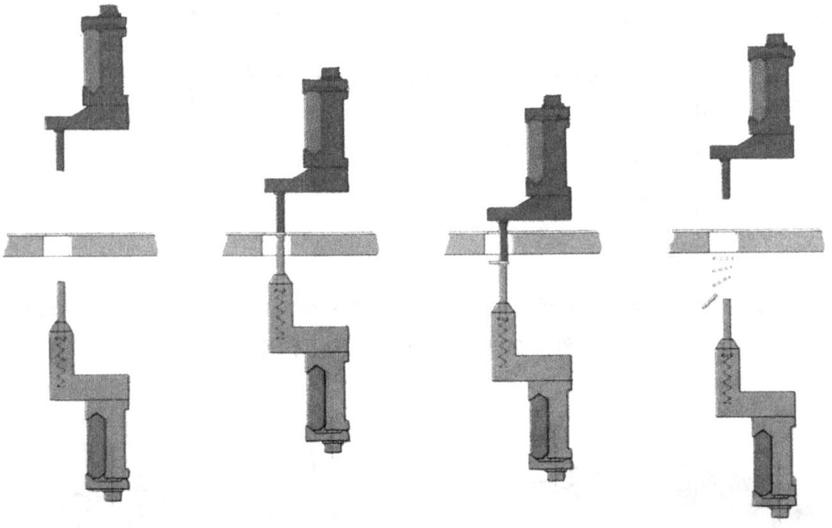

1—上下顶针分离状态；2—上下顶针靠近状态；3—上下顶针清废状态；4—上下顶针复位状态

图 5-2-15　上下顶针清废技术

自动模切清废机的清废装置与模切装置的下压盘联动，去除叼纸牙叼住的纸板以外的废纸边。如图 5-2-16 和图 5-2-17 所示，当模切好的纸张到达排废部位时，上框架 7 是固定不动的，由下框架 2 向上托起，使活件的废边、废孔块被上清废销 12、下清废销 3 夹住，不能上下运动。这时，阴模版 16 向上运动，将活件托起并高于上清废销的下端面，使废孔块、废边与活件脱离，从阴模版 16 相应的孔或边缘处落入废料车里。

在排废开始试运行时，可能有塞纸现象，这时摇起升手柄，则上部框架扬起，可排除塞纸现象，然后再使起升手柄恢复原位。起升上框架 7 时，阴模版 16 必须在最低位置。

（2）清废版的制作

① 上清废版。上清废版由胶合板和直角钢条、圆柱销钉、木块、瓦型钢线和海绵胶条构成，如图 5-2-18 所示。上清废版所用胶合板的厚度为 15mm，上清废版的前沿有一个 22mm×20mm 矩形中心定位，其他材料高度为 35mm，总的高度为 50mm，海绵高度要高 2mm 左右。上清废版通过直径为 7.5mm 的空型螺母固定在上支架上。

类似于刀模上粘贴模切弹垫的原理，为使清废线、清废销钉在上、下清废版离压时不卡住纸板，使纸板走纸顺畅，要在上清废版清废线的侧边及后边距离 5mm 处粘贴海绵块。

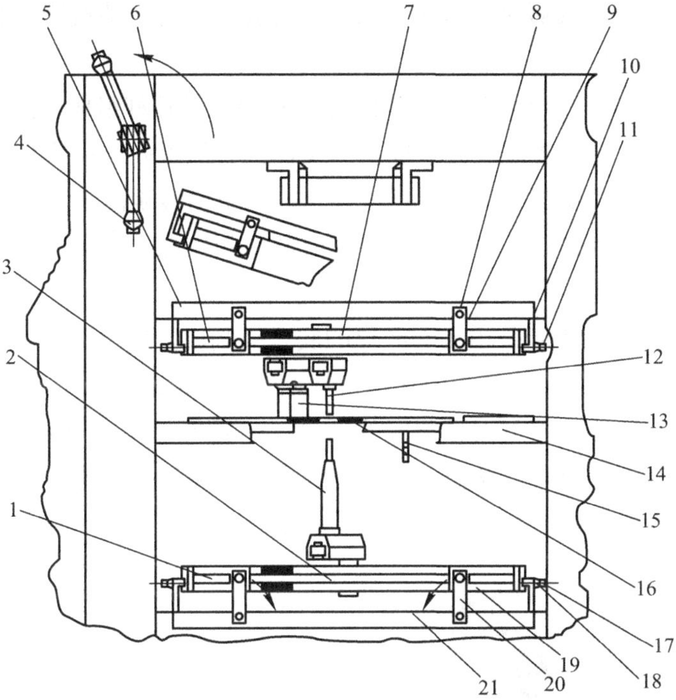

1、6—手把；2—下框架；3—下清废销；4—起升手柄；5—上托框；7—上框架；8—支板；9、19—限位钮；10—导轨；11、17—微调钮；12—上清废销；13—压块；14—阴模版托；15—主托梁；16—阴模版；18—导轨；20—臂杆；21—下托框

图 5-2-16　清废部分结构

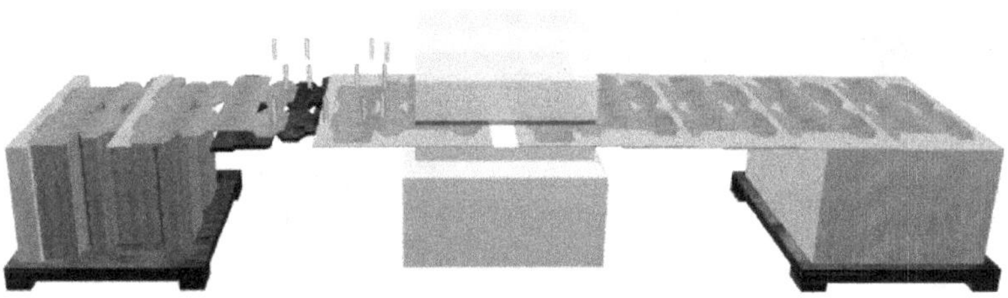

图 5-2-17　自动清废过程

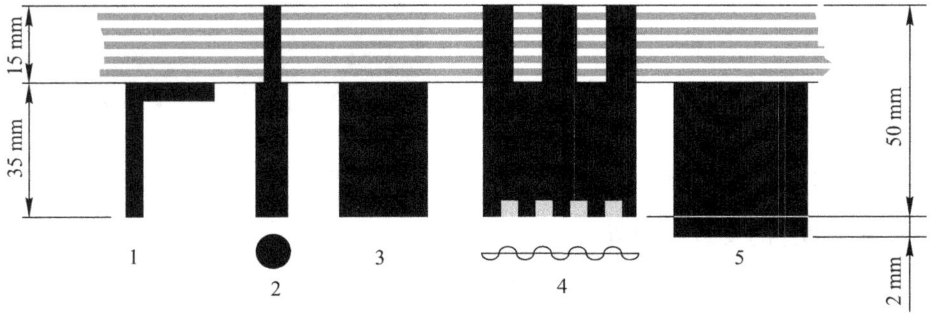

1—直角钢条；2—圆柱销钉；3—木块；4—瓦型钢线；5—海绵胶条

图 5-2-18　上清废版结构

② 下清废版。下清废版是一种带弹簧的顶针挂杆，与上清废版配合一起作用，其通过螺钉固定在下杆架上。

下清废版的基础是一个钢制挂杆框架，钢架由横、纵挂杆组成，排列方式如图 5-2-19 所示。根据清废要求，在清废版清废线及清废销钉的位置安装清废顶针。清废顶针是一种带弹簧的顶针，通过螺钉固定在挂杆框架上，与上清废版配合一起使用。清废顶针的安装要考虑纸张的运行方向，应朝向废料的前端，并注意边角料的清除，这样在惯性的作用下便于废料的清除。

③ 中清废版。中清废版是由 12mm 厚的胶合板制成，通过钢条固定于机架上，主要作用是辅助清除废料，使废料在重力作用下从挖空部位掉落，如图 5-2-20 所示。中清废版的前边为一条直线，采用与刀模相同的叼口，一般为 13mm，版的前沿要离第一条模切线 1.5mm，以侧边与后边刀模轮廓最外边的模切线为轮廓，比纸盒外轮廓线向内缩进 1.5 ～ 2mm。中清废版安装位置如图 5-2-21 所示。

图 5-2-19　下清废版清废顶针排列

图 5-2-20　中清废版

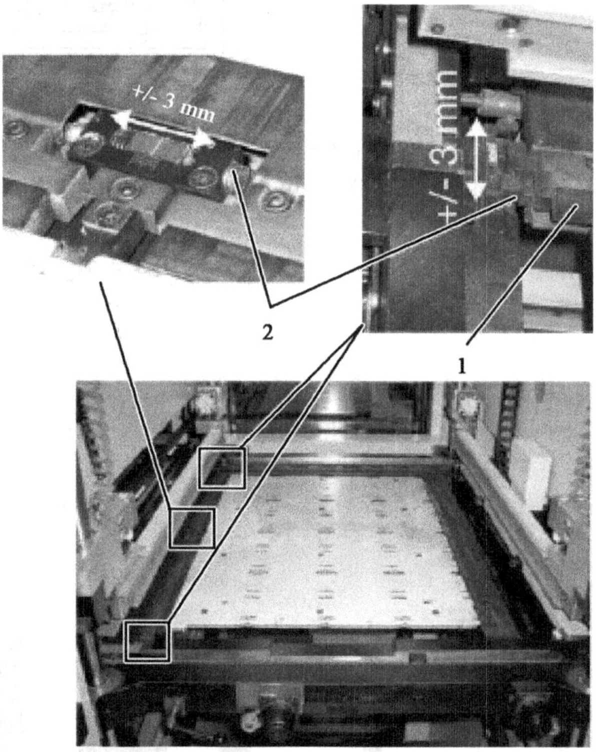

1—调节螺母；2—板夹

图 5-2-21　中清废版安装位置

（3）清废部件的安装与调节

① 安装步骤

A．将机器速度调到最低。

B．将阴模胶合板固定到机架上，根据尺寸调整对应的位置。

C．将上清废版推入上轨道并固定。

D．如图 5-2-22 所示，松开锁紧手柄 1，根据尺寸旋转位置调节手柄 2，调节阴模胶合板与上清废版到合适位置。

E．将下清废版推入轨道固定，清废版结构如图 5-2-23 所示。

F．如图 5-2-24 所示，松开锁紧螺钉，旋转位置调节手柄，根据上清废版调整下清废版的位置。

1—锁紧手柄；2—位置调节手柄

图 5-2-22　上清废版调节

图 5-2-23　清废版结构

图 5-2-24　下清废版调节

② 安装调节要求

A．进入孔内的针离边缘不小于 1.5mm，下顶针要安装在上顶针的中间。

B．顶针要安排在废料运行机构的前端，便于分离。

C．大面积的上清废版上没有安装部件的位置，应该挖空，因为容易形成真空将纸张弄乱。

D．当支架上部件过多时，也可以用下列清废部件（带尖针）替代，如图 5-2-25 所示。但阴模胶合板上的废料孔要小于废料，配顶针时不要压住顶尖，如图 5-2-26 所示。

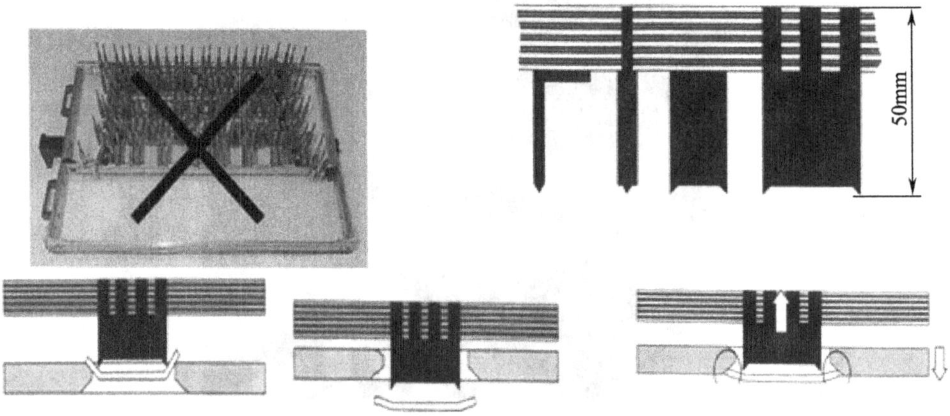

图 5-2-25　清废部件（带尖针）安装

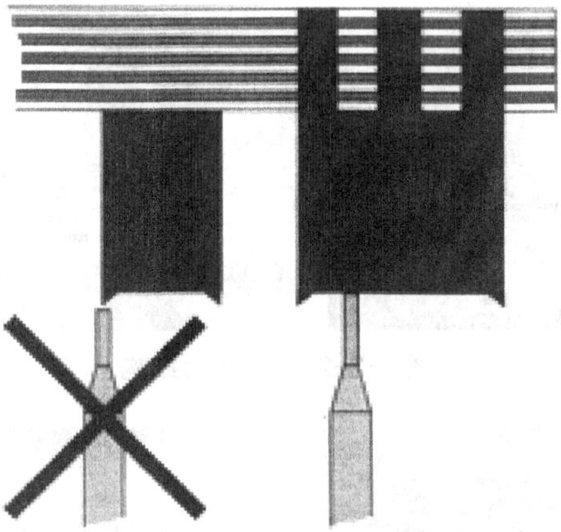

图 5-2-26　顶针配置

3．收纸部

收纸部的功能是将经模切后的纸张整齐地收集成堆，并记录产量。如图 5-2-27 所示，当牙排叼着纸张进入收纸部时，压力可调的收纸制动毛刷压住纸张的拖梢，让纸张降速，叼纸牙将被打开，纸张落到纸堆上，纸张被前齐纸机构 3、后齐纸机构 1 和侧齐纸机构 2 在两个方向上理齐。

1—后齐纸机构；2—侧齐纸机构；3—前齐纸机构

图 5-2-27　收纸机构

（1）理纸机构

理纸机构可将落在纸堆上的纸理齐，使其在收纸台上整齐地堆放。理纸机构包括前齐纸板、侧挡纸板和后挡纸板。

① 理纸机构的工作原理（见图 5-2-28）

A. 前齐纸板的摆动。在收纸链轮外侧装有凸轮 1，经滚子 2、摆杆 3、滚子 4 推动挡杆 6，使前齐纸板 7 前后摆动。压簧 9 可使挡杆 6 和滚子 4 接触。向下扳动手柄 8，可使前齐纸板 7 后倒，便于取样检查。

B. 侧挡纸板往复摆动。滚子 10 依靠撑簧 12 靠在斜块 5 上，当凸轮 1 转动，经滚子 2、摆杆 3，使摆杆 3 上斜块 5 摆动，斜块 5 推动滚子 10 使侧挡纸板 11 往复移动。

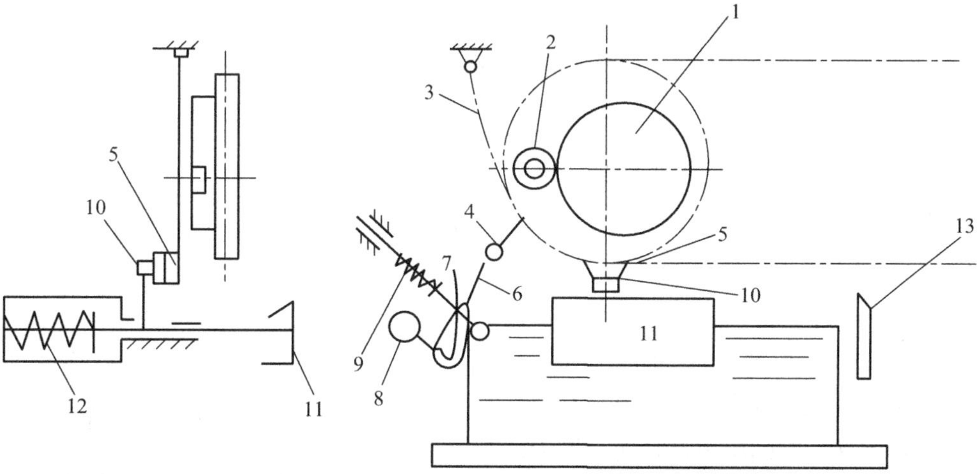

1—凸轮；2、4、10—滚子；3—摆杆；5—斜块；6—挡杆；7—前齐纸板；8—手柄；9—压簧；11—侧挡纸板；12—撑簧；13—后挡纸板

图 5-2-28　MK1050 型机理纸机构的工作原理

C. 后挡纸板 13 的座架是固定的，它和前齐纸板、侧挡纸板没有运动联系，后挡纸板调节手轮如图 5-2-29 所示。

图 5-2-29　后挡纸板调节手轮

② 理纸机构的调节

前齐纸机构是一个运动机构，每下落一张纸，齐纸板撞击一下纸张前口，使纸张整齐。同时，从齐纸方管中吹出空气，使纸张平整下落到收纸堆上。吹气量可通过调节调压阀来改变。

后齐纸机构的位置可根据纸张幅面来调整。收纸时，后齐纸板始终挡住纸张拖梢，其前后位置应根据纸张宽度旋转压纸毛刷手轮来调节。

侧齐纸机构是一个运动部件，分别位于传动侧和操作侧。每下落一张纸，侧齐纸板撞击一下纸张侧边，使纸张整齐。如图 5-2-30 所示，松开锁紧手柄 1，左右移动侧齐纸板 2，可调整侧齐纸机构的收纸幅面。

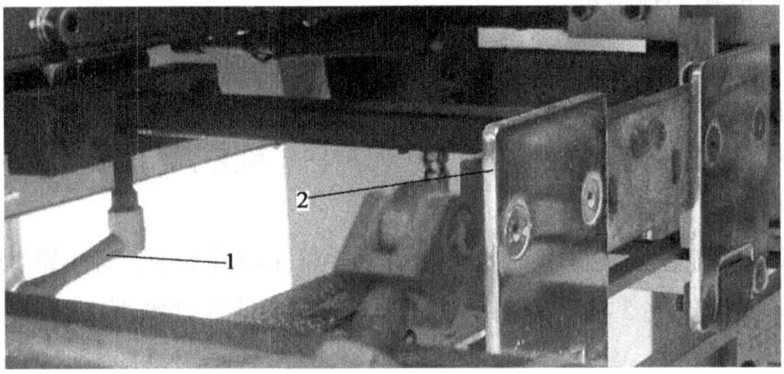

1—锁紧手柄；2—侧齐纸板

图 5-2-30　侧挡纸板调节

由于纸张运动的惯性，纸张在停止运动的瞬间会向前冲，为了使纸张保持平坦，可调节收纸制动毛刷。速度越快，要求毛刷压纸的制动力越大，因此机器运转过程中也要适当调整毛刷。毛刷对纸张的压力由收纸毛刷调节手轮来调整，如图 5-2-31 所示，逆时针旋转，毛刷抬起，制动力减小；顺时针旋转，毛刷压下，制动力增大。

图 5-2-31　收纸毛刷调节手轮

（2）收纸台升降机构

收纸台升降机构主要具有收纸台自动下降、快速升降和手动升降三种功能，如图 5-2-32 所示。

① 收纸台自动下降。如图 5-2-32 所示，在操作侧的侧理纸板上装有微动开关，当收纸台上的印张堆积到一定高度时，纸堆的侧面触动微动开关，使电动机 5 的电路接通转动，通过齿轮 6、7、8、9，蜗杆 10，蜗轮 11，链轮 12 使链条 13 带动收纸台 16 自动下降。当纸堆与微动开关脱离后，电机停转，完成一次下降过程。为防止每次下降距离过大，在电机轴上装有制动器 1，以消除纸堆下降惯性。

② 收纸台快速升降。如图 5-2-32 所示，通过纸堆升降按钮使电动机 5 正转或反转，从而使收纸台 16 快速升降。为保证安全，在导轨 17 的上下均设有限位开关，当收纸台升到最高位或降至最低位时，与限位开关接触，使电动机停转。

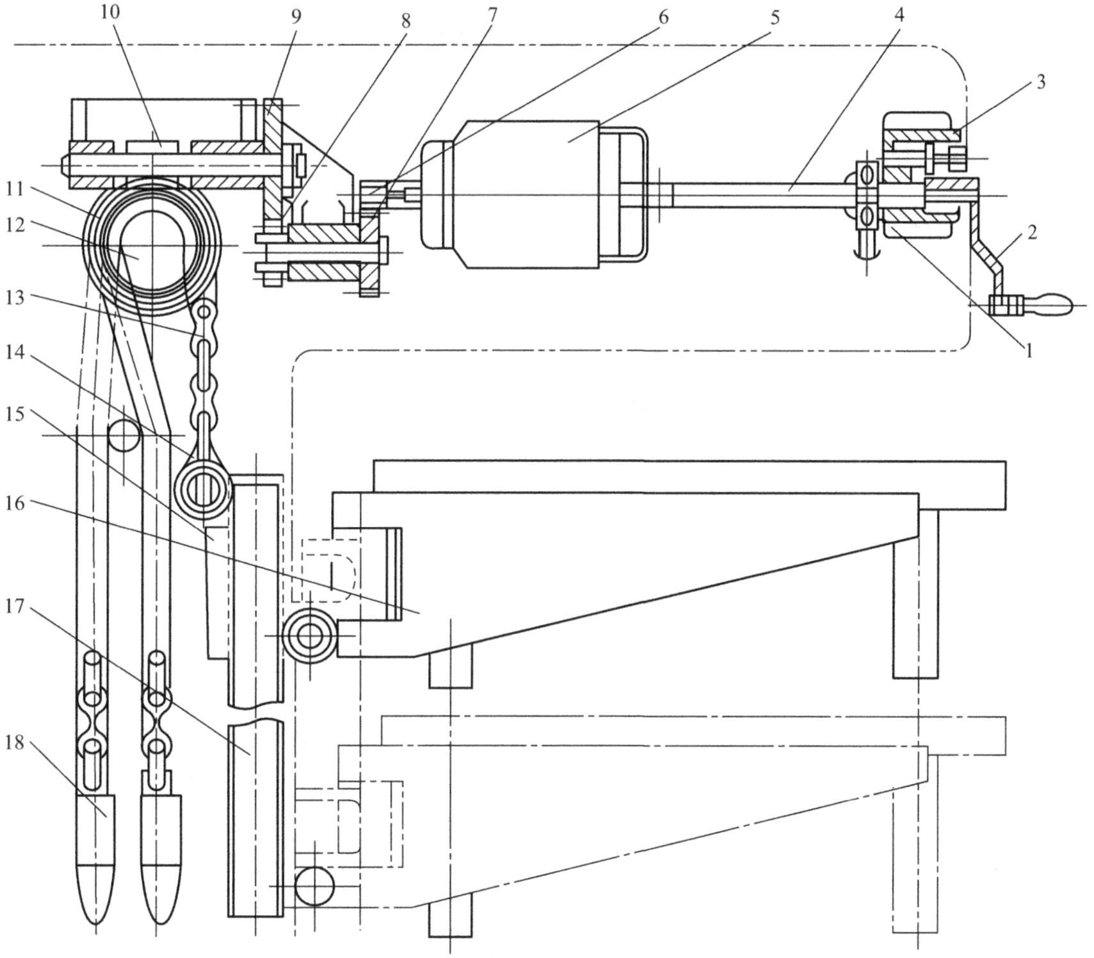

1—制动器；2—手把；3—盖板；4—轴；5—电动机；6、7、8、9—齿轮；10—蜗杆；11—蜗轮；12—链轮；13—链条；14—滚子；15—滑道支架；16—收纸台；17—导轨；18—重锤

图 5-2-32　收纸台升降机构

任务三　模切压痕常见故障分析与排除

任务描述

模切压痕是一道复杂的工艺，其效果影响因素有很多，常见故障也有很多类型，要想高效地生产高品质产品，就需要熟悉这些故障的产生原因及相应的解决方法。通过本任务的学习，学生可了解模切压痕常见的故障现象和类型，并能分析和排除这些故障，获得质量合格产品，提升生产效率。

知识目标

1. 了解模切压痕工艺常见故障现象。
2. 掌握模切压痕常见故障原因及处理方法。

技能目标

1. 能够识别诊断模切压痕常见故障原因。
2. 能够对模切压痕常见故障进行排除。

模切压痕常见故障与排除方法如表 5-3-1 所示。

表 5-3-1　模切压痕常见故障与排除方法

常见故障	产生原因	排除方法
给纸头吸纸嘴吸力小	吸气管漏气	若是接头处漏气，可紧固卡箍或拧紧气管接头；若是气管本身漏气，则应更换气管
	吸纸嘴因磨损漏气	更换吸嘴或对阀芯进行修理
	气泵原因	检查气泵，看空气滤清器是否脏污，元件应每个月至少检查清洗一次，如果脏污应立即清洗； 检查气泵端盖平面是否磨损、漏气，如磨损则应修平或更换
	吸纸嘴离纸堆上平面太远	调整给纸头高度，分纸吸嘴一般应与纸堆上平面有 6mm 距离，而递纸嘴一般应与纸堆上平面有 5 ～ 10mm 距离
给纸头抖动	给纸头万向节磨损，配合间隙变大，传动时产生振动	更换一套万向节
输纸歪斜	两侧递纸吸嘴不同步，递纸吸嘴与纸堆上平面高度不一致或相对纸堆中心不对称	调节递纸吸嘴与纸堆上平面高度一致，且相对纸堆中心对称

续表

常见故障	产生原因	排除方法
输纸歪斜	两侧输纸带松紧不一、压纸轮压力大小不一、方向不正均可造成纸张歪斜或拱起	调节输纸带的张紧轮及压纸轮上的调压手柄及压轮支撑杆的方向
	花纹辊上接纸轮分布不对称，压力大小不一致	调整接纸轮的位置对称及压力大小一致
双张	给纸头吸嘴离给纸堆上平面太近	调整其高度，使其到纸堆顶部距离 6 ～ 7mm
	分纸毛刷（斜面毛刷）及分纸簧片离纸堆太高、伸入纸堆太少	调整簧片使其离纸堆上平面 5 ～ 10mm，伸进长度为 3 ～ 7mm，调整分纸毛刷（斜面毛刷）使其距纸堆后沿尖顶处约 1mm
	松纸吹嘴过低对纸堆上面纸张不起作用，容易造成双张	调整松纸吹嘴的位置
侧规不齐	侧规拉力过大，会造成纸张被拉过位，纸边折弯，拉力过小则纸张拉不动或拉不到位	调整拉规高低及拉力大小，拉规的高低一般以薄纸为 3 张纸厚左右，厚纸为纸厚＋ 0.2mm 左右为宜； 拉力的大小可以通过调整弹簧力来实现
	叼纸牙排的叼牙尚未闭合前侧规就已抬起，则会造成纸张失控，从而造成模切时侧规矩不齐	调节侧规上的凸轮位置或将调整链条角度，使侧规在叼纸牙闭合后，牙排开始运动前抬起
	侧规矩抬起太晚，则容易撕裂纸张	调节侧规抬起时间
	输纸板上压纸毛刷轮分布不合理	调整输纸板上压纸毛刷轮的位置，使其中心正好处在最上面纸张的后沿，这样就可以保证在纸张到达前规时，毛刷轮有一个向前的推力，确保纸张到位
模切压力不均	轻微的不均，可查一下模切刀线的分布情况	在模切版上加装平衡刀线，使平台受力均匀
	支撑动平台的四个连杆摆杆高度不一致造成的比较严重的压力不均现象	打开模切底座的护罩检查摆杆是否磨损，如磨损严重则须更换。否则调整四个压力斜铁，调到完全一致为止
	前、后定位摆架定位距离过小，不能消除链条误差，就会影响模切精度	此时应调整前定位摆架的调整螺杆或后定位摆架的凸轮位置，使前、后定位架能拨动牙排 2 ～ 3mm 距离为宜
	侧定位板的磨损是造成侧定位不准的重要因素，定位的拨动量不足以弥补磨损量，则会造成侧定位精度变差	更换定位板
模切精度不高	叼纸牙压力太小或不均会造成纸张在模切过程中的歪斜	应更换活动牙
	固定牙在水平高度上不一致，使纸张在叼纸时产生碰撞或叼纸后纸张起皱，影响模切精度	调整固定牙在水平高度上一致
	间歇传动机构磨损造成牙排在停止或起动过程中发生抖动	最好请生产厂家派人来对间歇传动机构进行检修
	主传动链条磨损，影响模切前定位精度	更换新链条
	模切版框或模切上定位块磨损从而使配合间隙过大，使得上模切版或下模切钢板定位不准	更换定位块

续表

常见故障	产生原因	排除方法
模切散版	加工件形状复杂或排列数量多，而模切连点又小、又少，则很容易造成模切时散版	适当增加连点数量，最好是将加工件长度方向与纸张传送方向保持一致
	胶条太软，纸张不能顺利弹出，造成散版	更换硬度高、弹性好的优质胶条
	牙排起动太早，很容易撕裂纸张造成散版	松开间歇传动机构与链轮轴的连接套进行调整，使动平台由上停止点下降 7 ～ 8mm（加工瓦楞纸时，应下降 10 ～ 15mm）时，牙排开始运动为好
润滑油压力不足	本机器有润滑油压力不足故障显示，如出现警告	检查油箱中的过滤器，清洗过滤网，如不见效，应检查或更换油泵
收纸不齐	收纸台与侧齐纸板及前后齐纸板下沿间隙过大造成最初纸张收不齐	按微升按钮，将其往上适当升高
	最初纸张收不齐造成纸张持续收不齐	可以适当减小收纸自动下降定时器的设定值，将下降距离适当缩小
	加工薄纸时也容易造成收纸不齐	应适当降低机器速度
收纸散版	扶纸毛刷动作与纸张运动不协调，即夹纸力量过大或夹纸时间过早均容易造成模切后的纸张撕裂	应调整扶纸毛刷的动作时间及压力，使毛刷夹持纸张的 1/3，并且压力要小，能将纸张抚平
压痕不清晰、有暗线，炸线	钢线选择不对，钢线垫纸过低或过高	重新调整钢线高度；检查钢线选择是否合适；根据模压纸板的状况，调整模切压痕的工艺条件，使两者尽量适应
	模切机压力调整不当	适当调整模切机的压力大小
切口不光洁	钢刀材质不良，刃口不锋利，模切适性差；换刀不及时，刃口磨损严重	经常检查钢刀刃口磨损情况，做到及时更换钢刀；根据印刷品所用纸张的裁切性能，选用不同质量特性的钢刀
	模切机压力小或压力调整与钢刀高度调整不协调，模切作业压不实	适当增加压力；重新调整或更换钢刀或垫纸，使模切中获得较实的压力效果
	模切压痕的位置不准	
	排刀位置与印刷品不符合	根据样张要求，重新校正印版位置
	模切操作中输纸位置不一致；纸板叼口规矩不准确，操作中纸板变形、套印不准	调整模切输纸定位规矩，使与输纸位置保持一致
压痕线不规矩	排刀、固刀紧度不合适，底部不能同铁台平面达到理想接触效果，压痕时易出现扭动（钢线太紧），压痕中易左右串动（钢线太松）	更换钢线垫纸，将压槽留窄
	钢线垫纸厚度不足	增加钢线垫纸厚度
	槽形角度不规范，出现多余的圆角，钢线垫纸上的压痕槽留得太宽，压痕时位置不固定	修正槽角，排刀固刀紧度要适宜
模切后纸板有连刀	模刀刀锋不锐利，致使连刀	根据实际情况更换模刀
	模版所受的压力不均匀，压力小的地方连刀	增加局部压力
折叠纸板折痕处开裂	纸板压痕外侧开裂，则是压痕过深或压痕宽度不够；纸板内部开裂，则为模压压力过大或折痕太深	适当降低钢线高度，根据纸板厚度将压痕线适当加宽；减小模切压力或改换稍低一些的钢线

任务四　模切机的维护与保养

任务描述

设备的维护保养工作对机器的使用寿命及产品的正常生产与质量管理起到很重要的作用。通过本任务的学习，学生可了解模切机的维护保养要求和方法，能够对模切机进行正确的保养和维护，使设备在使用时更加准确和高效。

知识目标

1. 掌握模切机的维护保养要求。
2. 掌握模切机的维护与保养方法。

技能目标

能够对模切机进行正确的日常保养和维护。

随着市场对纸包装制品需求的不断提高，全自动平压平模切机在纸包装印刷行业得到了越来越广泛的应用。然而由于操作人员缺乏设备维护保养的知识，导致机器出现较多的故障，直接影响了生产的正常运行，致使生产成本提高，既打乱了生产安排计划，对交货期亦有极大的影响。机器的润滑和保养是延长机器使用寿命的保证。对于设备上的每一个运动部位（如链条、关节轴承、凸轮、齿轮、连杆铰链等），都要求有润滑油。因此，对于没有自动润滑给油的运动部位，要求操作者定期检查和补充润滑油，而对于有自动给油的部位，要求定期检查是否润滑正常。在全自动平压平模切机的日常操作过程中，应注意以下维护与保养的要求和方法。

一、维护、维修、保养前的操作要求

在对机器进行维护、维修、保养前，必须按下述要求操作。

① 将机器停在适当的位置（活动平台未停在最低点时，活动平台有可能溜车）。

② 关掉主电机。按下主电机按钮，按钮灯熄灭。

③ 当机器停下后，按下急停按钮。

④ 关掉电机电源。将电源开关关闭，拔下钥匙。

⑤ 关掉主电源。锁上主电源开关。

⑥ 确认所有运动部件，特别是主电机飞轮完全停止运动。

⑦ 打开安全门进行操作。

二、润滑

1. 自动循环润滑

主机箱内部采用自循环给油润滑方式，润滑对象为主机内蜗轮蜗杆、曲轴连杆等部位。

如图 5-4-1 所示，油泵电机通电后，油泵将油通过进油管供应到主机内的各个运动部位。油在进入油泵前，需经过过滤器过滤和冷却器（散热器）散热。油路中安装有油压开关，正常油压为 0.3 ～ 0.8MPa。开机时，油压应小于油压开关的设定值（0.3MPa），否则机器报警，无法运转。

图 5-4-1　自动润滑结构

润滑油要用黏度牌号为 ISO VG150 或 N150 的润滑油。润滑油要定期更换，第一次更换在运转 1000h 后，以后每半年更换一次。加油口位于传动侧，加油时需取一加油管插入间歇传动机构内，通过油管加油。更换用量约为 54L，从油位计上显示油位面约在 100 刻度线位置。

2. 自动间歇润滑

如图 5-4-2 所示，利用间歇给油泵定时定量给油。间歇给油泵的供油间隔和供油量均可调整。间歇给油的各个润滑点的滴油量应控制在 3 ～ 5 滴 / 时。间歇泵出厂已设定，供油间隔时间为 90min，供油时间（供油量）为 15 ～ 20s。模切机中需要间歇润滑的部位包括牙排传动链条、收纸部传动链条、收纸部主要运动凸轮等。

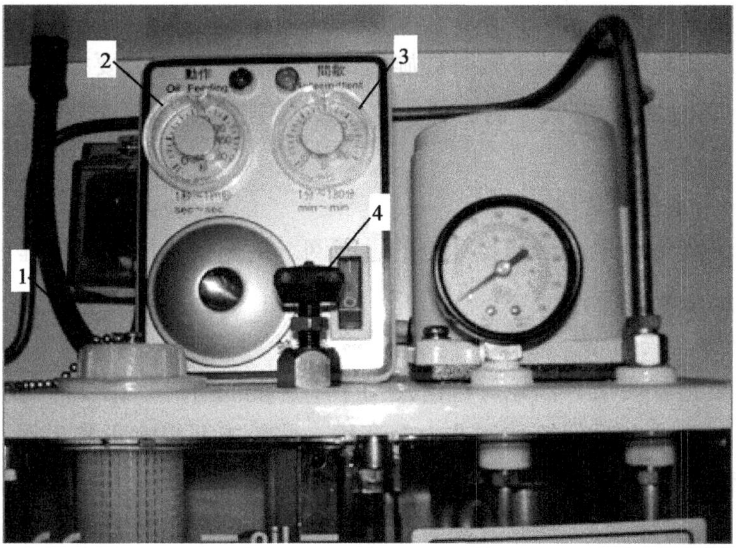

1—加油口；2—供油时间调节；3—供油间歇时间调节；4—电源开关

图 5-4-2　间歇润滑调节结构

3．整机主要手工润滑部位

除了自动给油润滑部位外，还要求操作者定期给飞达凸轮、连杆，飞达传动链条，侧规凸轮、链条，牙排前定位凸轮、关节轴承，上压纸板凸轮，牙排后定位机构，调压机构，收纸制动毛刷传动机构，牙排、牙排传动链条张紧机构，传动链条、滚珠丝杆等部位添加润滑脂；给凸轮、连杆、轴承表面、滑动轴等部位添加润滑油。添加润滑油部位要求每一班次添加一次，添加润滑脂的部位要求每周添加一次。

三、维护保养

1．电眼的清洁

为了使机器各电眼能够正常工作，每班必须清洁各检测电眼上的纸屑。可使用软毛刷或空气枪清洁。

2．润滑油的更换

主机箱润滑油更换周期：第一次更换在运转1000h后，以后每半年更换一次。注意定期检查油位高度。间歇传动分割器和减速机润滑油更换周期：每年更换一次。手工润滑部位需要每一班次添加。

3．过滤器的清洁

过滤器（见图5-4-3）是油路中润滑油的清洁

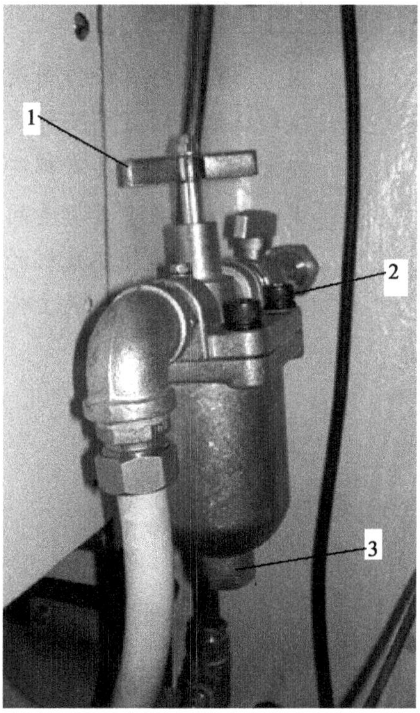

1—手柄；2—螺钉；3—螺塞

图 5-4-3　过滤器结构

器，一段时间后其内部就会沉积许多污物而使油路受阻，因此需要经常清洁。为了油路通畅，每个工作班次要将手柄1顺时针旋转5～10圈；每个月要松开螺塞3，将过滤器中的油污排掉。排污时，旋转手柄有利于内部油污的排出。每三个月要松开四个螺钉2，彻底清洗过滤器。

4. 挡油墙和主机内清洁

每半年拆开挡油墙罩，清洁挡油墙的过滤网。根据主机内的清洁程度，可用清洁的油将主机内的油污刷洗掉。

5. 飞达的保养与清洁

除了各主要连杆关节、凸轮等润滑点用手工加油润滑外，由于印品的纸屑和印刷时的喷粉比较多，飞达各吸气筒和阀芯内会沉积一些粉末而影响正常工作，因此，需要经常清洗分气阀和吸气筒。清洁周期根据实际制定，通常每3～6个月需要清洁一次，可用煤油清洁。阀芯拆卸时，先松开螺钉，再取出挡圈，利用螺钉将阀芯取出。吸气筒的拆卸应取出挡圈，松开螺钉，利用螺钉将端盖取出。

6. 链条的张紧

由于传动皮带和链条经过运转后要伸长，造成张紧度降低，会影响机器的传动稳定性。因此，每半年需要检查整机的所有传动链条和传动皮带的张紧度。

项目五思考题

1. 模切压痕的特点和作用是什么？
2. 模切压痕排版有哪些形式？各有什么特点？
3. 模切压痕工艺主要有哪些工序？各工序有什么作用？
4. 模切压痕产品常见质量问题和解决方法是什么？
5. 卧式平压平模切压痕机的组成和工作原理是怎样的？
6. 圆压圆模切压痕机的工作原理是什么？

项目六
糊盒技术

任务一　认识糊盒加工工艺

任务二　糊盒机的操作与调试

任务三　糊盒常见故障分析与排除

任务四　糊盒机的维护与保养

任务五　精装盒的制作工艺

任务描述

盒型样式和制盒材料多种多样，要完成各种盒子的制作，正确选择糊盒工艺和糊盒设备，并进行装置参数的设置，对实现盒型制作有非常关键的作用和影响。通过本项目的学习，学生可了解不同盒型、糊盒工艺和设备，掌握糊盒工艺技术要领，能够完成糊盒机操作。

知识目标

1. 掌握常用盒型的特点和糊盒工艺。
2. 掌握糊盒机主要组成部分和工作原理。
3. 掌握糊盒常见故障原因及排除方法。
4. 掌握糊盒机的维护与保养方法。
5. 掌握精装盒的制作工艺。

技能目标

1. 能够检测纸板及检验糊盒牢度。
2. 能够规范操作及调试糊盒机各个工作部分。
3. 能够排除糊盒常见故障。
4. 能够对糊盒机进行正确保养和维护。
5. 能够设计完成精装盒的制作。

素质目标

1. 培养学生的动手操作能力。
2. 培养安全生产意识及技术创新思维。
3. 培养规范操作意识、精益管理意识及环保意识。

任务一　认识糊盒加工工艺

任务描述

糊盒工艺可以使产品达到成型的目的，但盒型及材质类型多样，糊盒工艺也非常复杂。通过本任务的学习，学生可了解常见盒型及糊盒工艺类型，了解糊盒工艺技术发展，能为不同盒型选择糊盒工艺，能够检测糊盒质量。

知识目标

1. 掌握常用盒型的特点。
2. 熟悉糊盒工艺。
3. 了解糊盒技术发展方向。

技能目标

1. 能够识别常见盒型结构。
2. 能够为盒型选择糊盒工艺。
3. 能够检测纸板及检验糊盒牢度。

一、纸盒的基本形式与纸板的检测

1. 纸盒的基本形式及尺寸

（1）一边贴纸盒

一边贴纸盒的型号及尺寸如表 6-1-1 所示，一边贴纸盒如图 6-1-1 所示。

表 6-1-1　一边贴纸盒的型号及尺寸

单位：mm

型号		550FB	650FB	850FB	1000FB
A	MAX	550	650	850	1000
	MIN	90	90	140	180
B	MAX	500	500	700	700
	MIN	60	60	100	100
C	MAX	270	320	420	495
	MIN	40	40	75	75
D	MAX	500	500	640	640
	MIN	60	60	75	75

续表

型号		550FB	650FB	850FB	1000FB
E	MAX	130	160	190	248
	MIN	10	10	20	20
F	MAX	30	30	30	30
	MIN	8	8	8	8

（2）两侧边贴纸盒

两侧边贴纸盒的型号及尺寸如表 6-1-2 所示，两侧边贴纸盒如图 6-1-2 所示。

表 6-1-2　两侧边贴纸盒的型号及尺寸

单位：mm

型号		550FB	650FB	850FB	1000FB
A	MAX	450	520	600	700
	MIN	60	60	110	110
B	MAX	500	500	700	700
	MIN	80	80	120	120
C	MAX	430	500	580	680
	MIN	40	40	90	90
D	MAX	410	480	540	640
	MIN	20	20	50	50
E	MAX	100	110	110	130
	MIN	10	10	20	20
F	MAX	30	30	30	30
	MIN	10	10	10	10

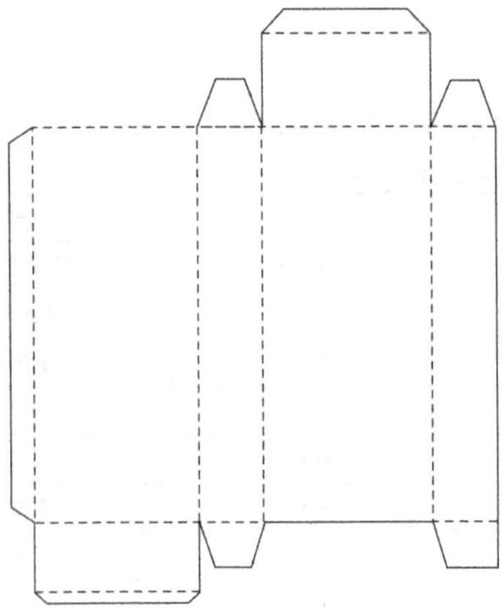

图 6-1-1　一边贴纸盒

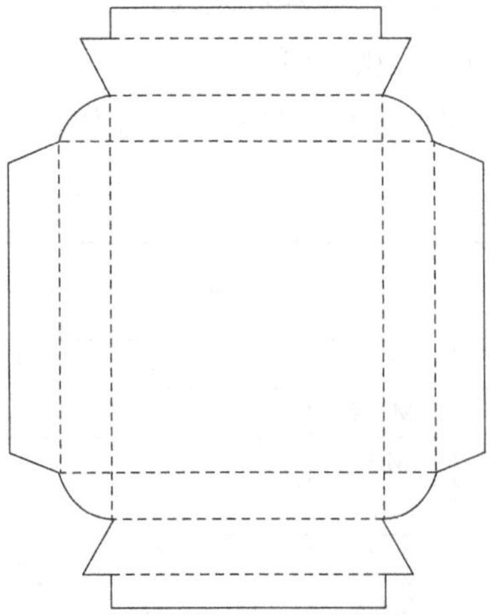

图 6-1-2　两侧边贴纸盒

（3）底贴纸盒

底贴纸盒如图 6-1-3 所示，底贴纸盒的型号及尺寸如表 6-1-3 所示。

2．纸盒基本折线形式

以模切压痕为基准，普通盒型为四条压线。在糊盒过程中，一般不需压折，但是为了使用时好打开，都对第一、第三折线进行预折，第二、第四折线为本折线。在以后的图形中，均以如图 6-1-4 所示折线为铺放基准线。

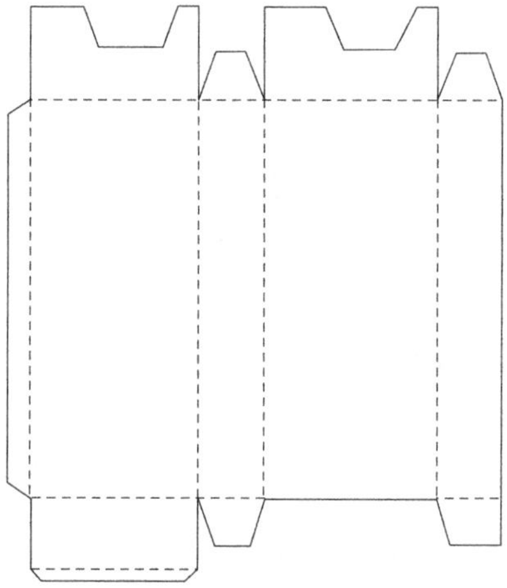

图 6-1-3　底贴纸盒

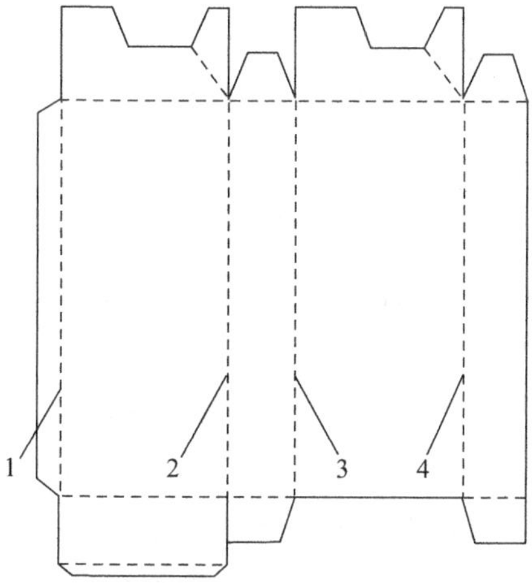

1—第一折线；2—第二折线；3—第三折线；4—第四折线

图 6-1-4　纸盒基本折线

表 6-1-3　底贴纸盒的型号及尺寸

单位：mm

型号		550FB	650FB	850FB	1000FB
A	MAX	500	650	710	950
	MIN	130	130	180	180
B	MAX	500	500	700	700
	MIN	80	80	140	140
C	MAX	245	320	350	470
	MIN	60	60	75	75
D	MAX	500	500	640	640
	MIN	60	60	75	75
E	MAX	120	160	175	175
	MIN	25	25	35	35
F	MAX	30	30	30	30
	MIN	8	8	8	8

3．纸板的检测

为了糊制出高质量的纸盒，对模切后的纸板应进行必要的检查，以确认其能否适用机器糊制，以免上机调试时造成浪费。

沿切线方向将纸板对折成 180°，用手沿折线方向压实（见图 6-1-5），往返应不少于 3 次，观察外侧棱角是否产生裂纹。如果有裂纹产生，则这样的纸板不适合上机，应采取有效措施（更换纸质或改变模切线的宽窄和深浅等）。再次重复前面的试验，直到棱角处不发生裂纹，方可上机调试。

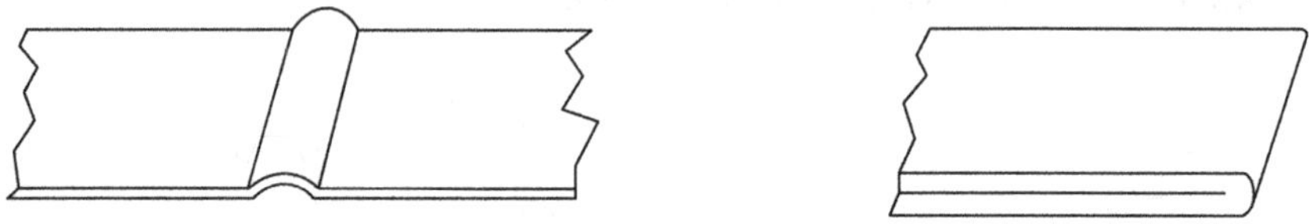

图 6-1-5　纸板抗压试验

检查模切线的宽窄是否一致，各线之间是否平行，横竖线是否垂直。模切线的平行、垂直与否，对纸盒的外观质量影响很大，比较小的纸盒，其误差不能超过 0.2mm，否则糊出的纸盒外形将是歪斜的。

在纸板上机前，用手工糊出纸盒，目测其外观是否周正，棱角是否清晰。当手工糊制的样盒完全达到要求时，再上机糊制，才能达到较好的效果。

糊口与相邻边容易插接，棱角应平直，糊制一侧应留有较大斜度，为了便于插接，头端做成圆弧形，糊口处纸板起线应低于相邻模切线一个纸板的厚度，这一点对底贴纸盒尤为重要。

4．纸板在机器上的铺放

（1）给纸部

纸板铺放如图 6-1-6 所示，纸板应贴紧输送皮带，要求第三折线尽可能放置在糊盒机的中心线位置，将来走纸比较平稳匀称。纸板与两侧齐纸板的间隙为 0.5～1mm，原则是纸板越小越轻，间隙越小，反之适当加大，以保证纸落顺利。

为使纸板能得到可靠的支撑，减少双张，进纸刀必须与输纸皮带相重合。如果没有对正，可松开小墙板支撑座上的螺钉，用手柄转动齿轮轴，即可将下皮带与进纸刀对正。

糊盒机的动力轴为悬臂结构，在糊制小盒时，纸板应尽可能铺放在靠机器悬臂轴一侧，这样可以减轻传动轴高速运转时的振动，对提高纸盒质量和延长机器使用寿命有好处。

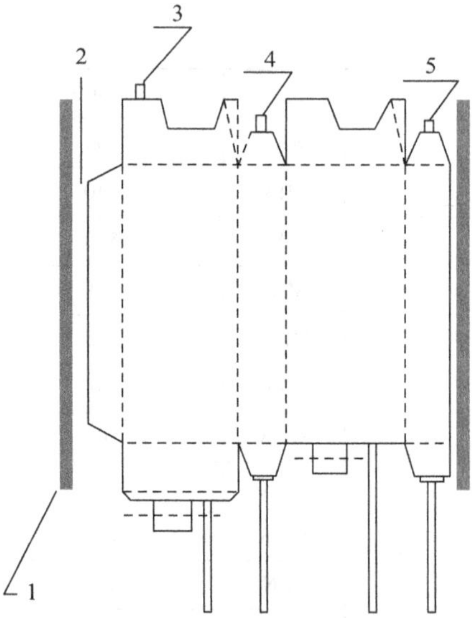

1—齐纸板；2—齐纸板与纸盒之间间隙；3—辅助进纸刀；4、5—进纸刀

图 6-1-6　给纸部纸板铺放位置

（2）其他部纸板铺放位置（见图 6-1-7）

总的铺放原则是能保证折边准确，走纸顺利。在实际工作中，可以按不同的纸质及

纸盒要求进行摆放。根据纸盒的运行位置，适当调整压纸位置和各部折刀的位置。

一般要求压纸带应压在折线（模切线）内侧，有时为校正盒形，也可将压纸带压在折线上或折线外侧。

糊盒机操作没有一成不变的模式，附件的安装位置也因操作者的习惯不同而不同。

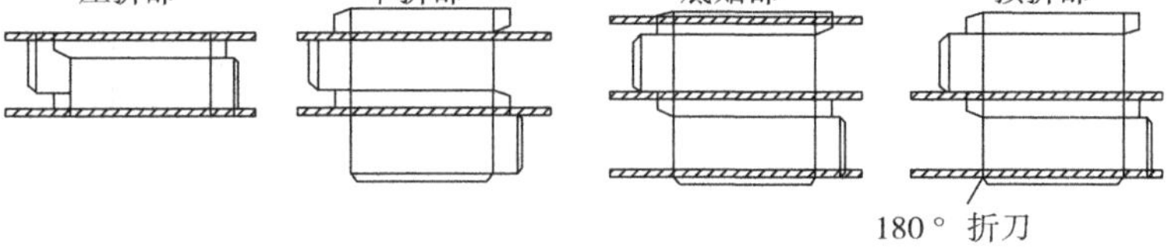

图 6-1-7　其他部纸板铺放位置

二、糊盒工艺

糊盒加工是各种包装纸盒最后成型的一个非常重要的加工工序。各类化妆品盒、药盒、烟盒、酒盒等都要经过糊盒加工来完成产品成型，目前，纸盒的大量生产一般是在糊盒机上完成的。下面以自动糊盒为例，介绍糊盒工艺过程。

1. 反插式折叠纸盒糊盒工艺

反插式折叠纸盒的糊盒过程如图 6-1-8 所示。①盒坯在送到糊盒机上后，首先第三折痕线在设备的预折部位，预折 90° ～ 150° 后，再展开复位；②第一折痕线上边的粘舌在设备的预折部位预折 150° ～ 180° 后，再展开复位；③在设备的本折部位，将第二折痕线上部向下翻折 180°，使粘舌部分涂有黏合剂的反面朝上；④将第四折痕线的下部向上折叠，使盒身的侧边接口贴到涂有黏合剂的粘舌上，然后在输送带上一边往前输送，一边将粘舌加压粘实；⑤纸盒以如图 6-1-8（f）所示的平板状堆积，计数打捆入库。

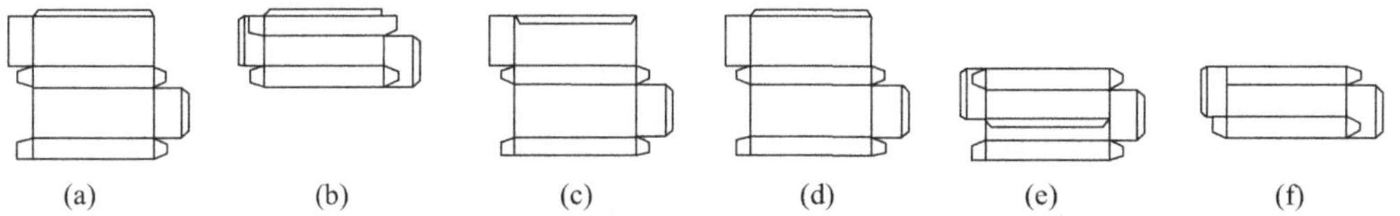

（a）盒坯；（b）第三折痕线预折；（c）第一折痕线预折；
（d）粘舌部涂胶；（e）第二折痕线精折；（f）第四折痕线精折

图 6-1-8　反插式折叠纸盒的糊盒过程

2. 自锁底折叠纸盒

自锁底折叠纸盒的糊盒过程如图 6-1-9 所示。①盒坯送到糊盒机上；②第三折痕下的部分向上翻折 90° ～ 180° 后，再展开复位；③第一折痕线上的粘舌向上翻折 150° ～ 180° 后，再展开复位；④将盒底两副翼向内折叠 180°；⑤将盒底主摇翼向内折叠 180°，同时将主翼上黏结部分向外翻折 180°；⑥同样翻折另一主摇翼，同时将纸盒送至黏合部位，把图 6-1-9（f）粘舌的反面和两个主摇翼的黏结部分的正面涂上黏合剂；

⑦盒片送到本折部分，将第二折痕线上部向下翻折 180°，使粘舌部分涂有黏合剂的反面朝上；⑧将第四折痕线的下部向上翻折 180°，使盒体的接口压住粘舌，从而使盒身和盒底的两个连锁摇翼相互黏合好。

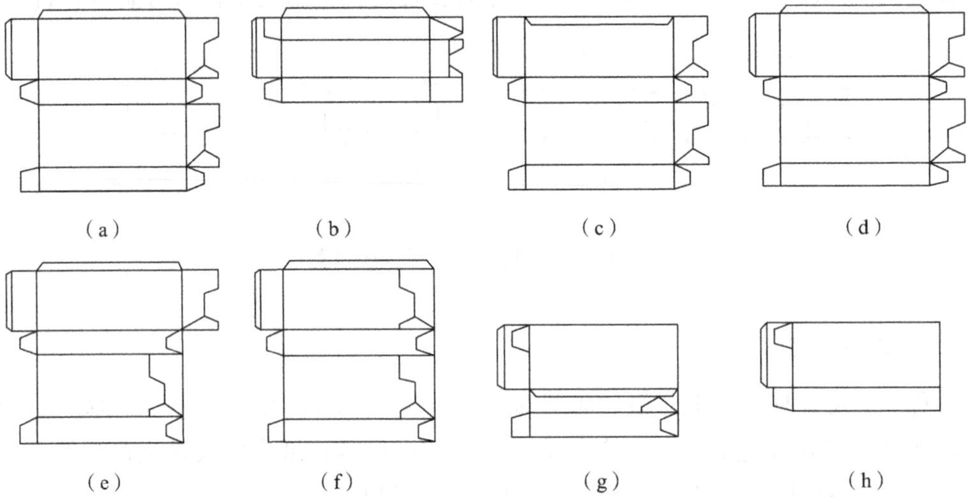

（a）盒坯；（b）第三折痕线预折；（c）第一折痕线预折；（d）副摇翼向内折；
（e）翻折主摇翼；（f）翻折另一主摇翼；（g）第二折痕线精折；（h）第四折痕线精折

图 6-1-9　自锁底折叠纸盒的糊盒过程

三、糊盒质量要求

（1）接口位置要对准

接口位置要对准，尤其对于有图案有对接要求的盒子，更应注意，否则将影响盒子的外观。有些纸盒的高度小于其宽度和长度（扁平型），糊盒时很容易产生走纸歪斜，使搭口对位不准。

（2）黏合牢固，不脱胶

通常是指黏合后约 12h，胶水完全干燥后，撕开粘口二纸边，并能将其中一面纸张反面纤维撕下（俗称破皮），才算合格，否则证明黏合不牢。

（3）无内搭和外搭现象

内搭是指糊盒后，胶水从盒子内部纸边部位溢出，造成盒子内部两盒面被粘住，使盒子较难或根本不能打开。外搭是指糊盒后，胶水从盒子外表纸边部位溢出，造成盒子与盒子之间粘住，分开后盒面留有胶水痕迹。外搭严重时，分开后甚至会撕坏印面。因此，内搭和外搭均会对盒子质量产生严重影响，尤其在自动包装机上根本不能使用，势必会造成退货，而且不易返工，给企业带来很大损失。

（4）不得擦伤印面或留有擦痕、脏污

自动糊盒时，由于机械摩擦力的作用，很容易擦伤盒面上的油墨层，使盒面留有擦痕，有时会将油墨拖至空白处，产生脏污。有的产品正反面印刷，糊盒时，极易在盒子前端部分将反面油墨拖擦至正面，造成脏污。严重时，产品只能报废处理。

（5）盒子容易撑开

通常成品纸盒在装入物品时，将两折叠边轻轻向中间用力即能打开。如果糊盒时产生内搭、没有预折四条边或预折角度不到位，都会使纸盒难以打开，给客户使用带来不便，影响客户包装生产线的顺利运行。

（6）不爆线、不爆角

纸盒产生爆线、爆角现象，既可能是模切及纸张原因，也有可能是糊盒时操作不当造成的。

总之，糊盒工艺看似简单，实属不易。在高速运行中完成糊折纸盒工作，各部位之间要精确协调配合，动作要连贯一致。

四、影响糊盒牢度的主要因素

影响糊盒牢度的因素有很多，其中纸张、胶黏剂、糊盒工艺和环境四个因素最为关键。

1．纸张黏结特性的影响

（1）纸张表面的多孔结构

纸张由纤维基层和表面很薄的一层涂料组成。无论是纤维与纤维之间、涂料颗粒与颗粒之间，还是涂料颗粒与纤维之间，都存在着空隙，这种空隙结构有利于糊盒时胶黏剂的渗透及机械投锚作用的形成，有助于糊盒牢度的提高。

（2）纸张对胶黏剂的渗透特性

纸张表面的空隙对胶黏剂中的溶剂有很好的渗透作用，胶黏剂溶剂通过空隙的渗透产生机械投锚作用。但当纸张过松时，多孔结构就会增加，胶黏剂的渗透就会比较严重，使胶黏剂的固液相分离，糊盒牢度就会大大降低。同时，溶剂的过多渗透还会侵蚀纸张表面，破坏其表面的图文或光泽。

2．胶黏剂的影响

胶黏剂是形成黏结的主要材料，是影响糊盒牢度的最主要因素。胶黏剂主要由胶料、溶剂、增塑剂和填料四部分组成，其特性对糊盒牢度影响最大。

（1）胶料

含有—CO、—Cl、—CONH—、—COOC—、—NHCOO—等极性基团的胶料较为理想，同时其分子量也要适中，不能太大，也不能太小，分子量的分布在一定范围较好。

（2）溶剂

胶黏剂的溶剂是形成机械投锚作用的主要物质，其对纸张的渗透性要适中。

（3）增塑剂

增塑剂可以改变糊盒后胶黏剂的可塑性，提高胶黏剂中胶料的扩散能力，有助于提高胶黏剂的剪切应力，从而提高糊盒牢度。

（4）填料

填料可以调节胶黏剂的固液比例，从而控制胶黏剂溶剂的渗透能力。

3．糊盒工艺的影响

（1）胶黏剂的涂布量

多数机械糊盒都是通过滚轮给粘口处涂胶，胶黏剂的厚度可反映涂胶的量。一般涂胶的厚度控制在 0.3mm，经皮带挤压铺展后即可满足要求。

胶黏剂涂布量过多，可能会发生内粘、外粘、侵蚀纸张表面等不良现象；胶黏剂涂布量过少，可能会发生脱胶，影响糊盒质量。

（2）胶黏剂的固化压力和时间

当糊盒使用的胶黏剂为快干型胶黏剂时，固化压力和时间对糊盒牢度的影响都较小，即使产生不良现象，也可以立即进行矫正，因为此胶黏剂的干燥时间很短，经过皮带 1 ～ 2min 的压力，即可马上判断出糊盒的牢度。而使用慢干型胶黏剂时，胶黏剂的固化时间及其固化所需的压力都是影响糊盒牢度的关键性因素。因此，对于慢干型胶黏剂，在检验、装箱以后要留足充分的干燥时间，而且必须在箱内给予一定的压力。

为保证糊盒质量，能使用快干型胶黏剂的产品就不要选择慢干型胶黏剂，以利于及时发现问题。

（3）粘口的表面状况

如果纸张正面特别光滑或是背面特别粗糙，或者是进行过表面处理，则要么非常不利于胶黏剂的渗透，要么胶黏剂渗透过于严重，所以都会对糊盒牢度产生很大的影响。

4．糊盒工作环境的影响

环境的温度、湿度对胶黏剂的渗透和干燥有着很大的影响。过高的温度会加速胶黏剂的干燥，使其渗透不完全，干固后胶层容易发脆，不利于糊盒牢度的提高；温度过低，则会导致干燥不良，胶料扩散差等问题。

根据胶黏剂的使用要求，一般糊盒工作环境的温度应控制在 15 ～ 28℃，相对湿度控制在 60% ～ 70%。还要保证糊盒作业区周边环境的清洁干净，及时擦除地面和机器上的纸屑、灰尘、油污等异物。

此外，如果灰尘等异物粘到粘口处或进入胶黏剂中，也会影响到糊盒的牢度和质量。

五、糊盒牢度的检验

1．传统检验方法

对于糊盒牢度的检验，传统方法是操作人员根据自己的经验，撕开粘口判断黏结质量。一般认为纸张纤维被剥开后，如果破坏面积超过粘口的 70% 以上，说明糊盒牢度较好。这种检验方法的优点是可在糊盒过程中及时发现问题，及时调整处理，缺点是受人的主观因素影响较大。

2．数据化检验方法

在胶黏剂行业，糊盒牢度通常用糊盒强度来描述。糊盒强度定义为在外力作用下，使胶黏剂与被粘物界面或邻近处发生破坏所需要的力。

糊盒强度采用国家标准 GB/T 2791—1995《胶粘剂 T 剥离强度试验方法　挠性材料对挠性材料》进行测试。该试验是基于手工撕裂检验时粘口处胶黏剂的受力剥离作用模型而设计，用于测试如纸张类的挠性材料与挠性材料间的黏结强度。粘口处胶黏剂的受力方向与纸张成一定角度，并且在撕裂过程中角度保持不变，可以用滚轮向下的力来定量描述糊盒强度。

3．胶黏剂的老化测试方法——吊挂试验

因为胶黏剂在高温、高湿的环境中容易老化失效，基于这一原理，把糊好的纸盒从垂直于粘口处切成一定宽度的环，挂上一定重的砝码悬于高温、高湿的环境中，测试悬挂的时间，时间的长短即可描述糊盒牢度。

上述 3 种测试糊盒牢度的方法，以第一和第三种方法操作性最强，这两种方法基本上可以满足产品质量检验的要求，所以被许多企业和客户所接受。

六、糊盒技术的发展趋势

1．国内现状

目前，手工糊盒在国内市场中所占的比例仍然相当大，占据了糊盒市场的半壁江山，造成这种局面的主要原因：一是人工费用比较便宜；二是有些盒型自动糊盒机不能做；三是有些包装盒的生产批量较小，手工糊盒效率更高，成本更低；四是国内具有一定规模的印刷企业并不多，许多小厂都是手工糊盒。

国内自动糊盒机制造业起步较晚，20世纪80年代至90年代才开始发展。目前，产品质量还比较低，大致相当于国外先进企业60年代的水平，大部分自动糊盒机生产厂商还多是仿制国外设备，当然现在也有一些国内生产厂家不惜代价引进国外先进技术，发展自主品牌。国产自动糊盒机在质量、性能等方面目前已取得了一定的成绩，这是一个不容忽视的事实。比如天津长荣印刷机械设备有限公司，在引进国外自动糊盒机先进技术的基础上，综合国内实际情况，研发生产出MK550FB/650FB和MK550FBⅡ/650FBⅡ/800FBⅡ系列自动糊盒机，其中MK550FBⅡ/650FBⅡ/800FBⅡ自动糊盒机具有自动预折、折叠、粘贴、收盒等功能，并可选配冷、热胶喷胶系统、条形码检测、彩色代码、胶条长度检测及废盒剔除装置，主要用于包装装潢工业中的纸盒、E型美妆瓦楞纸盒的折叠、粘接成型，尤其是各种高精细印刷纸盒用品。

2．国产与进口自动糊盒机的差距

虽然国产自动糊盒机在价格方面占有优势（一般在 30 万～ 70 万元，而进口自动糊盒机，如博斯特 Media68 型自动糊盒机的报价为 120 多万元），但在质量方面与进口机相比有较大差距，主要体现在以下几个方面。

（1）国产自动糊盒机的功能单一，只能适应 1 ～ 2 种盒型，目前大多只能生产普通的直线盒。而国外自动糊盒机生产厂商特别注重客户对复杂盒型的加工要求，盒型多样化，如六角盒、八角盒和异型盒等都能适应。

（2）进口自动糊盒机的可扩展性更强，如博斯特 Media 系列，采用模块化设计，用户可根据产品具体情况，加装相应的功能模块，灵活性高。相比之下，国产自动糊盒机有些只能做普通的直线盒或锁底盒，如果需要增加其他功能就比较困难，必须对机型进行改造。

（3）在稳定性方面，进口自动糊盒机也胜出一筹，国产自动糊盒机的故障率较高，因此，企业一般都有多台国产自动糊盒机，以免因维修机器而影响正常生产。

（4）在正常情况下，国产自动糊盒机的最高速度在 200m/min 左右，而进口机的速度要更快一些，一般可达 300m/min。当然，糊盒速度也与盒型复杂程度有关，如果盒型比较复杂，糊盒速度就会受到一定限制。

（5）在自动化程度方面，国产自动糊盒机目前无法与进口机媲美，在生产完一种产品更换另一种不同盒型的产品时，国产设备调节较麻烦，且都是通过手工完成，费时费力。而进口机则采用自动控制，在显示屏上显示出具体数值。

（6）在操作性方面，进口自动糊盒机比国产自动糊盒机更简便、更人性化。

（7）国产自动糊盒机的使用寿命不及进口机，主要是国产自动糊盒机所使用的材料和加工工艺比国外落后所致。

尽管国产自动糊盒机与进口自动糊盒机相比还有相当大的差距，但是，国产自动糊盒机也有其竞争优势，如对纸张的适应性更好。国外用的纸张质量都比较好，而国内纸张的质量相对差一些，所以，国产自动糊盒机对纸张的适应范围更广泛一些。

3．国内糊盒机的发展趋势

国内生产厂商要想发展，不能仅停留在仿制上，必须从研发入手，培养自己的研发队伍，提升自身的核心竞争力。同时，还要认清市场的发展趋势，不但要能够满足用户当前的需求，还要考虑到用户今后的发展需求。

（1）适应更多盒型。为了提高产品附加值，包装盒的盒型设计也日益多样化。许多大企业在同小企业竞争时，在价格方面很难占据优势，只有通过采用新技术提高产品附加值取胜，这也是现在市场上异型盒越来越多的原因所在，且这种需求仍处于不断增长中。

从国际市场来看，直线盒约占 60%，锁底盒约占 30%，六角盒、八角盒、异型盒等约占 10%。直线盒所占比例在不断下降，异型盒所占的比例逐步上升。自动糊盒机的发展必须紧跟包装业的发展，适应市场推出新盒型，这样才有利于行业整体发展。

（2）适应小批量包装盒的生产。短版活越来越多，目前小批量包装盒在国内主要还是手工完成，如果自动糊盒机今后能够在小批量生产方面有所突破，将有利于其推广应用。

（3）提升自动化程度，改进操作性能。自动糊盒机的自动化程度越高，对操作人员的依赖性越低，可提高生产效率，降低操作人员的劳动强度。

任务二　糊盒机的操作与调试

任务描述

由于包装用盒型种类繁多，所以糊盒机也有很多种类，具有不同的功能装置。通过本任务的学习，学生可了解糊盒机的常见类型和组成部件，并能进行糊盒机各功能装置的操作与调试，完成糊盒操作。

知识目标

1. 掌握糊盒机的组成。
2. 掌握糊盒机各组成部分的工作原理。
3. 掌握糊盒机的操作要点。

技能目标

1. 能够规范操作糊盒机的各工作部分。
2. 能够按照要求调节糊盒机的各部分。

糊盒机是将印刷完并模切成型的纸板折叠成型并粘好粘口的设备。该设备代替了手工糊盒方式，大大提高了生产效率。

一、糊盒机的分类与工作原理

糊盒机按自动化程度，可分为半自动糊盒机和全自动糊盒机两种。

1. 半自动糊盒机

半自动糊盒机主要应用于大型的包装盒和瓦楞盒（箱），以及其他全自动糊盒机所不能糊制的纸盒。半自动糊盒机结构简单，设备外形较大，使用和调试容易，粘口坚固又省胶，其产量决定于工人的熟练程度，使用频率高，几乎所有盒子都可以在半自动糊盒机上做。其工作程序为自动进纸→磨边→涂胶→人工折叠成型→气压压合定型。

2. 全自动糊盒机

全自动糊盒机是包装纸盒应用最广泛的糊盒设备，将模切后的卡纸盒型放到糊盒机上进行分离、预折、上胶、糊盒，具有速度快、效率高、糊盒质量稳定、节约人工等特点。全自动糊盒机主要由输料部、预折部、上胶辊、本折部、压折部、收料部等几部分组成，如图 6-2-1 所示。糊盒的工艺流程为调整机器→上料→预折→上胶→本折→压折→收盒。

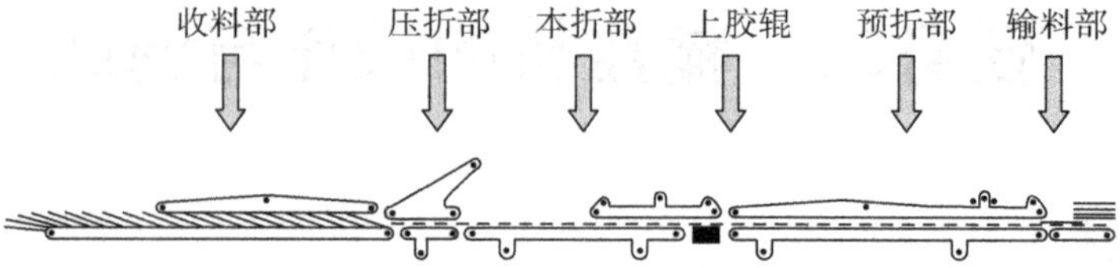

图 6-2-1　全自动糊盒机的基本结构

全自动糊盒机主要有普通型边贴糊盒机、带锁底的糊盒机两种类型。

普通型边贴糊盒机具备最基本的两边折叠和两边边贴功能。这种糊盒机占市场比例最高，适用范围最广，是代替手工糊盒最基本的糊盒设备。

带锁底的糊盒机是各类糊盒机中最复杂的设备，调试难度也最高，它可以对盒子的底部进行折叠和粘贴。以这种方式糊制的盒子在使用时特别容易打开，一般高档的包装盒（如化妆品盒）均采用锁底结构。

二、糊盒机的调试

糊盒机的种类很多，本节以天津长荣印刷设备有限公司生产的 MK550FB/650FB 型糊盒机为例，讲解糊盒机各部分的功能与调试方法。图 6-2-2 所示为 MK550FB/650FB 型糊盒机。

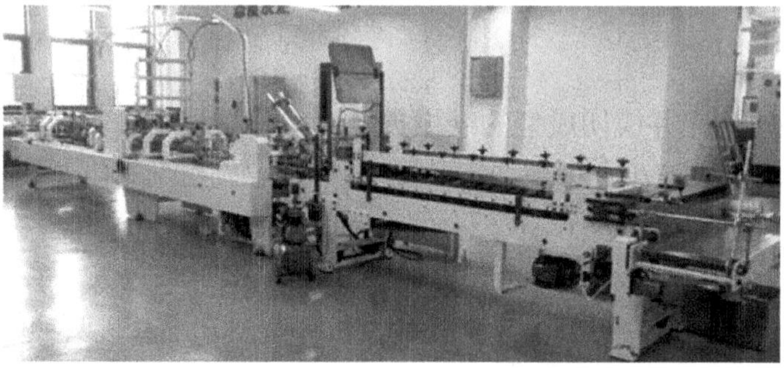

图 6-2-2　MK550FB/650FB 型糊盒机

1．MK550FB/650FB 型糊盒机的特性

（1）该设备具有一侧边贴、两侧边贴、底贴三种方式，适合一般纸板，E、B 瓦楞纸板的糊制加工。对于珠光纸、金银卡纸、覆膜、上光后的特殊纸板，均能粘贴牢固。

（2）该机机座选用整体钢板结构，将各个主要功能连成一体，确保机器整体制动，连接准确便于安装调试，为机器调整运转的整体性能提供保障。采用新型同步皮带轮传动，保证传动比准确，高速平稳，噪声小，皮带及同步轮均为进口元件。

（3）该机由给纸、预折、勾底、本折、压折、输送、横接七个部分组成。各部分均用调速电机拖动，主机输送、横接既可单独运作，又能集中联动。主机选用变频调速电机，灵活变速，走纸平稳。

（4）该设备轴承选自 SKF，其他如皮带、电气元件、蛇皮管、标准件都选自进口名厂产品，保证了高速运行平稳，降低了噪声，延长了使用寿命。

2. MK550FB/650FB 型糊盒机的调节

（1）给纸部的调节

给纸部分的主要作用是将纸堆上的纸料一张一张地分开，传递到预折部分去，该设备采用的是摩擦传动方式。

给纸部主要由宽齐纸板、窄齐纸板、进纸刀、软质皮带、振动电机和无级变速装置组成，如图 6-2-3 所示。生产时，可根据纸盒大小、折贴方式等适当铺放好纸板，对无级变速装置进行调整，达到持续、平稳给纸要求。

为使纸板走行顺利不偏斜，在安装进纸刀和齐纸板时，应使与方型导轨接触的一面靠紧，并牢牢固定，这样才能保证纸板走向与输送带方向平行，出纸不致歪斜。

进纸刀与纸板的接触面应选在平整的部位，托纸杆支撑部位应选在比较不容易变形的部分。几个托纸杆要均匀分布，必要时应开动电机，以利纸板顺利输出。

纸板铺放除应按前面（见图 6-1-6）要求之外，还需按图 6-2-4 所示，根据纸盒尺寸进行仔细调整，使进纸刀与皮带之间距离约为纸张厚度的 1.3 倍，保证单张纸板能顺利通过，双张纸板不能通过。撑纸杆使纸板与皮带之间保持一定的角度，如图 6-2-3 所示，调节时，松开螺钉 11，调整托纸杆 9、10 与进纸刀的距离，使小而轻的纸板与皮带之间角度为 15° ～ 40°，大而重的纸板与皮带之间角度为 10° ～ 20°。调节时，应避免出现如图 6-2-5（b）所示的现象发生。有时为增大皮带摩擦力，应随时用湿布擦皮带，这样对走纸比较好。

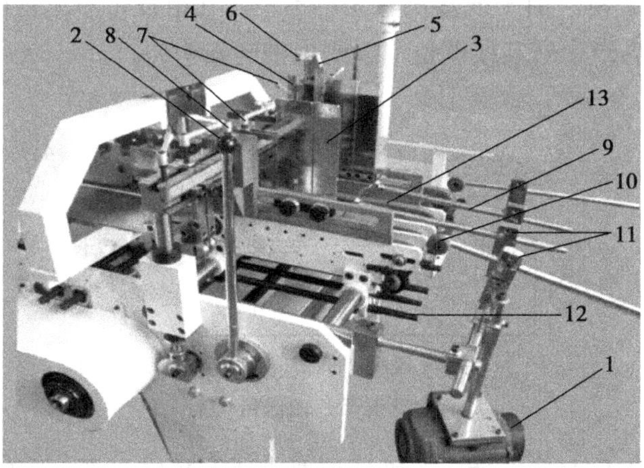

1—振动电机；2—凸轮升降手柄；3—宽窄齐纸板；4—进纸副刀；5—进纸主刀；6—主刀调节旋钮；7、8—锁紧手柄；9—平板托纸杆；10—滚轮托纸杆；11—调整螺钉；12—输送带调节螺杆；13—输送带

图 6-2-3　给纸部结构

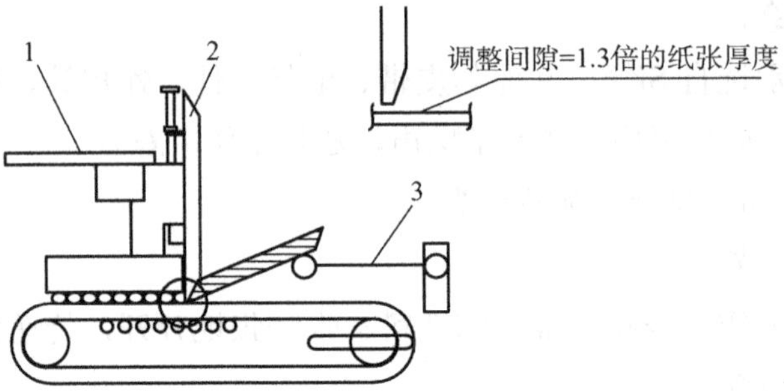

1—调整螺母；2—进纸刀；3—滑轮撑纸杆

图 6-2-4 纸板安放调整

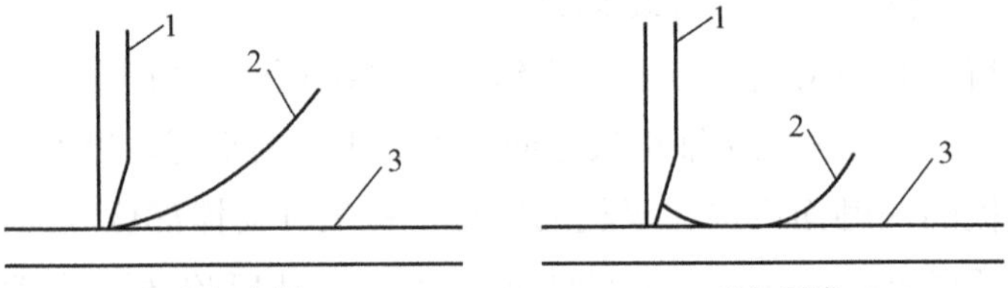

1—走纸刀；2—纸堆；3—撑纸钢片

图 6-2-5 纸板安放优劣情况

给纸部设置软质皮带，一般不需要调整，使用一段时间后，可能会因为磨损程度不同而需要调整。调整时，如图 6-2-6 所示，只需松开螺母 4，顺时针方向转动调节螺钉 3，就能使皮带张紧。皮带松紧程度与其他几条皮带相同时，可拧紧螺母 4，防止带轮抖动。当皮带磨损严重需要更换时，可使用拉轴器将带轴 1 拉出，放松螺母 4，即可更换皮带。为使皮带松紧一致，最好同时更换一组皮带。新带置换好后，需先调整各带之间的张力，以求走纸同步不致歪斜。由于纸盒尺寸大小不一，几组皮带不见得能得到充分使用，建议每隔一定时间将各组皮带互换调位，以使皮带磨损均匀。

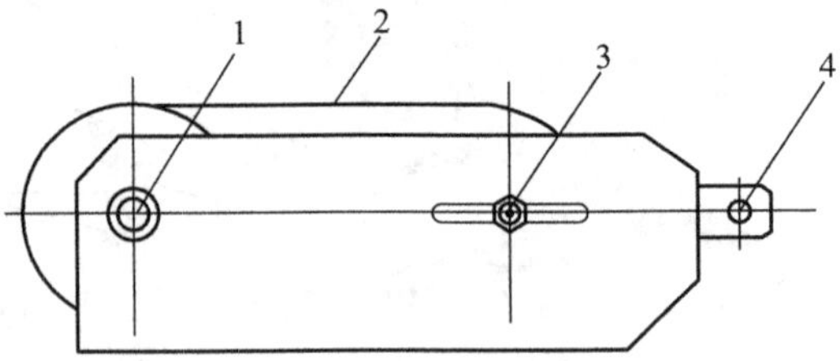

1—带轴；2—软质皮带；3—调节螺钉；4—螺母

图 6-2-6 输送带调节

糊盒机各部分运作必须一致，给纸速度要求达到预定要求。为使给纸速度与后道工序同步，设置无级变速装置，装在大墙板上。当机器正常运行时，调节图 6-2-7 中的手柄，顺时针旋转，纸板之间间距增大，逆时针旋转，纸板之间间距减小。各纸板之间间隔以 20 ～ 30mm 为宜，过快会造成纸板拥塞，影响糊盒质量；过慢则会影响生产效率。

图 6-2-7　纸板间距调节手柄

转动无级变速装置手柄必须在机器开动时进行，而且要缓慢匀速转动，否则容易引起皮带松弛，叠在一起损坏皮带。顺时针转动手柄时，主动轮轮片张开，皮带下沉，带轮直径相对减少；逆时针转动手柄时，主动轮轮片收缩，皮带上升，带轮直径相对增大。随着带轮直径变化，达到无级变速的目的。

当需要给纸时，可顺时针扳动凸轮升降手柄 2（见图 6-2-3），使纸板下降与皮带接触，靠皮带摩擦力使纸张不断给出。当需要暂停给纸时，将凸轮升降手柄 2 逆时针转动，这时纸板与皮带脱离接触。

（2）预折部的调节

预折部的功能是对纸板第一、第三两折线进行预折，纸板的预折是靠上、下压折带及折纸刀完成的。折带架上有折带轮及折纸带，左、右各一件，装在小墙板上。折带轮、折带架如图 6-2-8 所示，折纸带是装在折带轮架和小墙板张紧轮上的，折带走向如图 6-2-9 所示。

由于折带走向多变，安装在折带架上的三个折带轮角度稍有差异，开车时皮带就可能脱落。为使皮带不脱落，调整折带架上的三个折带轮角度就是关键所在。先将轮轴（最大的带边轮）水平方向安置好，此时轮轴的支杆应与带轮架成 40° ～ 60°。然后再调整带轮 3，使所倾斜的角度能满足将纸板折成 90° ～ 135° 的要求。再调整转向带轮 1，使其角度能达到机器运转时皮带不脱落为好。为了使带轮之间有一定间隔，可以适当调整轮杆外伸长度。当 1、3 两个带轮都调好，稍微改变带轮 2 的角度可以取得最佳效果。

1—转向带轮；2、3—皮带张紧轮

图 6-2-8　折带轮、折带架结构

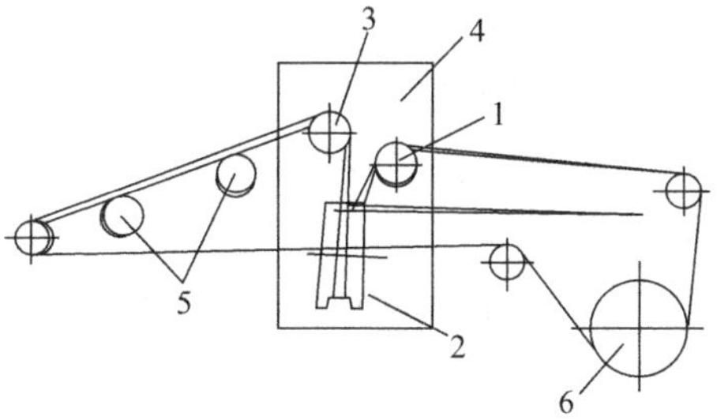

1—转向带轮；2、3—张紧带轮；4—折带轮架；
5—折带轮；6—动力轮

图 6-2-9　预折部折带走向

随纸盒大小形状不同，三个带轮的角度也稍有变化，初次接触糊盒机的操作者可先参照机器原带轮形状、位置、角度进行试调整，通过不断实践，逐步达到熟练操作程度。

弯纸板可用螺钉直接安装在小墙板上。在安装弯纸板前，应先拆下折带轮架。弯纸板应按照纸板形状尺寸要求确定安装位置，如需要外伸时，可将随机供给的螺栓拧入小墙板，用螺母锁紧，再在适当的位置上弯纸板。

（3）底贴部的调节

常见的纸盒多为一侧边贴，用这样的纸盒包装较重的物品极易露底。国内不少企业将盒底设计成插接，包装费时费力，不适合自动包装线使用，也不牢固。近几年，出现了底贴盒。顾名思义，底贴盒是将盒底粘接在一起，即使装入较重的物品也不会脱落，这种盒不仅能机械化生产，更适合用在各种自动包装线上。糊制底贴盒的原理是用几组底贴附件，将运动中的盒底部拉起压折上浆后粘接在一起，完成制盒工作。

① 糊盒速度的确定。底贴操作比较复杂，需要在较短的过程中连续完成将纸盒底部拉起、折弯、上糨糊、压紧等一系列动作。与一侧边贴相比较，速度应相对慢些，是一侧边贴的 40% ～ 60%，以免因速度过快撕坏纸盒。当然，纸盒纸质较好，操作者技术熟练也可以不受此限制。总之，速度的快慢应以不出废品为前提。

② 底贴钩的外伸长度、倾斜角度与安装高度。底贴钩的外伸长度一般为纸盒底长的 1.2 ～ 1.5 倍，倾斜角为 30° ～ 60°，底钩应比皮带低 0.5 ～ 1mm。总的原则是保证纸板通过时被底贴钩钩住拉起，又能使纸板在一定的时间和距离后安全脱钩。底贴钩的角度如图 6–2–10（a）和（b）所示。

有时为防止纸板底部被拉起时纸板过度弯曲，在底钩安装挡片，这样可使钩起的盒底部棱角清晰、质量好，如图 6–2–10 所示。

③ 底贴附件调试。底贴附件主要是用来将纸板底部拉起并折弯，主要附件如图 6–2–11 所示。借助支板将底贴附件安装到位，松开相应的螺钉可分别调底贴钩的高度、角度及挡片的位置。转动手柄，可调整底贴钩的弹力大小，弹力调好后用锁母锁紧。

当底贴钩将纸板底部拉起后，压纸板将底贴上糨糊的部分向前压弯，纸板通过压纸板后，被压纸杆压牢进入本折部。

MK550FB/650FB 型糊盒机配置了底贴钩 4 套，左右压纸板宽窄各 4 件，除了按图 6–2–12 和图 6–2–13 的要求正确铺放纸板和安装底贴钩以外，还应按本节要求安装专用压纸杆件，这些附件在底贴操作中的作用是不可缺少的。使用专用压纸杆件，才能保证被拉起折弯的底贴盒底部不会弹起，能顺利地进入本折部，最后完成底贴盒糊制工作。

④ 底贴操作完成好坏，除与纸板底部折弯质量有关外，能否牢固地粘接在一起是检验底贴盒质量的重要一环。当所有的钩底附件都调整到位后，通过转动图 6–2–14 中的手轮 1，由螺杆拉动支架 6 使上糊筒下降，直到上糊轮与纸板糊口接触为止。根据纸张厚度及纸板弹力，上糊轮应略低于或略高于纸板糊口（偏差 ±0.5mm），这样可以保证上糨糊可靠，走纸顺利。通过转动手轮，使上糊筒下降到定位块 4 和调整块 5 相接触即可。

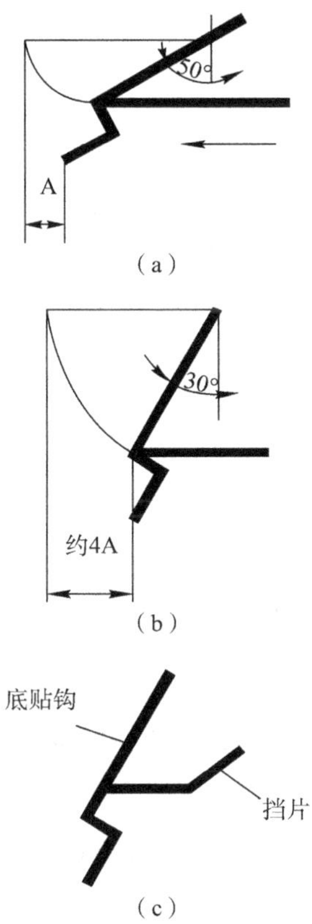

图 6-2-10　底贴钩的角度及挡片的安装

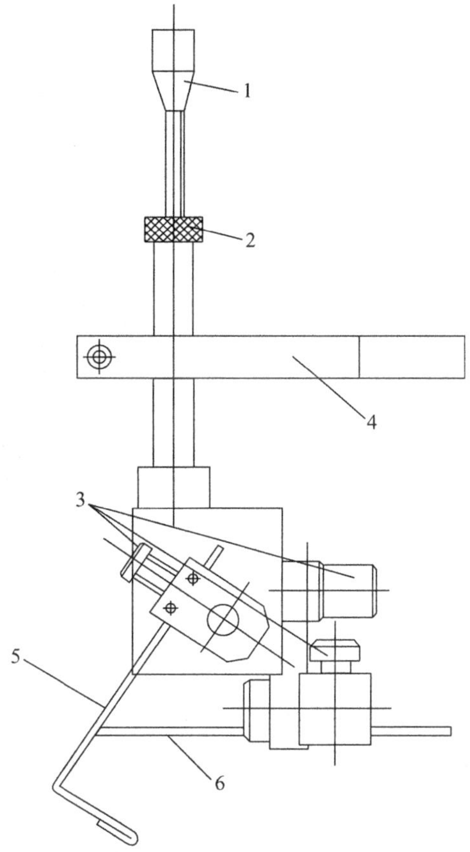

1—手柄；2—锁母；3—螺钉；
4—支板；5—底贴钩；6—挡板

图 6-2-11　底贴附件结构

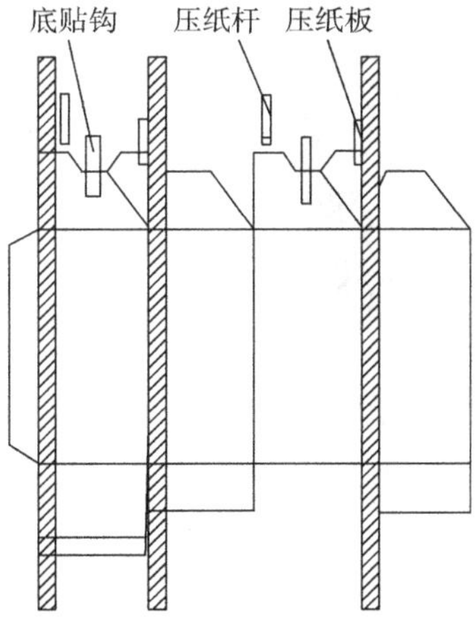

图 6-2-12　第二钩附件安装位置

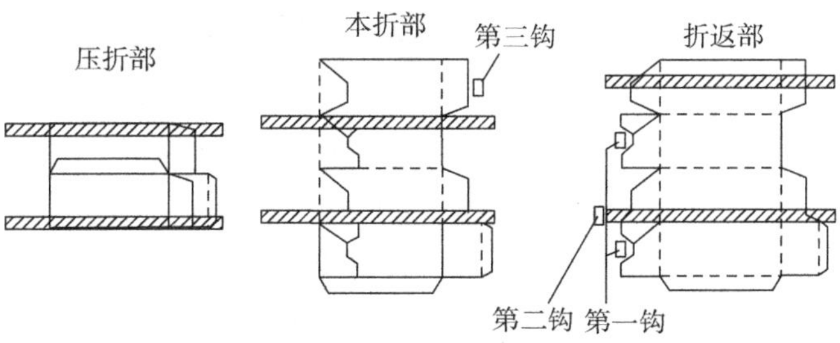

图 6-2-13　底贴附件安装示意

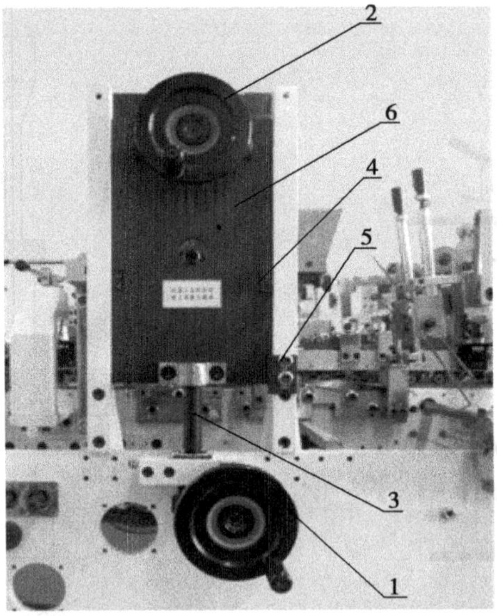

1—上糊筒上下位置调节手轮；2—上糊筒左右位置调节手轮；
3—调节螺杆；4—定位块；5—调整块；6—糊筒支架

图 6-2-14　上糊筒上下位置调节结构

上糊筒部件如图 6-2-15 所示，它是由吊架上糊筒、上糊轮等零件组成。上糊筒上下位置调整后，先向上抬起手柄 7，通过转动手轮 1 推动滑块 6 左右移动，调节上糊筒的左右位置。上胶量的大小通过调节螺母 4 来调节挂胶片与上糊轮 5 之间的间隙来控制，为了保证上浆质量，随时应根据糨糊消耗量添加糨糊，利用正反转动调整螺钉改变糊轮挂糨糊量的多少。

1—上糊筒左右位置调节手轮；2—上糊筒上下位置调节手轮；3—上糊筒；4—螺母；
5—上糊轮；6—上糊筒固定滑块；7—手柄

图 6-2-15　上糊筒组成

（4）本折部的调节

本折部由上下压纸带、折纸带、折带轮、折纸刀、压纸杆、下糊筒等零部件组成，其作用是上糨糊，并对纸板第二、第四折线进行折叠，最后完成纸盒的折叠和粘贴工作。折带走向如图 6-2-16 所示。

① 当进行一侧边贴糊制盒时，纸板通过本折部，先在糊口处涂布糨糊，下糊筒结构如图 6-2-17 所示，转动下调整机构，可以改变下糊轮挂糨糊量多少，一般以能黏结牢固为准，要注意糊道经压实后要向左右各渗出约 1.2mm（渗出量多少与上糨糊多少有关），一定要经过试验确定适合的上糨糊量，避免过少粘贴不牢，过多容易粘膛，不能打开。根据纸板厚度旋转手轮 4，改变压纸轮 5 与下糊轮 6 之间的距离，间隔大小以能顺利通过纸板为宜。压纸轮中心与下糊轮中心对正（允许 ±1mm），偏移过多，会产生糊口前后端上不到糨糊的弊病。

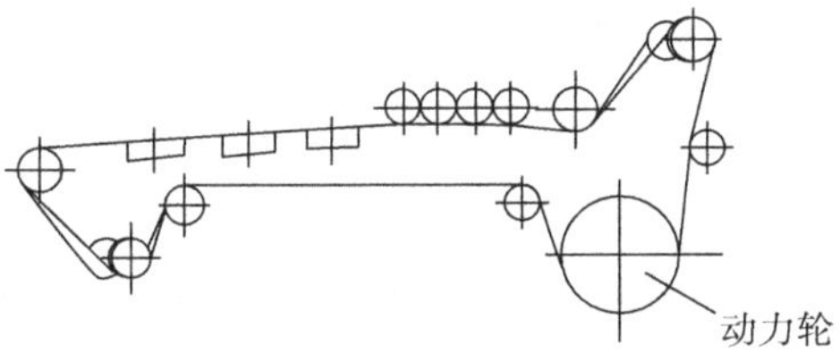

图 6-2-16　本折部折带走向

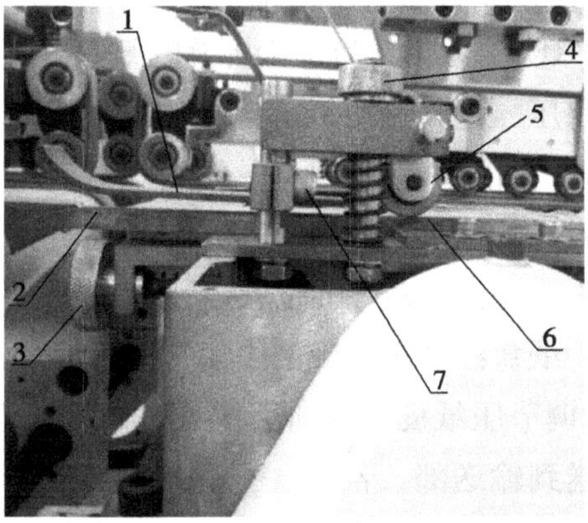

1—压纸片；2—纸板支撑块；3—螺母；
4—调节手轮；5—压纸轮；6—下糊轮；7—螺钉

图 6-2-17　下糊筒结构

② 第二、第四折痕线折叠调节：第二、第四折痕线折叠调节如图 6-2-18 和图 6-2-19 所示，调节操作侧调节螺杆 1、2，使第二、第四折痕线的传输带移动到对应的位置，让上下皮带压在对应的位置，再调节折叠板到合理的位置。展开板的位置要合理，让其能张开。边线不能直接压在对应的位置上，要求适当放宽。

为使纸板能顺利进行插接，除了折纸带、折纸刀调整到位以外，还要利用压纸杆件使纸盒相互对接插入。有时为了进一步校正盒型，还要适当改变左右纸带的速度和压紧轮的倾斜角度，这样，对纸板起到推拉阻挡的作用，使接口处平直无错位。

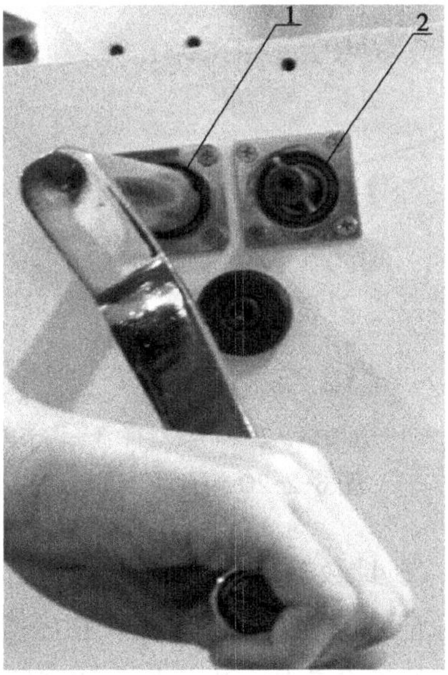

1—第四折痕线调节螺杆；2—第二折痕线调节螺杆

图 6-2-18　第二、第四折痕线折叠调节

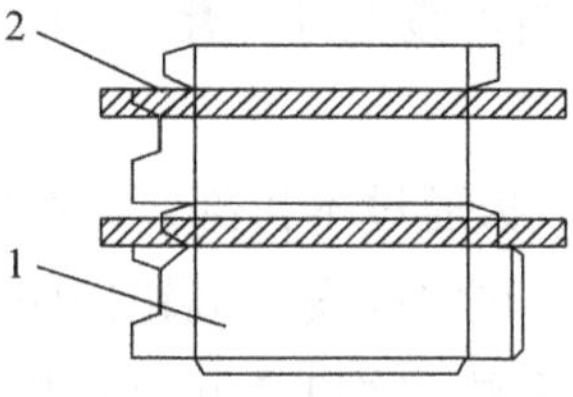

1—纸板；2—皮带

图 6-2-19　第二、第四折痕线皮带压纸位置

（5）压折部的调节

压折部位是主机与输送部的中间站，通过它可以对成型纸盒进行压合和计量，调整压杆与压纸带之间的距离，可以顺利地将纸盒导入输送部。

① 压力轮。为了让折叠的纸盒能很好地粘贴，一般在第二、第四压痕线处再进行一次挤压，让其克服纸盒自身的反弹力而不影响黏合质量，本折部后部安放了一个楔形压力辊，如图 6-2-20 所示，旋转螺母 3 调节压力辊与托纸轴之间的间隙来改变它们的压力，使对应的纸盒产生挤压变形减小它的弹力。将固定螺钉 2 松开，推动压力辊 1 在轴上移动来改变其与盒片的位置，让盒边处于压辊的中间位置即可。

纸盒经过压辊后由传输带压着纸盒输送到输送带上，如图 6-2-21 所示，旋动手柄 1、3，调节压纸皮带的前后位置、角度及压盒轮 4、6 与输送带的距离，确保纸张能顺利被输送到输送部。若纸盒不能及时被输送出去，就会在主机与输送部的交界处堆积，行程开关 5 主要是防止纸盒堆积。当有纸盒堆积时，纸盒就会触动行程开关向上移动，主机电源会立即断开，防止造成糊盒故障。

1—压力辊；2—固定螺钉；3—调节螺母

图 6-2-20　压力辊调节结构

1、3—手柄；2—导盒皮带架；4、6—压盒轮；5—行程开关；7—计数器；8—螺钉

图 6-2-21　计数器位置

② 计数器。为了方便点数，一般在收料时设定一定数量的盒片，此时将自动给出一个标记来区别，便于收集。在压辊处有一个盒片计数器，如图 6-2-21 所示，每通过一个合格的纸盒叠加一次信号，达到所要的数量时，标记设备将做一次标记。糊盒时，可根据盒型大小旋开螺钉 8，调节计数器与输纸带之间的间距和角度，推纸量一般为 8 ～ 15mm。

(6) 输送部的调节

输送部是由两条皮带组成的皮带运输机，对压折部送来的纸盒进行加压，通过在输送部较长时间的停留加压后，纸盒牢固粘贴在一起。输送部中间上下压辊的压力靠拉力弹簧调节，如图 6-2-22 所示。当通过的纸盒较厚时，可将弹簧 4 的压力适当减小；当通过的纸盒较薄时，可适当增加压力，也可以利用改变输送皮带速度快慢来使纸盒得到恒定的压力。

有时由于纸盒在皮带上的位置不同，皮带两端受力不均匀，造成皮带跑偏，这时需要对两侧张紧装置进行调整。皮带可能会朝较松的一边偏斜，这就要对较松的对边适当放松，调整中如果皮带偏斜已经得到纠正，就要尽快再拉紧刚刚松过的皮带，以防反向跑偏。

(7) 横接部的调节

横接部如图 6-2-23 所示，是由一条皮带 7 组成的皮带运输机，它承接输送部过来的成型纸盒，利用侧挡板 3 改变纸盒运动方向，使操作者便于收集。收盒时，根据纸盒厚度旋开螺钉 2，调节压纸板 1 与输送带 5 之间的间隙确保纸盒顺利输出，根据纸盒尺寸大小，旋开螺钉 4，调节侧挡板 3 位置，保证纸盒整齐地传送到横接部。

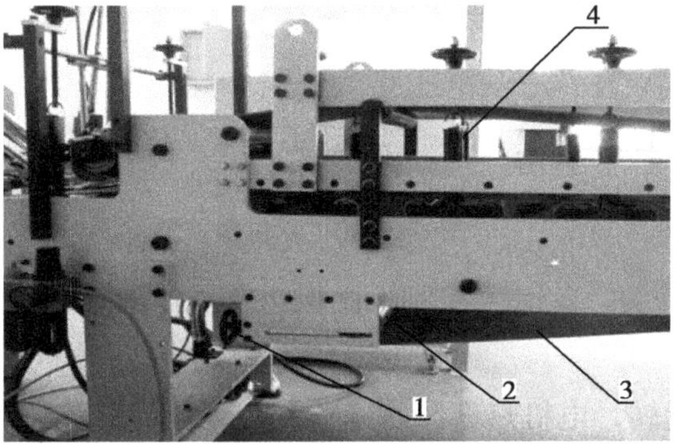

1—调节手轮；2—张紧轴；3—传输带；4—弹簧

图 6-2-22 输送带调节结构

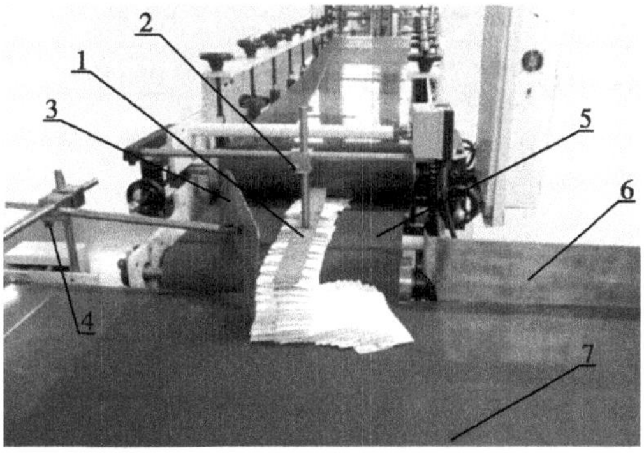

1—压纸板；2、4—螺钉；3—侧挡板；
5—输送带；6—横挡板；7—横接皮带

图 6-2-23 横接部调节结构

三、MK550FB/650FB 型糊盒机的操作

1. 开机前的准备

(1) 准备好纸板盒和胶黏剂。

(2) 查看机身上是否有杂物。

(3) 查看电路供电是否正常。

(4) 根据纸张宽窄调节胶水的用量。

(5) 慢车试机，看皮带及其他各部件运转是否正常。

(6) 查看收废箱是否清空。

2．熟悉控制面板

控制面板（见图 6-2-24、图 6-2-25 和图 6-2-26）操作与运转说明如下。

图 6-2-24　主控面板

图 6-2-25　分控面板

图 6-2-26　六位操作盒

（1）接好电源并闭合主控制柜左侧的开关，此时主控制柜面板运转操作部分的电源灯亮。

（2）将主电机开关打开，主电机空载运转，电机灯亮。

（3）按“开车准备”按钮，蜂鸣器响。

（4）蜂鸣器响过后，按“寸动”按钮，机器寸动运转。“寸动”按钮主要用于调机。按“运转”按钮，机器在设定速度下运转。

（5）“输送机手动”按钮、“输送机自动”按钮、“输送机停”按钮操作如下。

① 按下“输送机手动”按钮，输送机开始连续运转。

② 按下“输送机自动”按钮，当有物件通过电眼时，输送机自动运转；当电眼看不到物件时，输送机延时自动停止。

③ 按下“输送机停止”按钮，无论输送机在自动还是在手动状态下运行，输送机都停止运行。

（6）机器正常运转时，按下“给纸”按钮，即可开始走纸，按下“给停”按钮，便停止给纸。正常走纸时，可开动振动电机，以提高送纸质量。

（7）六位操作钮盒为移动式，专门为操作方便而设计，上面各操作按钮的功能与主控制柜面板相同。

（8）机器横走部装有横走电机开关及调速器，可根据需要调节。

（9）机器的收盒部附近还装有“急停”按钮盒，以备紧急情况时使用。

3．糊盒机操作

糊盒机操作流程：糊盒机工作状态检测→输纸部分调节→预折部分调节→上胶部分调节→本折部分调节→成型、收盒。

（1）接通电源，打开电源开关，检测机器性能。

（2）输纸部的调节。根据盒型尺寸调节输纸部各部分。

① 调节侧挡板和传输带。如图 6-2-27 所示，根据盒型尺寸调节侧挡板，使两挡板夹住纸板，两挡板间距比纸板尺寸要略大 1 ～ 2mm。用扳手旋动输送带螺杆 1，移动输送带 2 到两挡板间，输送带个数根据盒型尺寸来确定。

② 调节输纸刀。输纸刀调节如图 6-2-28 所示，旋开手柄 3 将输纸刀安装在两侧墙板之间，并前后移动输纸刀到适当位置，然后锁紧。调节螺母 2，使输纸刀上升（顺时针旋转）或下降（逆时针旋转），调节主刀 1 与输送带 4 之间的间隙，确保一张纸板能顺利通过，两张纸板不能通过。

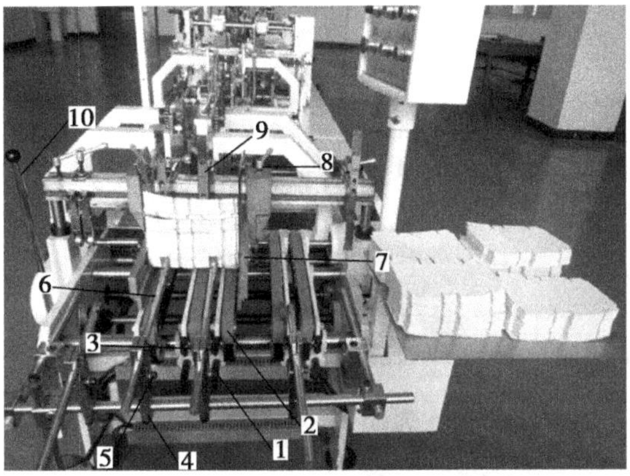

1—输送带调节螺杆；2—输送带；3—输送带调节螺母；
4、5—螺母；6—后支架杆；7—侧挡板；8—螺钉；
9—输纸刀；10—手柄

图 6-2-27　输纸部结构

1—主刀；2—调节螺母；
3—手柄；4—输送带

图 6-2-28　输纸刀调节

③ 调节后支撑架。因为盒片的大小不同，为了能将盒片顺利地散开，一般要配有一个支撑杆，其固定在一个轴上，轴可以前后移动调节。调节时，将图 6-2-27 中固定螺母 4、5 松开，移动支架对应位置再锁紧。

（3）预折部调节。预折功能就是将盒片在对应压痕线的位置将其折叠再展开，折叠和展开一般都在第一和第三压痕线处。调节操作侧第三折调节螺杆，使第三折刀移动到适当位置，如图 6-2-29 所示。调节操作侧第一折调节螺杆，使第一折刀移动到适当位置，如图 6-2-30 所示。根据盒型粘舌尺寸和纸板厚度，松开螺钉 4 调节压纸板与折纸器 1 的间距，使折纸器移动到第一折痕线与第三折痕线中间，并紧靠第一折痕线，根据纸板厚度松开螺钉 3，调节折纸器与输送带的间隙，以纸板能顺利通过为宜。

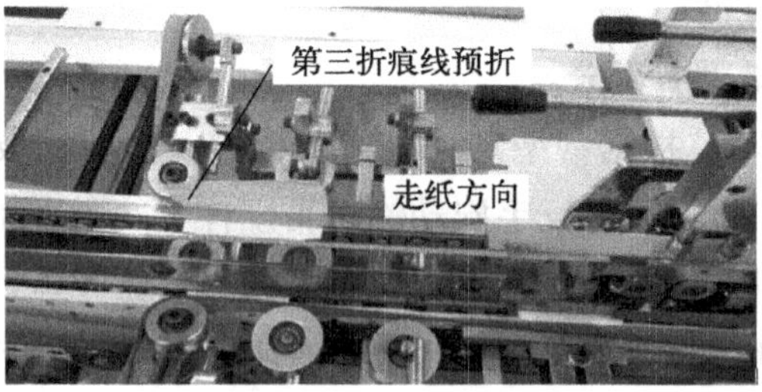

图 6-2-29　第三折痕线折叠

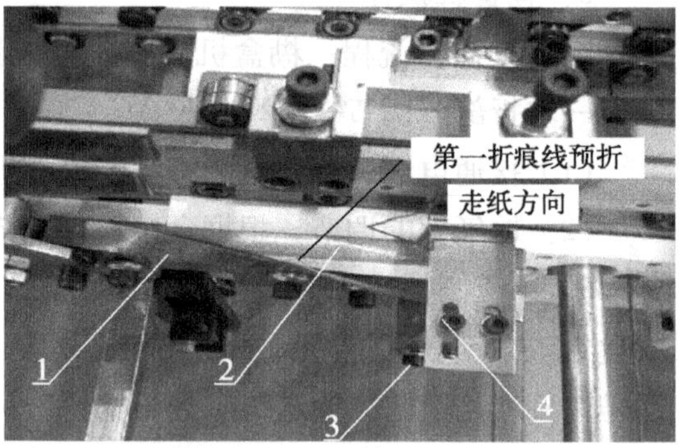

1—折纸器；2—压纸板；3、4—螺钉

图 6-2-30　第一折痕线折叠

（4）上胶部调节。根据盒型设计特点和尺寸，调节上胶部位置和上胶量。

（5）本折部调节。这个部分就是将第二和第四压痕线完成折叠，同时使粘上胶的黏结舌完成糊盒功能。根据盒型尺寸旋转操作侧调节螺杆，调节第二、第四折折刀到要求位置，如图 6-2-31 所示。

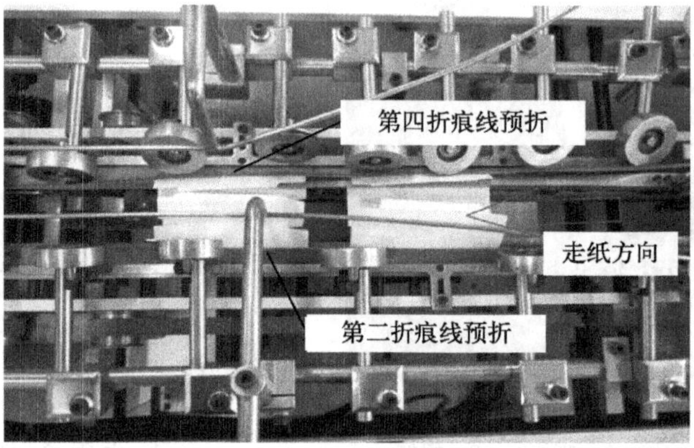

图 6-2-31　第二、第四折痕线折叠

（6）成型、收盒。根据盒型尺寸和纸板厚度调节压辊和输送带，以纸盒整齐顺利输出为准。

任务三　糊盒常见故障分析与排除

任务描述

糊盒是一项复杂、多变的工艺，制盒成型产品的质量影响因素有很多，常见故障也有很多类型，要高效生产高品质产品，就需要熟悉这些故障的产生原因和排除方法。通过本任务的学习，学生可了解糊盒工艺常见的故障现象和类型，并能分析和排除这些故障，获得质量合格产品，提升生产效率。

知识目标

1. 掌握糊盒常见故障现象。
2. 掌握糊盒工艺常见故障原因及排除方法。

技能目标

能够排除糊盒常见故障。

随着社会经济、文化的高速发展，人们对产品包装的要求也越来越高，精致讲究的各式纸盒层出不穷，适应了市场多样化的需求。传统的手工糊盒已经跟不上时代发展的步伐，国内众多包装印刷厂家纷纷投资全自动糊盒设备，以期占领这块市场。但在自动糊盒过程中，各种各样的工艺问题与机械故障困扰着包装印刷厂家。表 6-3-1 所示为糊盒过程中常见故障及解决办法。

表 6-3-1　糊盒常见故障及解决办法

常见故障	产生原因	解决办法
纸盒脱胶	① 胶黏剂的黏度不够或涂胶量不足； ② 胶黏剂与纸盒材料不适合； ③ 纸盒的粘口部分经过覆膜、上光等表面处理； ④ 涂胶后压力不足、加压时间不够长，不利于粘贴结实	① 控制胶黏剂的黏度和涂布量，如全自动糊盒机，胶黏剂的黏度控制在 50 ～ 100Pa·s，涂胶量控制在厚度 0.3mm 左右为宜； ② 胶黏剂选择要与纸盒材料相适应； ③ 经过覆膜、上光处理的纸盒，可以在粘口处采用压针线刀、磨边等方法提高胶液的渗入； ④ 增加糊盒机压折部的压力，延长压折时间，或者更换黏结力强的胶黏剂

续表

常见故障	产生原因	解决办法
纸盒变形	① 模切版精度不高导致纸盒不一致，糊好的纸盒变形； ② 胶黏剂的浓度低，含水量大，导致纸板吸湿变形，纸盒成型后不平整； ③ 糊盒机自身没有调节好	对此问题，只要保证模切质量的稳定，选择合适的胶黏剂，调节好糊盒机即可解决
纸盒粘口歪斜	① 压痕钢线的压槽太宽、压痕压力不够，使压痕线不饱满，折叠时没能精确地按压痕线折叠； ② 折叠变速器调节不当，盒片的左右两边输送速度不一致，造成粘口歪斜； ③ 折叠杆安装不恰当	① 减少压痕钢线的压槽宽度，增加压痕压力； ② 调节折叠变速器，使纸盒左右两边输送速度一致； ③ 重新安装折叠杆
粘口对位不准	调机精度不准	加强对操作人员的培训，提升其操作技能及其对复杂盒型的认识
粘口溢胶	① 糊盒错位； ② 胶黏剂用量过多	① 打磨粘口； ② 减少上胶量

总之，要减少糊盒故障，就要做好与糊盒相关联的各工序的工作。在包装印刷领域，印前、印刷、印后各个工艺环节的协调，对于保证生产质量和提高生产效率起着至关重要的作用。

任务四　糊盒机的维护与保养

任务描述

设备的维护保养工作对机器的使用寿命、产品的正常生产和质量保证起到很重要的作用。通过本任务的学习，学生可了解糊盒机的维护保养要求和方法，能对糊盒机进行正确的保养和维护，使设备在使用时更加精准和高效。

知识目标

1. 掌握糊盒机的维护与保养要求。
2. 掌握糊盒机的维护与保养方法。

技能目标

能够对糊盒机进行正确的保养和维护。

一、糊盒机的日常维护要求

为保证糊盒机顺利运转，必须对机器进行定期维护和保养。

（1）随时注意拧紧松动的螺栓、螺钉、螺母等零件。

（2）根据不同工作要求，调整压折纸带的松紧程度和折纸刀位置。

（3）班后及时清扫机器上的纸屑、灰尘。

（4）定期在链条、螺杆、螺母上加少量润滑油或用蘸过油的棉布擦拭。

（5）随时注意机器运转声响及零部件的磨损情况。

（6）糊盒机使用的压折纸带是用基带黏结成圆周带的，为延长其使用寿命，要求按机带接口方向分别不同使用部位安装，如图 6-4-1 所示。

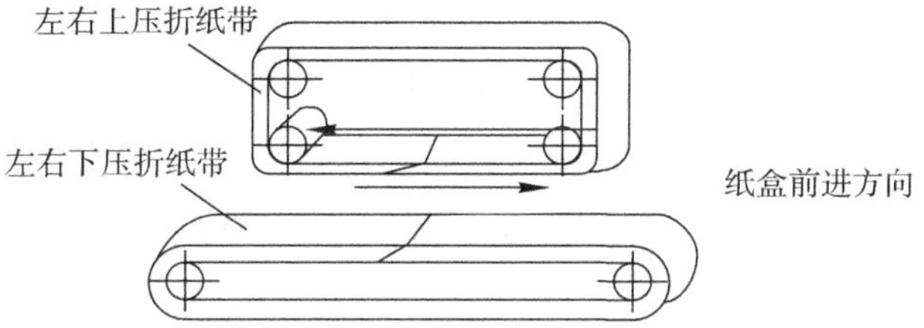

图 6-4-1　压折纸带安装

二、糊盒机涂胶部和折叠部维护

（1）涂胶前，要确保纸盒粘口边的输送路线与输送带平行。

（2）上、下胶轮的间隙及涂胶量要适合包装纸盒，以保证涂胶层薄而均匀。

（3）纸盒粘口与胶轮宽度要匹配。在自动糊盒过程中，纸盒的粘口宽度应满足糊盒机的要求，过宽或过窄都会影响糊盒质量。过窄会发生溢胶，过宽则会使预折受到一定的影响。此外，上胶轮的同心度要保证精确包装防伪，边缘的滚花要无磨损，以保证上胶均匀。

（4）涂胶位置要恰当，离折痕线太远，成盒不美观，而太近则可能使不该涂胶的位置涂上了胶，导致成盒困难。

（5）已涂有胶黏剂的粘口绝不能再碰到机器的其他部位，否则胶液会在这个部位越积越多，最终蹭到不该涂胶的部位。

（6）折叠部分配有折叠变速器，必要时，需通过调节折叠变速器确保粘口对位准确。

三、输送皮带的正确使用、维护及保养

1. 延长皮带使用寿命的因素

（1）糊盒机给纸主刀与给纸皮带的间隙的调整

糊盒机采用下输送带的摩擦方式给纸。摩擦给纸时，为保证纸盒均匀、顺畅、单张

地输送出去，在输纸处安装有单张控制机构（一般称为主控制机构）。该机构安装位置的高低，直接影响输送带的磨损。一般该主控制刀机构的高低调整，以能够轻快输送出一张纸盒板，而两张不能通过为宜。过低，主刀与皮带直接接触，加快皮带的磨损；过高，造成多张纸盒板输送，也会加快皮带的磨损。

（2）输送皮带的紧张力要求适度

糊盒机输送带采用内外层高强度弹力带和中间层尼龙片材质带黏结而成，具有中间层紧实，内外层有高弹力的结构特点。因此，糊盒机在工作过程中要求输送皮带张紧适度，张紧过松，会造成与滚轮打滑；过紧，会造成皮带过度延伸而降低皮带的使用寿命。

（3）皮带运转方向的正确使用，能明显提高使用寿命

整条皮带均经搭接、涂胶、加热、保温、加压黏结而成。搭接时，两端往往设计成斜坡，便于皮带黏结牢固。机器运转时，皮带运转的方向与斜坡方向一致，如不一致，皮带就会非常容易造成接口断裂。一般皮带上均标识运转方向，在机器保养和维修前，首先要在皮带上做方向标识，保证在重装时运转方向与皮带标识方向一致。

另外还需要注意，机器在运转前检查皮带周围，不应有尖锐物体与之接触，避免对皮带产生直接磨损。

2. 皮带的清洁与保养

皮带本身的材质决定了清洁皮带时，应避免使用任何有机溶剂（如酒精、汽油、天拿水、丙酮等），仅用清水或加入少许家用温和的洗洁剂，即可达到清洁效果。当需要使用大量清水冲洗皮带时，应把皮带从机器上拆下来（切记，做好皮带运行方向的标识）。若皮带在张紧的情况下，皮带中间的尼龙片抗拉力层对湿度极为敏感，与水接触膨胀变形会影响皮带的使用。即便在皮带不受张力状况下，用大量清水冲洗皮带后也要尽快将皮带擦干，并且应在通风良好的环境中干燥 24 ～ 36h，待皮带的尼龙片湿度恢复正常状况后，再将皮带重新装于机器上。

任务五　精装盒的制作工艺

任务描述

精装盒是区别于普通盒型及其制作工艺的一类特殊盒型，其工艺、艺术性、产品的价值方面都是较高的。精装盒的制作通常是需要手工与自动化糊盒技术相结合来完成的一项复杂的工艺技术。通过本任务的学习，学生可了解精装盒的整体制作流程，了解各工艺的技术要点和常见问题，便于实现精装盒的准确制作。

知识目标

1. 掌握精装盒的制作过程及工艺。
2. 掌握精装盒的制作工艺要点。

技能目标

能根据盒型，设计精装盒制作工艺。

一、精装盒概述

自古以来，中国素有“礼仪之邦”的美名，崇尚礼尚往来。古往今来，礼品作为人与人之间情感交流和友谊维护的纽带，在人际交往中起着很大的作用。而礼品给人的第一感受是非常重要，所以礼品的包装也越来越精美，精装盒由此而生。随着时间的推移，精装盒的生产工艺也在逐步提高和完善，越来越多的商品包装向着精包装的方向发展，对精装盒的生产工艺也提出了新的要求。

1．精装盒的演变

悠悠五千年历史的文明古国，不仅有着璀璨的文化，而且精包装礼品盒的历史也格外悠久。早在春秋战国时期（公元前 403 至前 221 年），“买椟还珠”的故事，说的是“楚人有卖其珠于郑者，为木兰之柜，薰以桂椒，缀以珠玉，饰以玫瑰，辑以羽翠”，以至于后来“郑人买其椟而还其珠”。这就反映出一个道理：精致的包装，它的自身价值远不止礼品所能表现出来的精神价值。

我们的先人在很久以前就开始种植棉花等农作物，养殖蚕。这些织物除了可以做衣服外，也可以用作包装材料。用彩色棉麻做成“锦囊”，用来装公文、收藏钱币、储存物品；用彩色棉麻装饰在盒子的外侧，做成“锦盒”，用于收藏珍贵物品，如名贵药材、金银珠宝等，这就是最早的精装盒。

清朝以后，乾隆皇帝亲手设计包装盒。他设计的“多宝盒子”（现收藏于故宫博物院）用来存放名贵的工艺品，堪称当时的高档礼品包装了。其实高档的礼品包装盒并不仅限于古代的达官贵人，民间亦如此，比较普遍的是“八角金”，应用于包装糕点、药材。

到了 21 世纪，随着社会经济的增长，人们对商品的选择从满足需求到满意需求。消费者愈加看重商品的外观设计，追求个性化。如今的精装盒发展呈现出百花齐放、百家争鸣的景象，各种新式精装盒层出不穷，对精装盒的加工工艺要求也提出了更高的标准。

2．精装盒的结构

常见的精装盒有以下几种结构。

（1）书型盒：由外皮壳和内核组成，皮壳绕内盒一周，外形似一本精装书。

（2）天地盖盒：由盖盒和底盒构成，一般是上大下小扣合使用。

（3）抽屉盒：带有抽屉的盒型，使用起来更加方便。

（4）开窗盒：在盒子的一面或多面开出所需窗口，用于展示物品。

（5）折叠盒：用铜版纸在灰板纸裱糊，折弯处灰板纸之间留有一定距离，可以自由折叠。

（6）翻盖盒：结构类似天地盖盒，可以前后自由翻动。

目前，市场上的各种食品、化妆品、高档酒、展示品、纪念礼品等包装，越来越呈现出造型美观多样的特色。常见的精装盒的结构有天地盖盒、书型盒、翻盖盒、盘式盒及一些特殊结构的异型盒等。图 6-5-1 至图 6-5-4 所示为各类不同产品的精装盒。

图 6-5-1　酒类精装盒

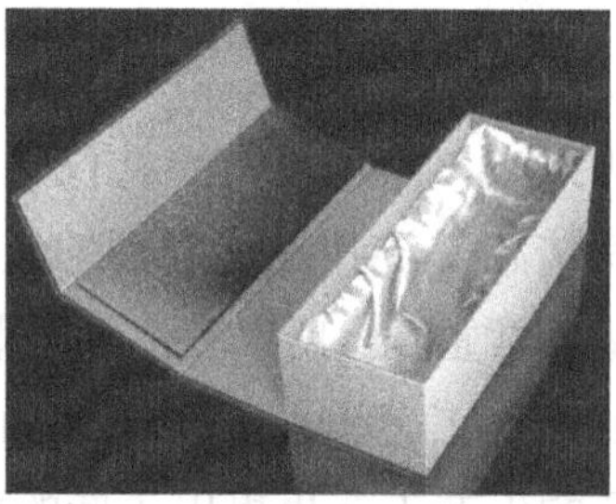

图 6-5-2　书本类精装盒

图 6-5-3　礼品类精装盒

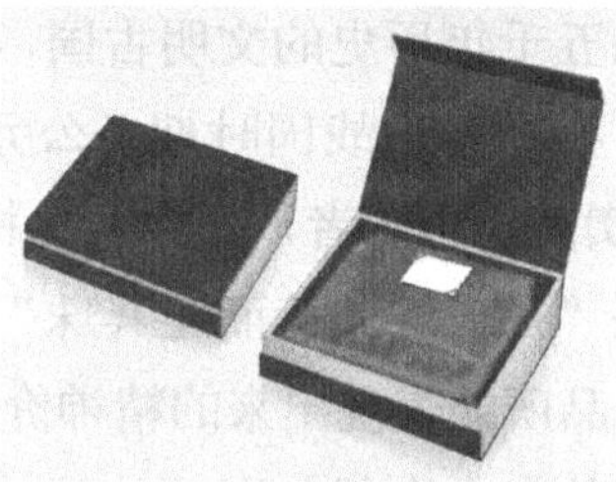

图 6-5-4　药品类精装盒

3．精装盒的材质

精装盒的材质一般为荷兰板、白卡纸、灰板纸、金银纸、密度板、亚克力、金属卡纸、瓦楞纸板等。

（1）荷兰板：平整度高，均匀度好，不易变形，主要厚度规格为 1 ～ 3mm。由于荷兰板表面为灰色，所以需要在其表面裱上图案精美的美术纸。

（2）白卡纸：材质较厚，硬度较高，克重较大，有良好的挺度及耐破度，一般为单面涂布，少量为双面涂布。白卡纸分为 A 级、B 级、C 级三种，其定量有 200g/m^2、220g/m^2、250g/m^2、270g/m^2、300g/m^2、350g/m^2 和 400g/m^2 等多种规格。

（3）灰板：又称为“茶纸板”，厚度高、紧度小，多用于精装书的皮壳以及精装礼盒等。比较常见的厚度规格有 2.0mm、2.5mm、3.0mm 和 3.5mm，最常用的为 3.0mm。

（4）金银纸：多用于高档酒类包装盒、茶叶礼盒的外层包纸。

（5）铜版纸：印制的图案比较清晰、色彩明艳。常用的定量规格有 128g/m^2、

157g/m²、250g/m²、300g/m²，最高可达 400g/m²。其中，128g/m²、157g/m² 需裱糊在灰板表面，其他规格可直接作为纸板使用。

（6）瓦楞纸：将一张彩印的纸裱糊在瓦楞纸板表面，做成瓦楞纸盒。

4．精装盒的价值及意义

精装盒是商品包装盒的一种，除了要起到包装物品的作用，即保护和储存商品，完成商品的信息传递，还要作为一种表达情感的方法，提高物品的价值。设计出色的精装盒可以起到先声夺人的效果，给人眼前一亮的感觉。

（1）高品质。礼品作为联系人与人之间关系的纽带，在一定程度上显现出对被赠予者的尊敬，同时也提升了赠予者的地位，体现出赠予者的心意。因此，精致的礼品盒不仅有包装商品的功能，而且凸显出了商品的价值。精致的礼品盒在一定程度上提升了物品的精神价值，同时在一定程度上又弱化了物品的使用价值。所谓的“高品质”，就是选择高档的包装材料美化商品的外表，提高礼品的价值。

（2）情感性。送礼是表达情感的一种方式，所以礼品包装不能忽视精致的外观。随着经济的发展和生活质量的提升，人们越来越向往简洁舒适的生活，但这并不意味着人们之间不存在礼尚往来，正好相反，礼仪的形式更多了。在当今社会，用精装盒包装礼品逐渐成为人们送礼的方式。

（3）针对性。礼品多用于节日、庆典、结婚、过寿等多种场合，在包装设计时，应突出礼品的针对性。例如，在中国传统节日的中秋节，人们都会吃月饼，表达对团聚的向往。而在设计月饼的包装盒时，除了选用高档的包装材料以外，更应凸显其针对性，承载人们的美好祝福，突出中华民族文化的特点。

二、精装盒的制作工艺

1．精装盒印前设计流程

（1）图像扫描

使用平面扫描仪进行图像扫描。扫描仪的原理是对原稿上的图文进行扫描处理后，使光线照射在扫描的材料上，然后将光学图像传输到光电转换器中，图像变为模拟电信号，接着将模拟电信号转化为数字电信号，最后经过计算机接口传输至计算机中。扫描后所得到的图文信息就是我们需要的信息，经处理后可直接用于印刷。

（2）设计并绘制精装盒展开图

图文图像处理主要采用两种软件：一种是 Photoshop 图像处理软件，另一种是 Illustrator 图形处理软件。首先要根据客户需求，了解客户需要的精装盒结构、外观、色彩以及灰纸板材料等。根据客户提供的信息，绘制包装盒样张及尺寸样式图。例如，客户提出了一种中间有椭圆窗口，用于展示物品，不需要时可以盖上的包装盒型，如图 6-5-5 所示，这时就要用 Photoshop 绘制盒型展开图。具体操作步骤如下。

① 打开 Photoshop 软件，【Ctrl+N】新建一个文件。

② 【Ctrl+R】打开标尺，设计好包装盒各个面的尺寸大小，展开图如图 6-5-6 所示。

③ 填充所有图层。

④ 将所需要的文字及图案放置上去，调节其颜色、位置及其大小。

⑤ 处理完毕一定要转为 300dpi 的 TIF 文件。

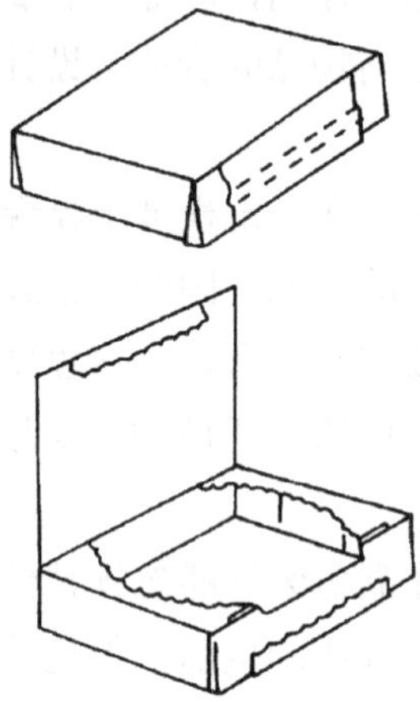

图 6-5-5　开窗盒

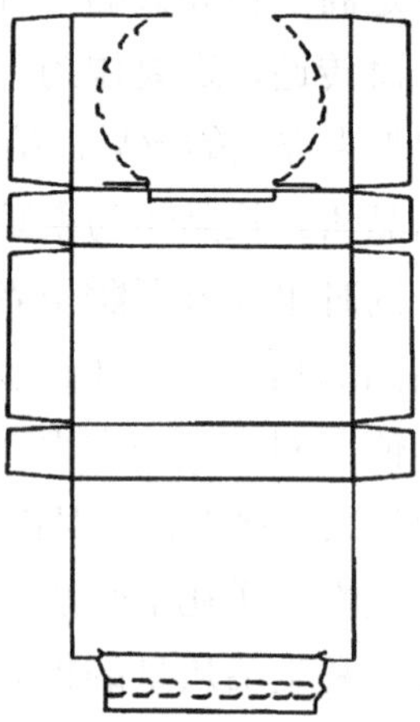

图 6-5-6　精装盒展开图

（3）拼版

精装盒设计好之后，尺寸也就固定下来，而印刷时纸张都是有一定规格的，如果纸盒尺寸较小，会造成机器损耗以及纸张裁切浪费，这时就要对纸盒进行拼版。拼版就是将设计好的盒型进行排列和复制，这样可以将版面进行最大化利用。

拼版方式一般分为两种：一种是手工拼大版，另一种是计算机拼大版。由于手工拼版精度低，容易出错，常用计算机拼版。计算机拼版通常使用 Illustrator 和 Acrobat 软件，将盒型拼成一张印刷版。

拼版有以下三种原则。

一刀切拼版：模切时，一刀就能把两个相邻的盒片切断。一刀切拼版应保持叼口在同一水平线上，这样方便清除废边。

双刀切拼版：相邻盒片与盒片之间应留有一点空隙，模切压痕时，由各自的刀线将两个盒片切开。拼版时盒芯之间应留有点空隙，便于粘贴橡皮。这样做可以使相邻两个盒片连在一起，便于清除废边。

套拼版：可以提高版面的利用率。

（4）分色

分色是将原稿上的色彩分解为黄（Y）、品红（M）、青（C）、黑（K）四种颜色。在 Photoshop 图像处理软件中打开精装盒拼版文件，在工具栏中选择图像，在图像中选择模式，将模式设置为 CMYK 模式，这样图像的色彩就用油墨来体现了，有四个颜色通道，在输出胶片时，图像就会按各自的颜色通道生成网点，得到四张胶片。

（5）制版

常用的制版方式是 PS 版（光敏板材）和 CTP 版（热敏板材），操作步骤如下。

① 预检：对输送计算机直接制版机的文件进行查看，对图文图像进行检查，检查文件中是否存在损坏的部分和其他任何可能存在的问题，尽可能提前发现问题，避免对后工序造成影响。

② 制作：检查无误后，将拼版后的 PDF 文件输入计算机直接制版机（见图 6-5-7），对图文信息进行数字化处理和排版编辑，直接在印版上成像后制成印版。

③ 曝光：印版先到达曝光部分（见图 6-5-8），印版表层在热的作用下会发生汽化作用，硅胶表层随着汽化作用被去掉，亲油层裸露出来形成可以接受油墨的图文部分。

图 6-5-7 计算机直接制版机

图 6-5-8 曝光

④ 显影：用稀碱溶液对曝光完成后出来的印版进行处理（见图 6-5-9），曝光后版面上的图文见光会发生分解反应，生成的化合物用稀碱溶液溶解，版面便留下了未见光的感光层，形成图文部分（见图 6-5-10）。

图 6-5-9 曝光后印版

图 6-5-10 显影后印版

⑤ 除脏：用除脏液把版面上多余的规矩线、脏污等清除干净。

⑥ 上胶：对印版表面进行处理，在其表面涂上一层薄薄的胶，保护版面不被蹭脏。

制版完成后，需要对版面曝光程度、印版的分辨力以及网点大小进行检查。

（6）数码打样

定稿之后，就可以进行数码打样。数码打样是将制作好的数字样张，在和传统印刷条件基本相近的情况下（如纸张材质、油墨品牌以及印刷方式等），把按原稿晒制完成的印版文件，经彩色打印机（喷墨、激光打印机）输出样张。数码打样能够用于检查印前工序的图文图像质量以及印版上的错误，为印刷工序提供参考，作为客户签字付印的依据。

2．精装盒印刷操作流程

（1）印刷前准备

① 纸板准备：纸板的性能直接影响着印刷流程是否能顺利进行。在印刷之前，业务员会提供生产通知单，根据生产通知单，确定相应的纸板。

② 油墨准备：根据选用的纸板以及产品要求，选择油墨的颜色。

③ 印版准备：按要求完成印版的制版，准备上机印刷。

（2）实施印刷

精装盒印刷的主要方式为胶版印刷、凸版印刷、凹版印刷。以胶版印刷为例，其印刷流程分为以下几个步骤。

① 输纸装置的调节

分纸吸嘴：由于纸盒厚度较大，所以分纸吸嘴距离纸堆表面 2 ～ 3mm 为宜。

递纸吸嘴：左右位置应距离纸张两侧 1/4 为宜。

压纸吹嘴：前后位置要求能压住纸堆上面的纸张。

固定吹嘴：高度调节到吹嘴中线与纸堆上表面平齐。

风量大小的调节：固定吹嘴要求能吹松纸堆上方 5 ～ 10 张，压纸吹嘴要求能将第一张纸的背面与第二张纸正面分隔开。分纸吸嘴和递纸吸嘴吸风量以能吸起第一张纸为宜。

② 收纸装置的位置调节

收纸装置的位置调节要根据印刷纸张的规格，还要适当调节喷粉位置及喷粉量的大小。

③ 试运行

将闯齐后的纸张搬运到输纸台；安装水辊，包括水斗辊、传水辊、串水辊和着水辊；安装印版；安装橡皮布。

④ 正式运行

不停机给纸。在纸堆还剩半令纸至一令纸时，需要堆放新的纸张。

印版处除脏。印刷过程中，油墨堆积、纸毛纸屑都会造成印版表面被污染，需要点动机器，用湿抹布擦拭印版。及时添加油墨、水。

（3）印刷质量检验

① 外观质量。检查印张是否残缺、有无折角和褶皱等；检查印张是否有污点、脏痕；网点是否光洁、有无毛刺；颜色是否鲜艳、墨层是否厚实；文字有无缺笔断画。

② 套印误差。用放大镜观察规矩线是否套准。

③ 实地密度。将密度计设置好相应的参数，分别测量签样样张和印刷后盒片的实地密度，记录并进行对比。

3. 精装盒印后操作流程

（1）覆膜

覆膜工艺就是在已经印刷完成的纸板表面涂布一层黏合剂，经加热、加压，使塑料薄膜与纸质印刷产品复合在一起，如图 6-5-11 所示。精装盒外表面经过覆膜后，表面多了一层薄薄的防护膜，更加美观、光亮，色彩更加鲜艳，而且具备防潮、防水、防污渍、耐磨、耐折等性能，起到保护物品的作用。常用的覆膜方式有干式覆膜、湿式覆膜和预涂覆膜。

覆膜工艺流程：对薄膜进行表面处理→涂布黏合剂→上纸→调试覆膜设备→试覆膜→正式覆膜→收卷分切。具体操作可参见项目二任务一中的介绍。

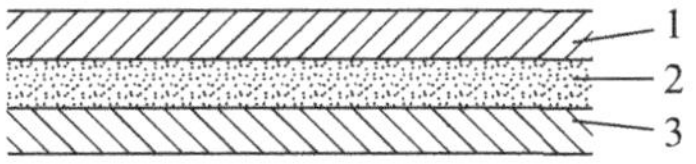

1—塑料薄膜；2—黏合剂；3—印刷产品

图 6-5-11 覆膜工艺

（2）烫印

覆膜完成后，为了提高产品的价值，需要对印刷品进行烫印处理。烫印是通过加热加压，将电化铝箔按烫印版上的图案转移到纸板表面。

烫印工艺流程：烫印前准备→装版→垫版→调整烫印参数→试烫→签样→正式烫印。具体操作可参见项目四任务一中的介绍。

（3）模切

对印张进行表面处理后，就可以进行模切。模切是将钢刀、钢线按照产品的要求排成模切刀版，将模切刀版安装到模切机上，在压力的作用下将纸板按盒型要求轧切成所需要的形状。

模切工艺流程：制作模切刀版→装版→调整模切压力→调整规矩→塞海绵胶条→试压模切→正式模切→清除废边→检查。具体操作可参见项目五任务一中的介绍。

（4）糊盒

糊盒工艺是制作精装盒的最后一个环节，是将模切成型后的盒片进行折叠，将黏合剂涂布在糊口处粘贴住，制成所需要的盒子。

糊盒工艺流程：进纸→预折→上胶→折叠→加压弹出→压实收集。具体操作可参见项目六任务二中的介绍。

三、各工序的控制要点及故障排除

1. 印前设计

（1）版面设计

字体：文字是精装盒印前设计中的一部分，版面排版会影响盒子的整体效果，字号的大小及摆放位置大于图像的意义。不管什么样的盒型，为了使套印更加准确，获得很好的视觉效果，不要使用线条较细的字体。

图片：分辨率应高于300dpi。

输出：文字离纸盒边上的位置应大于3mm；图片的色彩模式应设置为CMYK模式；如果是RGB或者是Lab模式的，需要对图片的模式进行转化；输出时，文字应转化成曲线，防止输出时字体丢失。

（2）扫描

扫描后的图像分辨率要根据原稿的尺寸和加网线数决定。为了使印刷品上的密度尽可能地接近原稿上的密度范围，要提前对黑白场进行设定，使原稿的色彩层次得到最大化的还原。

（3）拼版

拼版工艺的控制要点如下。

① 对拼版影响最大的就是模切压痕工艺，由于模切机是高速运转的，所以拼版时纸板的四边不要留得太小。

② 三个及三个以上的图案并排排列时，最好能将图案的方向排得一致，防止覆膜、上光等多种后加工造成纸盒变形，以及模切压痕位置不准确。

③ 两个盒片中间如果有空隙，在拼版时要将间距设置为大于5mm，否则在制作模切刀版时，钢刀两边的橡皮胶条粘不下而影响后工序。

（4）制版

制版工艺控制要点如下。

① 对制版效果影响最大的是晒版过程，应保证晒版的环境，最理想的是在无尘环境进行晒版。此外，晒版机的气密性一定要好，晒版时间和光源强度应合适，保证晒出的网点面积符合标准要求。

② 在显影过程中，显影液配方、显影时间、显影液浓度应与印版材质、图像要求相匹配，使用测试条进行检测控制，是控制显影质量的有效方法。

③ 烤版、涂胶工艺是对印版的保护，烤版温度和时间应严格控制，不能破坏印刷网点，造成网点变形。

2．印刷过程

（1）控制要点

① 印刷压力及其控制

印刷压力的大小在印刷过程中起着不可忽视的作用，在很大程度上决定了油墨转移量。正确的压力设定，对于印刷品的质量、印版的耐印力也起到了决定性的作用。

确定最佳印刷压力：要确定最适当的压力，考虑的因素有很多。首先要确定印刷速度，高速运转的印刷机的滚筒直径比较小，为了让油墨有足够的时间转印到需要印刷的纸板表面，就必须增大压力。其次要测量滚筒的中心距，计算衬垫物的厚度，在快要接触而又没有接触的状态下，对印版以及橡皮布不平整的部位进行检查。

实现最佳压力，必须让印刷机的三滚筒保持轴线平行，齿轮节圆相切，滚筒表面质点的线速度力求相等。

② 水墨平衡及其控制

控制水墨平衡的方法：

a. 印版需要有良好的图文基础和空白基础，保持亲油和亲水的稳定。

b. 在保证印版不沾脏的情况下，把供水量尽可能地降到最少，使供水量与油墨量处于一个相对稳定的状态下。

c. 控制车间温度在恒温恒湿的状态下。

d. 润版液的 pH 值：纸张的 pH 值过高，则润版液的 pH 值应适当降低；反之，如果纸张的 pH 值过低，应适当增大润版液的 pH 值。

③ 印刷色序及其控制

印刷色序的确定原则：

a. 根据三原色油墨的明度确定最佳印刷色序：要根据三原色的明度排列印刷色序，三原色的明度是黄大于黑青大于品大于黑。在印刷中，要先印刷明度较高的黄墨，最后印刷明度低的黑墨。

b. 根据油墨的透明度和遮盖力确定印刷色序：遮盖力较好的油墨先印刷，遮盖力较差的油墨后印刷。

c. 根据网点大小确定印刷色序：在印刷过程中，需要提前测量网点大小，先印刷网点较小的部分，接着印刷网点较大的部分。

d. 对于四色叠印区域很小的画面，套印顺序一般可采用图文面积大的色版后印刷的原则。

（2）常见故障分析与排除

① 套印不准

a. 纸板变形引起的套印误差。纸板变形是引起套印不准的一个重要因素，引起纸板变形的因素是由于车间的温湿度过高或过低引起纸板含水量变化或者引起纸张紧边或者荷叶边，在印刷中就会造成套印不准。

b. 印版变化引起套印误差。印版是一种金属，有一定延展性，在印刷过程中，将其安装在印刷机的印版滚筒上，会受到各种压力的撞击作用，引起印版发生变形，也会影响套准的精确度。

解决办法：调节印刷车间的温湿度，温度在 20 ～ 22℃，相对湿度在 45% ～ 60%；纸板吸湿变形后，要对纸板进行调湿处理，使纸张含水量均衡；在安装印版时要使其位置准确，尽量降低拉版、校版的次数，使用厚度一致的印版。

② 背面蹭脏

a. 油墨的干燥速度。油墨的干燥过慢，会使印刷品背面粘脏。

b. 油墨的触变性。油墨是一种流体，具有触变性。在印刷机的墨辊中间，油墨被研匀，同时也会受到剪切力的作用，油墨背部被破坏，黏度降低。转移到纸板上后，也会恢复到之前的形态，黏度增大，油墨会很快在纸板上固着，形成坚硬的墨层。油墨的触变性小，转移到纸板上的油墨，黏度回弹慢，不易固着，就会导致印刷品背面蹭脏。

c. 纸板的性能。一般来说，做精装盒的白板纸，表面比较平滑光亮，会造成吸墨性较差，也就延缓了干燥时间。

d. 印刷压力。在印刷过程中，如果滚筒的压力调节不当，也会导致背面蹭脏。特别是对于表面比较光滑的承印材料，在橡皮布向纸板转印图文时，压力不够，不能将橡皮布上的所有油墨按图文要求转移到纸板上。在压力调节的过程中，应使压印滚筒与橡皮滚筒之间的压力略大于印版滚筒与橡皮滚筒之间的压力。对消除印品背面蹭脏也是有效的。

解决办法：尽量使用快干型油墨；在收纸装置处进行喷粉处理；控制润版液的 pH 值及使用量；调节车间温、湿度；调整干燥剂的使用量。

③ 糊版

a. 印刷过程中供墨量太多引起糊版。油墨量过多，会造成油墨铺展不开，堆积在版面上，造成糊版。要根据图文要求，确定油墨的使用量。

b. 油墨中干燥油使用量过大，引起油墨乳化，墨层不能断开，多数不能从印版上分离，油墨就会堆积在印版上，在压力的作用下，网点增大，引起糊版。要适当地控制好燥油比例。

c. 供水不足引起糊版。在印刷过程中水墨不平衡引起糊版。要避免出现这一问题，就要经常检查并及时更换新的水辊套，可减少糊版现象的发生。

d. 印版磨损严重引起糊版。空白部分磨损比较严重，亲水部分变成亲油部分，油墨使用量增大，造成糊版。解决这一问题，就要检查各个滚筒之间的压力，避免印版磨损，有效减少糊版问题的发生。

3. 印后加工

（1）覆膜常见故障分析与排除

① 黏合不牢

a. 黏合剂的选择与盒子的材质不匹配。应根据精装盒的材质，选用适当的黏合剂。

b. 涂胶量不足。根据盒子的材质，适当增大黏合剂涂布量。

c. 盒子表面喷粉，造成黏合不牢固。使用干布轻轻擦拭印刷品表面。

d. 印刷品表面墨层太厚。适当增大压力。

e. 对塑料薄膜表面处理不够。更换塑料薄膜。

f. 压力小，温度低，速度快。提高温度并降低车速。

② 起皱

a. 传送辊不平衡。应调整传送辊的位置。

b. 拉力太小，压力不一致，造成起皱。应调整压力。

c. 对薄膜进行处理时，表面不干，引起起皱。更换新的薄膜。

③ 起泡

a. 纸板含水率过高引起的起泡。覆膜前应对纸板进行调湿处理。

b. 黏合剂中水分较多，干燥速度缓慢，造成起泡。应选用合适的黏合剂。

c. 墨层太厚导致墨层不干会引起起泡。将印刷完成后的产品放置一段时间，进行氧化结膜干燥后，再对印刷品进行覆膜。

d. 涂胶量过多，难以挥发，容易引起起泡。适当减少黏合剂的涂布量。

（2）烫印常见故障分析与排除

① 烫印不牢固

a. 烫印的温度较低、压力较小、速度太快。适当调高电热板温度、增大压力、降低烫印速度。

b. 纸板印刷后表面晶化，可能是墨层表面喷粉太多。对纸板表面进行除油、打毛处理。

c. 纸板墨层太厚。应尽量减少需要烫印部位的叠印次数。

d. 电化铝选用不当或质量不好。对电化铝箔进行检查，如果型号不对或者质量不好，应重新选用。

② 反拉

a. 纸板表面油墨未干，会引起油墨与纸板结合不牢，造成反拉。使用快干油墨，或者等油墨完全干燥后再烫印。

b. 使用过多的白墨做冲淡剂。尽量避免撤淡剂与白墨混合使用，以及将白墨作为冲淡剂使用。

c. 油墨黏度较低。选用黏度符合要求的油墨。

③ 图文发虚、发晕

a. 烫印温度过高。根据电化铝箔的特性，将温度调整到合适的位置。

b. 电化铝箔焦化。电化铝箔焦化主要是烫印过程中停机时间较长，电化铝箔与高温印版长时间接触造成的。电化铝箔焦化，图文就会发虚、发晕。在生产过程中，如遇停机时间过久，要将电化铝箔与印版分隔开。

（3）模切常见故障分析与排除

① 模切压痕位置不准确

a. 模切刀版与印刷格位未对正。根据精装盒的尺寸，重新校正模切刀版。

b. 模切刀版与精装盒实际不相符。套正模切与印刷格位。

c. 输纸装置叼口规矩不一，使其输纸位置不一致。调整输纸装置的规矩，使其输纸位置保持一致。

d. 印刷车间湿度较大，纸板吸湿变形。尽量减少纸板变形和材料本身缺陷对模切的影响。

② 模切刃口不光

a. 钢刀质量不良，刃口不锋利，模切适性较差。应定期检查钢刀刃口是否锋利。

b. 钢刀刃口磨损严重。如果磨损较为严重，则需要重新更换新的钢刀。

c. 钢刀垫版处压力不够，模切压力不当。对压力不足的地方进行补压，适当增大模切压力。

d. 机器损坏。如果是机器损坏，需要重新修理机器。

（4）糊盒常见故障分析与排除

① 黏合不牢

a. 胶黏剂的黏度不够或是涂布量太少。胶黏剂并不是越黏越好，胶黏剂越黏，纸盒表面也就越容易起皱。全自动糊盒机的涂胶辊每分钟 112 转的高速运转下，胶黏剂的推荐黏度是 500 ～ 1000cP。

b. 胶黏剂和纸盒材料不匹配。应根据纸盒的材料，选用质量较好的胶黏剂。

c. 纸盒经过上光、覆膜等各项印后加工环节后，胶黏剂不易渗到纸盒表面，导致难以黏结牢固。对于进行覆膜、上光等表面处理的印刷品，在进行盒型设计时，可预先在盒片边缘留出涂胶的部位。

d. 涂胶后，压力太小或者加压时间太短，糊盒时纸盒就会不牢固。延长加压时间或者增大糊盒时压力。

e. 车间环境温湿度的影响。车间温度过低，胶黏剂涂布在糊口表面，凝固速度较快，纸盒成型后就会不牢固。应严格控制车间温湿度。

② 爆角、爆线

a. 纸板含水率较低、纸板较脆。对纸板进行调湿处理。

b. 模切压力过大。适当降低模切压力。

c. 底板压痕槽里有异物，压力增大，导致爆线。在模切前对底板进行检查，如有异物，及时清理出去，避免压力过大导致爆角、爆线。

d. 钢线厚度和压痕底槽宽度与纸板材质不匹配。应根据模切工艺要求，不同的纸板选用不同的钢线，避免不匹配导致暗线和爆线。

四、精装盒的成本控制

1. 开纸尺寸

精装盒产品的形状都是不规则的，如果纸盒单拼或多个精装盒排列在一起，都会造成纸板的极大浪费。在精装盒的印刷过程中，叼口处会有 1cm 左右宽的纸边是印刷不上的，可以充分利用这 1cm 宽的纸边。通过在排版时调整版面精装盒展开图的排列方式，可以将精装盒产品的空白部位或者粘在里面的部分排在纸板的叼口处，这样可以将版面的利用率达到最大，节约纸板。对印刷产品合理控制开纸尺度，能有效减少纸张的浪费，增大纸张的利用率。

2．开机效率

（1）生产调度应合理

PMC 生产计划部应根据每日产量，建立统计台账。在排车时，可以将类似的工艺产品集中印刷或者进行表面加工，减少因为转版次数或者其他原因降低生产效率。

（2）减少机台签样

尽可能在大批量印刷之前就确定好签样，如果客户要求机台签样，应提前确定好签样时间，不要因为签样确定不下来而耽误生产。

（3）纸张的加放

应降低纸张的加放率。长版活板纸、卡纸的加放率应降至 3% ～ 4%，短版活的加放率应根据生产工单的难易程度，降低至每个工序 20 ～ 40 张。

成本控制应落实在生产的各个工序和各项辅助材料。从印前设计、拼版、制版，到印刷以及印后表面处理等的每个环节，无论辅料单价的高低，都需要全方位地去加以控制并降低成本。

五、精装盒的发展趋势

包装盒的未来发展充满着挑战和机遇。一方面，礼品赠送是一种文化传承，而礼品包装盒作为这种文化传承的载体，表达和传递着人们的多种情感。在经济全球化的今天，世界各国之间的沟通交流更加频繁，礼品包装盒也扮演着更加重要的角色。时代在发展，社会在进步，礼品馈赠文化应与时代同步，逐步展现出新的形式和姿态。

另一方面，可持续发展已成为当今全球发展的共识。近年来，欧美先进国家已开始通过立法管制包装制品及废弃物来保护环境。我国也颁布了限塑令，设法减少其对环境的污染，同时加大对新型可降解环保材料的研发力度，提倡循环利用包装袋来保护环境。包装印刷行业的发展水平间接反映了一个国家或地区的国民经济水平。随着人们环保意识的提高，尽管过度包装不符合发展潮流，但包装对于产品保护和信息传递的两个基本功能在任何时候都不能被忽视。精美的包装盒除了体现产品的品质外，还会给人们带来美感和愉悦。因此，未来的包装业和包装印刷业必须顺应环境保护的潮流而不断发展。

项目六思考题

1．影响糊盒牢度的因素有哪些？

2．简述糊盒工艺流程。

主要参考文献

[1] 刘琳琳，金银河 . 印后加工 500 问 [M]. 北京：印刷工业出版社，2011.
[2] 马静君 . 印后加工工艺及设备（第三版）[M]. 北京：文化发展出版社，2021.
[3] 许文才 . 包装印刷与印后加工 [M]. 北京：中国轻工业出版社，2010.
[4] 唐万有 . 印后加工技术 [M]. 北京：中国轻工业出版社，2019.
[5] 钱均浩. 印后加工技术 [M]. 北京：化学工业出版社，2003.
[6] 金银河. 印后加工 [M]. 北京：化学工业出版社，2001.
[7] 张选生，施向东. 印后加工工艺与设备 [M]. 北京：印刷工业出版社，2007.
[8] 袁顺发. 印刷机结构与调节 [M]. 北京：印刷工业出版社，2008.
[9] 周玉松. 印刷包装专业实训指导书 [M]. 北京：中国轻工业出版社，2008.
[10] 李文育. 印后加工技术与设备 [M]. 北京：中国轻工业出版社，2008.
[11] 洪亮，姬重阳 . 浅谈无版烫印 [J]. 广东印刷，2018(3)：46-48.
[12] 赵志强，陈虹 . 数字模切技术 [J]. 印刷经理人，2004(4)：64.
[13] 丁继生 . 精装盒生产中应注意的一些常见问题 [J]. 印刷杂志，2007(2)：69-72.
[14] 本刊辑 . 关于如何降低包装盒印刷成本费用的四种方法 [J]. 广东印刷，2015(6)：28.
[15] 贾凯 . 礼品盒制程工艺术语概述 [J]. 印刷杂志，2015(3)：60-66.
[16] 王安东 . 纸品包装黏合工艺浅析 [J]. 印刷杂志，2016(7)：53-55.
[17] 李云霄，和克智 . 纸盒拼版方法研究 [J]. 包装工程，2010，31(7)：126-128.
[18] 赵俊成，张瑞娟 . 覆膜质量控制及故障排除 [J]. 印刷技术，2009(7)：60-62.
[19] 王增亮 . 胶印制版过程中问题的分析 [J]. 今日印刷，2005(1)：91.
[20] 夏晓锋，叶春迪，董雷 . 预涂膜覆膜 绿色印后必由之路 [J]. 印刷技术，2020(Z1)：18-20.
[21] 郭智勇 . 礼品包装的情感定位设计研究 [D]. 南昌：南昌大学，2006.
[22] QZKC920A 型切纸机操作说明书. 长春印刷机械有限公司.
[23] 全自动立式中速覆膜机操作说明书. 杭州吴泰印刷包装机械有限公司.
[24] MK920YMI 型模切烫印机操作说明书. 天津有恒机械有限公司.
[25] MK1050 型自动平压平模切机操作说明书. 天津有恒机械有限公司.
[26] MK550FB/650FB 型糊盒机操作说明书. 天津有恒机械有限公司.
[27] KBA105 印刷联机上光说明书. 德国科尼希 & 鲍尔（高宝）印刷机械有限公司.